有色金属行业教材建设项目

普通高等教育新工科人才培养
地球物理学专业精品教材

U0642539

# 偏微分方程的
# 谱元法及其应用

Spectral Element Method for
Partial Differential Equations and Its Applications

童孝忠　孙娅　冯德山　田红军 ⊙ 编著

中南大学出版社
WWW.csupress.com.cn

·长沙·

# 内容简介

    本书全面系统地介绍了三类典型偏微分方程——波动方程、热传导方程和稳定场方程求解的谱元法。全书共分8章：第1章导出典型偏微分方程与定解条件；第2章介绍谱元法的基础知识；第3~5章介绍谱元法求解稳定场方程、热传导方程和波动方程；第6~8章讨论谱元法在地球物理正演中的应用，书中的实例均经过验证。本书的取材大多出自笔者的科研与教学实践，在内容安排上注重理论的系统性和自包容性，同时兼顾实际应用中的各类技术问题。

    本书可作为"地球物理特殊方程"和"计算地球物理学"两门本科课程的教材或教学参考书，也可作为研究生、科研和工程技术人员的参考用书。

# 前 言

现代科学、技术、工程中的大量数学模型都可以用微分方程来描述，很多近代自然科学的基本方程本身就是微分方程。绝大多数微分方程(特别是偏微分方程)定解问题的解很难以实用的解析形式来表示。在科学的计算机进化过程中，科学与工程计算作为一门工具性、方法性、边缘交叉性于一体的新学科开始了新的发展，微分方程数值解法也得到了前所未有的发展和应用。本书是笔者在多年科学实践和教学经验的基础上，为地球物理专业的高年级本科生和研究生学习偏微分方程谱元法而编写的教材。

全书共分8章。第1章从实际物理问题出发，详细介绍了建立偏微分方程模型的基本方法，以及如何根据物理背景确定定解条件。第2章介绍了谱元法的基础知识，给出了Gauss-Lobatto-Legendre 和 Gauss-Lobatto-Chebyshev 多项式表达式，并讨论了 Gauss-Legendre 和 Gauss-Lobatto 数值积分节点和积分系数的具体形式。第3章至第5章，主要介绍了谱元法求解一维与二维稳定场方程、热传导方程和波动方程，详细讨论了 Dirichlet 边界条件、Neumann 边界条件与 Robin 边界条件的处理办法。第6章至第8章，讨论了谱元法在地球物理正演计算中的应用，分别举例介绍了稳定场方程中的大地电磁测深问题、热传导方程中的地温场问题以及波动方程中的地震波场问题。

考虑到一门课程的授课时间和授课对象等因素，本书的撰写主要注意了以下几个方面：

1)依据"课时少、内容多、应用广、实践性强"的特点，在内容编排上，尽量精简非必要的部分，着重讲解结构化四边形网格谱元法最基本的内容；

2)对需要学生掌握的内容，做到深入浅出、实例引导、讲解详实，既为教师讲授提供较大的选择余地，又为学生自主学习提供了方便；

3)适当地加入了三个地球物理正演问题的应用实例，以期让学生了解偏微分方程数值计算方法的实用性，同时以便大家更好地理解谱元法的数值表现；

4)偏微分方程数值解法与 MATLAB 程序设计相结合，采用当前最流行的数学软件 MATLAB 编写了谱元法数值近似计算程序。书中所有程序均在计算机上经过调试和运行，简洁而准确。

本书可作为地球物理专业本科生和研究生的教学用书，也可作为相关科研和工程技术人员的参考用书。读者需要具备微积分、线性代数、偏微分方程和 MATLAB 语言方面的初步知识。书中有关的 MATLAB 程序代码以及教材使用中的问题可以通过笔者主页 http://faculty.csu.edu.cn/xztong 或电子邮箱 csumaysnow@ csu.edu.cn 与笔者联系。

在本书编写过程中，中南大学的刘海飞老师给予了大力支持并提出了完善结构、体系方面的建议；东华理工大学的汤文武老师对本书的写作纲要提出了具体的补充与调整建议并予以鼓励。在此感谢两位老师的支持和帮助。同时，特别感谢中国海洋大学的刘颖老师提出的宝贵意见及与其有益的讨论。

由于笔者水平有限，加上时间仓促，书中难免出现不妥之处，敬请读者批评指正。

**童孝忠**

2024 年 8 月于岳麓山

# 目 录

扫一扫，看彩图

# 第1章 偏微分方程与定解条件

许多物理现象或过程受多个因素的影响而按一定规律变化，描述这种现象或过程的数学形式常表现为偏微分方程形式。本章我们将从几个简单的物理模型出发，推导出典型的偏微分方程及其相应的定解条件，同时对二阶偏微分方程进行分类。

## 1.1 波动方程的导出

### 1.1.1 弦振动方程

弦振动方程是在18世纪由达朗贝尔（D'Alembert）等人首先进行系统研究的，它是一大类偏微分方程的典型代表。弦的振动虽然是一个古典问题，但对于初学者仍然具有一定的启发性，我们将从物理问题出发来导出弦振动方程。

设有一根完全柔软的均匀弦，平衡时沿直线拉紧，而且除受不随时间而变的张力作用及弦本身的重力外，不受外力影响。下面研究弦作小横向振动的规律。所谓"横向"是指全部运动出现在一个平面上，而且弦上的点垂直于 $x$ 轴方向运动，如图 1.1 所示；所谓"微小"是指振动的幅度及弦在任意位置处切线的倾角都很小，以至相应的振动方程中高于一次方的项都可忽略不计。

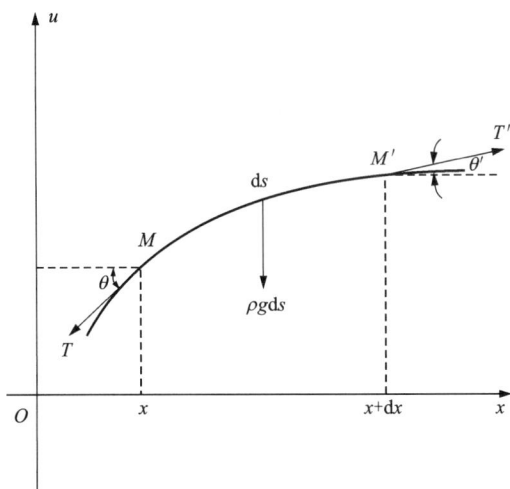

图 1.1 弦的横振动示意图

取弦的平衡位置为 $x$ 轴，令一个端点的坐标为 $x=0$，另一个端点为 $x=L$，且设 $u(x,t)$ 是坐标为 $x$ 的弦上一点在 $t$ 时刻的(横向)位移。采用微元法的思想，我们把弦上点的运动先看作小弧段的运动，然后考虑小弧段趋于零的极限情况。这一段弧长是如此之小，以至于可以把它看作一个质点。在弦上任取一弧段 $MM'$，其长为 $\mathrm{d}s$，设 $\rho$ 为弦的线密度，弧段 $MM'$ 两端所受的张力分别记作 $T$，$T'$。

由于假定弦是完全柔软的，所以在任一点处张力的方向总是沿着弦在该点的切线方向。我们考虑弧段 $MM'$ 在 $t$ 时刻的受力情况，利用牛顿运动定律，作用于弧段任一方向上的力的总和等于这段弧的质量乘以该方向上的加速度。

在 $x$ 轴方向弧段 $MM'$ 受力的总和为

$$F_x = T'\cos\theta' - T\cos\theta$$

由于弦只作横向振动，所以有

$$T'\cos\theta' - T\cos\theta = 0 \tag{1.1}$$

按照上述弦振动幅度微小的假设，可知在振动过程中弦上 $M$ 点与 $M'$ 点处切线的倾角都很小，即 $\theta \approx 0$，$\theta' \approx 0$，从而由

$$\cos\theta = 1 - \frac{\theta^2}{2!} + \frac{\theta^4}{4!} - \cdots$$

可知，当我们略去高阶无穷小时，就有

$$\cos\theta \approx 1, \ \cos\theta' \approx 1$$

代入式(1.1)，便可近似得到

$$T = T'$$

在 $u$ 轴方向上，弧段 $MM'$ 受力的总和为

$$F_u = -T\sin\theta + T'\sin\theta' - \rho g\mathrm{d}s$$

式中：$-\rho g\mathrm{d}s$ 是弧段 $MM'$ 的重力。当 $\theta \approx 0$，$\theta' \approx 0$ 时，有

$$\sin\theta = \frac{\tan\theta}{\sqrt{1+\tan^2\theta}} \approx \tan\theta = \frac{\partial u(x,t)}{\partial x}$$

$$\sin\theta' \approx \tan\theta' = \frac{\partial u(x+\mathrm{d}x,t)}{\partial x}$$

$$\mathrm{d}s = \frac{\mathrm{d}x}{\cos\theta} \approx \mathrm{d}x$$

且小弧段在时刻 $t$ 沿 $u$ 方向运动的加速度近似为 $\dfrac{\partial^2 u(x,t)}{\partial t^2}$，小弧段的质量为 $\rho\mathrm{d}s$，所以根据牛顿第二定律可得

$$-T\sin\theta + T'\sin\theta' - \rho g\mathrm{d}s \approx \rho\mathrm{d}s\frac{\partial^2 u(x,t)}{\partial t^2}$$

或

$$T\left[\frac{\partial u(x+\mathrm{d}x,t)}{\partial x} - \frac{\partial u(x,t)}{\partial x}\right] - \rho g\mathrm{d}x \approx \rho\mathrm{d}x\frac{\partial^2 u(x,t)}{\partial t^2} \tag{1.2}$$

上式左边方括号的部分是由于 $x$ 产生 $\mathrm{d}x$ 的变化而引起的 $\dfrac{\partial u(x,t)}{\partial x}$ 改变量，由微分中值定理可

得

$$\frac{\partial u(x+\mathrm{d}x,\ t)}{\partial x}-\frac{\partial u(x,\ t)}{\partial x}=\frac{\partial}{\partial x}\left[\frac{\partial(\xi,\ t)}{\partial x}\right]\mathrm{d}x=\frac{\partial^2 u(\xi,\ t)}{\partial x^2}\mathrm{d}x$$

式中：$x\leqslant\xi\leqslant x+\mathrm{d}x$，于是

$$T\left[\frac{\partial^2 u(\xi,\ t)}{\partial x^2}-\rho g\right]\mathrm{d}x\approx\rho\ \frac{\partial^2 u(x,\ t)}{\partial t^2}\mathrm{d}x$$

令 $\mathrm{d}x\to 0$，则 $\xi\to x$，得

$$\frac{T}{\rho}\ \frac{\partial^2 u(x,\ t)}{\partial x^2}=\frac{\partial^2 u(x,\ t)}{\partial t^2}+g$$

通常情况下，弦绷得很紧，张力较大，导致弦振动速度变化很快，即 $\frac{\partial^2 u}{\partial t^2}$ 比 $g$ 大得多，所以 $g$ 可以略去。经过这样逐步略去一些次要的量，抓住主要的量，在 $u(x,\ t)$ 关于 $x,\ t$ 都是二次连续可微的前提下，得出 $u(x,\ t)$ 应近似地满足方程

$$\frac{\partial^2 u}{\partial t^2}=a^2\ \frac{\partial^2 u}{\partial x^2} \tag{1.3}$$

这里的 $a^2=T/\rho$。式(1.3)称为弦振动方程，因为表示空间位置的变量只有一个，因此该方程又叫**一维波动方程**（王元明，2012）。

如果弦在振动过程中，还受到一个与弦的振动方向平行的外力，且假定在时刻 $t$ 弦上 $x$ 点处的外力为 $F(x,\ t)$，显然，这时式(1.1)和式(1.2)分别写为

$$T'\cos\theta'-T\cos\theta=0$$

$$F\mathrm{d}s-T\sin\theta+T'\sin\theta'-\rho g\mathrm{d}s\approx\rho\mathrm{d}s\ \frac{\partial^2 u(x,\ t)}{\partial t^2}$$

利用前面的推导方法并略去弦本身的质量，可得弦的强迫振动方程为

$$\frac{\partial^2 u}{\partial t^2}=a^2\ \frac{\partial^2 u}{\partial x^2}+f(x,\ t) \tag{1.4}$$

式中：$f(x,\ t)=\dfrac{1}{\rho}F(x,\ t)$ 表示 $t$ 时刻单位质量的弦在 $x$ 点处所受的外力。

方程(1.3)与方程(1.4)的差别在于方程(1.4)的右端多了一个与未知函数 $u$ 无关的项 $f(x,\ t)$，这个项称为**自由项**。含有非零自由项的方程称为**非齐次方程**，而自由项恒等于零的方程称为**齐次方程**。因此，式(1.3)为齐次一维波动方程，式(1.4)为非齐次一维波动方程。

一维波动方程只是波动方程中最简单的形式，在流体力学、声学及电磁场理论中，还要研究高维波动方程。

## 1.1.2　时变电磁场方程

Maxwell 方程组是电磁场必须遵从的微分方程组，含有以下四个方程，分别反映了四条基本的物理定律（何继善，2012）：

$$\nabla\times E=-\frac{\partial B}{\partial t}\quad（法拉第定律） \tag{1.5}$$

$$\nabla\times H=j+\frac{\partial D}{\partial t}\quad（安培定律） \tag{1.6}$$

$$\nabla \cdot \boldsymbol{B} = 0 \qquad \text{（磁通量连续性原理）} \tag{1.7}$$

$$\nabla \cdot \boldsymbol{D} = \rho \qquad \text{（库仑定律）} \tag{1.8}$$

式(1.5)~式(1.8)中：$\boldsymbol{E}$ 为电场强度，V/m；$\boldsymbol{B}$ 是磁感应强度或磁通密度，Wb/m²；$\boldsymbol{D}$ 为电感应强度或电位移，C/m²；$\boldsymbol{H}$ 为磁场强度，A/m；$\boldsymbol{j}$ 为电流密度，A/m²；$\rho$ 为自由电荷密度，C/m³。

假设地球模型为各向同性介质，则电磁场的基本量可通过物性参数 $\varepsilon$ 和 $\mu$ 联系起来，它们的关系是：

$$\boldsymbol{D} = \varepsilon \boldsymbol{E} \tag{1.9}$$

$$\boldsymbol{B} = \mu \boldsymbol{H} \tag{1.10}$$

$$\boldsymbol{j} = \sigma \boldsymbol{E} \qquad \text{（欧姆定律）} \tag{1.11}$$

式(1.9)~式(1.11)中：$\sigma$ 为介质的电导率，S/m；$\varepsilon$ 和 $\mu$ 分别为介质的介电常数和磁导率，取 $\varepsilon = 8.85 \times 10^{-12}$ F/m 和 $\mu = 4\pi \times 10^{-7}$ H/m。

在实用单位制下，如令初始状态时介质内不带电荷，采用式(1.5)~式(1.8)所示的介质方程组后，各向同性介质的 Maxwell 方程组可变为：

$$\nabla \times \boldsymbol{E} = -\mu \frac{\partial \boldsymbol{H}}{\partial t} \tag{1.12}$$

$$\nabla \times \boldsymbol{H} = \sigma \boldsymbol{E} + \varepsilon \frac{\partial \boldsymbol{E}}{\partial t} \tag{1.13}$$

$$\nabla \cdot \boldsymbol{H} = 0 \tag{1.14}$$

$$\nabla \cdot \boldsymbol{E} = 0 \tag{1.15}$$

对式(1.12)和式(1.13)两边分别取旋度：

$$\nabla \times \nabla \times \boldsymbol{E} = -\mu \frac{\partial}{\partial t}(\nabla \times \boldsymbol{H}) \tag{1.16}$$

$$\nabla \times \nabla \times \boldsymbol{H} = \sigma(\nabla \times \boldsymbol{E}) + \varepsilon \frac{\partial}{\partial t}(\nabla \times \boldsymbol{E}) \tag{1.17}$$

整理后可得

$$\nabla \times \nabla \times \boldsymbol{E} + \mu\varepsilon \frac{\partial^2 \boldsymbol{E}}{\partial t^2} + \mu\sigma \frac{\partial \boldsymbol{E}}{\partial t} = 0 \tag{1.18}$$

$$\nabla \times \nabla \times \boldsymbol{H} + \mu\varepsilon \frac{\partial^2 \boldsymbol{H}}{\partial t^2} + \mu\sigma \frac{\partial \boldsymbol{H}}{\partial t} = 0 \tag{1.19}$$

根据矢量分析公式

$$\nabla \times \nabla \times \boldsymbol{E} = \nabla(\nabla \cdot \boldsymbol{E}) - \nabla^2 \boldsymbol{E} = -\nabla^2 \boldsymbol{E} \tag{1.20}$$

$$\nabla \times \nabla \times \boldsymbol{H} = \nabla(\nabla \cdot \boldsymbol{H}) - \nabla^2 \boldsymbol{H} = -\nabla^2 \boldsymbol{H} \tag{1.21}$$

式(1.18)和式(1.19)可以改写为

$$\nabla^2 \boldsymbol{E} - \mu\varepsilon \frac{\partial^2 \boldsymbol{E}}{\partial t^2} - \mu\sigma \frac{\partial \boldsymbol{E}}{\partial t} = 0 \tag{1.22}$$

$$\nabla^2 \boldsymbol{H} - \mu\varepsilon \frac{\partial^2 \boldsymbol{H}}{\partial t^2} - \mu\sigma \frac{\partial \boldsymbol{H}}{\partial t} = 0 \tag{1.23}$$

由于我们未对 $\boldsymbol{E}$、$\boldsymbol{H}$ 随时间 $t$ 变化的规律作任何限制，$\boldsymbol{E}$ 和 $\boldsymbol{H}$ 可以是任何一种形式的时

间函数(如阶跃函数,脉冲函数等),故式(1.22)和式(1.23)称为**时间域电磁场的波动方程**。

## 1.2　热传导方程的导出

推导热传导方程所用的数学方法与弦振动方程完全相同,不同之处在于具体的物理规律不同。这里用到的是热力学方面的两个基本规律,即能量守恒定律和热传导的 Fourier 定律。前者大家都很熟悉,这里只扼要介绍一下后者。

设有一块连续介质,取定一坐标系,并用 $u(x, y, z, t)$ 表示介质内空间坐标为$(x, y, z)$的一点在 $t$ 时刻的温度。生活经验告诉我们,若沿 $x$ 方向有一定的温度差,则在 $x$ 方向就一定有热量的传递。从宏观上看,实验表明,单位时间内通过垂直 $x$ 方向的单位面积的热量 $q$ 与温度的空间变化规律成正比,即

$$q = -k \frac{\partial u}{\partial x} \tag{1.24}$$

式中:$q$ 为热流密度,或热通量(heat flux),$W/m^2$;$k$ 为物体的热传导系数,$W/(m \cdot K)$。$k$与介质的质料有关,而且,严格来说,与温度 $u$ 也有关系,但如果温度的变化范围不大,则可以将 $k$ 看成与 $u$ 无关。式(1.24)中的负号表示热流的方向和温度变化的方向正好相反,即热量由高温流向低温。

如果要研究三维各向同性介质中的热传导,在介质中三个方向上都存在温度差,则有

$$q_x = -k \frac{\partial u}{\partial x}, \; q_y = -k \frac{\partial u}{\partial y}, \; q_z = -k \frac{\partial u}{\partial z} \tag{1.25a}$$

或

$$\boldsymbol{q} = -k\nabla u \tag{1.25b}$$

即热流密度矢量 $\boldsymbol{q}$ 与温度梯度$\nabla u$ 成正比。

设想在介质内部隔离出一个平行六面体(见图 1.2),六个面都和坐标面重合。首先看 $dt$ 时间内沿 $x$ 方向流入六面体的热量(吴崇试,2015):

$$\left[-(q_u)_u + (q_u)_{u+du}\right]dydzdt = \left[\left(k\frac{\partial u}{\partial x}\right)_{x+dx} - \left(k\frac{\partial u}{\partial x}\right)_x\right]dydzdt = k\frac{\partial^2 u}{\partial x^2}dxdydzdt$$

同理, 在 $dt$ 时间内沿 $y$ 方向流入六面体的热量为

$$\left[-(q_y)_y + (q_y)_{y+dy}\right]dxdzdt = k\frac{\partial^2 u}{\partial y^2}dxdydzdt$$

在 $dt$ 时间内沿 $z$ 方向流入六面体的热量为

$$\left[-(q_z)_z + (q_z)_{z+dz}\right]dxdydt = k\frac{\partial^2 u}{\partial z^2}dxdydzdt$$

如果六面体内没有其他热量来源或消耗,则根据能量守恒定律,净流入的热量应该等于介质在此时间内温度升高所需要的热量,

$$k\left(\frac{\partial^2 u}{\partial x^2} + \frac{\partial^2 u}{\partial y^2} + \frac{\partial^2 u}{\partial z^2}\right)dxdydzdt = \rho dxdydz \cdot c \cdot (u_{t+dt} - u_t)$$

而 $u_{t+dt} - u_t = \dfrac{\partial u}{\partial t} \cdot dt$, 因此有

$$\frac{\partial u}{\partial t} = \frac{k}{\rho c} \nabla^2 u \qquad\qquad (1.26)$$

式中：$\rho$ 为介质的密度，$kg/m^3$；$c$ 为比热容，$J/(kg \cdot K)$。

令 $a^2 = \dfrac{k}{\rho c}$，则式(1.26)变成

$$\frac{\partial u}{\partial t} = a^2 \nabla^2 u \qquad\qquad (1.27)$$

方程(1.27)称为**三维热传导方程**。

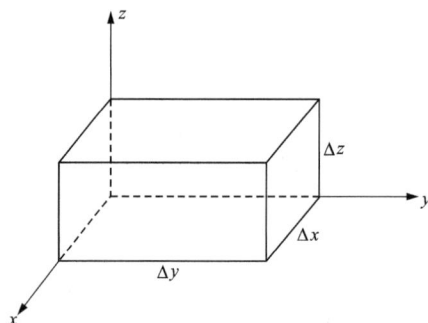

**图1.2　热传导方程位于点$(x, y, z)$处的平行六面体**

若物体内有热源，其场强度为 $F(x, y, z, t)$，则相应的热传导方程为

$$\frac{\partial u}{\partial t} = a^2 \nabla^2 u + f(x, y, z, t) \qquad\qquad (1.28)$$

式中：$f = \dfrac{F}{\rho c}$。

作为特例，如果所考虑的物体是一根细杆(或一块薄板)，或者即使不是细杆(或薄板)，而其中的温度 $u$ 只与 $x, t$ 或 $x, y, t$ 有关，则方程(1.27)就变成**一维热传导方程**

$$\frac{\partial u}{\partial t} = a^2 \frac{\partial^2 u}{\partial x^2}$$

**或二维热传导方程**

$$\frac{\partial u}{\partial t} = a^2 \left( \frac{\partial^2 u}{\partial x^2} + \frac{\partial^2 u}{\partial y^2} \right)$$

在研究气体或液体的扩散过程时，若扩散系数是常数，则所得的扩散方程与热传导方程完全相同。

# 1.3　稳定场方程的导出

## 1.3.1　稳定问题

在1.2节中，我们建立了热传导方程，若导热物体内热源的分布情况不随时间变化，经

过相当长时间后，物体内部的温度将达到稳定状态，不再随时间变化，因而热传导方程中的 $\dfrac{\partial u}{\partial t}=0$，于是式(1.28)变为

$$\nabla^2 u = -\dfrac{f}{\kappa} \tag{1.29}$$

上式称为**泊松方程(Poisson 方程)**。特别是，如果 $f=0$，则有

$$\nabla^2 u = 0 \tag{1.30}$$

式(1.30)称为**拉普拉斯方程(Laplace 方程)**，又称调和方程、位势方程。

这两种方程描述的是达到稳恒的物理状态。

在 1.1 节中，如果波动方程 $\dfrac{\partial^2 u}{\partial t^2}-a^2\nabla^2 u=0$ 的 $u(x,y,z,t)$ 随时间发生周期性的变化，频率为 $\omega$，则

$$u(x,y,z,t)=\nu(x,y,z)\mathrm{e}^{-\mathrm{i}\omega t} \tag{1.31}$$

于是，$\nu(x,y,z)$ 满足方程

$$\nabla^2\nu(x,y,z)+k^2\nu(x,y,z)=0 \tag{1.32}$$

式中：$k=\omega/a$ 为波数。式(1.32)称为**亥姆霍兹方程(Helmholtz 方程)**。

## 1.3.2 谐变电磁场方程

利用傅里叶变换可将任意随时间变化的电磁场分解为一系列谐变场的组合，取时域中的谐变因子为 $\mathrm{e}^{-\mathrm{i}\omega t}$，电场强度和磁场强度可分别表示为(童孝忠，2017)：

$$\boldsymbol{E}=\boldsymbol{E}_0\mathrm{e}^{-\mathrm{i}\omega t} \tag{1.33}$$

$$\boldsymbol{H}=\boldsymbol{H}_0\mathrm{e}^{-\mathrm{i}\omega t} \tag{1.34}$$

根据式(1.12)~式(1.15)，谐变场的 Maxwell 方程组可表示为：

$$\nabla\times\boldsymbol{E}=\mathrm{i}\mu\omega\boldsymbol{H} \tag{1.35}$$

$$\nabla\times\boldsymbol{H}=(\sigma-\mathrm{i}\omega\varepsilon)\boldsymbol{E} \tag{1.36}$$

$$\nabla\cdot\boldsymbol{E}=0 \tag{1.37}$$

$$\nabla\cdot\boldsymbol{H}=0 \tag{1.38}$$

对式(1.35)和式(1.36)两边分别取旋度：

$$\nabla\times\nabla\times\boldsymbol{E}=\mathrm{i}\mu\omega(\nabla\times\boldsymbol{H}) \tag{1.39}$$

$$\nabla\times\nabla\times\boldsymbol{H}=(\sigma-\mathrm{i}\omega\varepsilon)(\nabla\times\boldsymbol{E}) \tag{1.40}$$

整理后可得

$$\nabla\times\nabla\times\boldsymbol{E}=(\mathrm{i}\omega\mu\sigma+\mu\varepsilon\omega^2)\boldsymbol{E} \tag{1.41}$$

$$\nabla\times\nabla\times\boldsymbol{H}=(\mathrm{i}\omega\mu\sigma+\mu\varepsilon\omega^2)\boldsymbol{H} \tag{1.42}$$

根据矢量分析公式，式(1.41)和式(1.42)可以写成：

$$\nabla^2\boldsymbol{E}-k^2\boldsymbol{E}=0 \tag{1.43}$$

$$\nabla^2\boldsymbol{H}-k^2\boldsymbol{H}=0 \tag{1.44}$$

式中：$k=\sqrt{-\mathrm{i}\omega\mu\sigma-\mu\varepsilon\omega^2}$ 为传播系数，它是一个复数，亦称为复波数。式(1.43)和式(1.44)已经转换到了频率域，它们是频率域电磁场方程，称为**亥姆霍兹方程(Helmholtz 方程)**。

### 1.3.3 引力位与重力位方程

引力场的第一和第二基本定律形式为(曾华霖,2005):
$$\nabla \cdot F = -4\pi G\rho$$
$$\nabla \times F = 0 \tag{1.45}$$

式中:$F$ 为场强度;$G$ 为万有引力常数,其值等于 $6.6732\times10^{-11}$ N·m²/kg²;$\rho$ 为密度。

引力位的梯度与场强度的关系式为
$$F = \nabla V \tag{1.46}$$

结合式(1.45)和式(1.46),可以得到引力位满足的泊松方程:
$$\nabla^2 V = -4\pi G\rho \tag{1.47}$$

上式在直角坐标系中可写为
$$\nabla^2 V = \frac{\partial^2 V}{\partial x^2} + \frac{\partial^2 V}{\partial y^2} + \frac{\partial^2 V}{\partial z^2} = -4\pi G\rho$$

若讨论的区域没有质量分布,则泊松方程变为拉普拉斯方程:
$$\nabla^2 V = 0 \tag{1.48}$$

另外,由于离心力位($U$)的二次导数为
$$\frac{\partial^2 U}{\partial x^2} = \omega^2, \quad \frac{\partial^2 U}{\partial y^2} = \omega^2, \quad \frac{\partial^2 U}{\partial z^2} = 0$$

所以满足下列关系式:
$$\nabla^2 U = 2\omega^2 \tag{1.49}$$

式中:$\omega$ 为地球自转角速度。再考虑到重力位($W$)的计算公式:
$$W = V + U \tag{1.50}$$

由此可知,地球内部、外部重力位分别满足
$$\nabla^2 W = 2\omega^2 \tag{1.51}$$

与
$$\nabla^2 W = -4\pi G\rho + 2\omega^2 \tag{1.52}$$

## 1.4 边界条件与初始条件

上面几节讨论的是如何将一个具体的物理规律用数学公式表达出来,这种由物理规律导出的偏微分方程称为**泛定方程**。除此之外,还需要把这个问题所具有的特定条件用数学形式表达出来,这是因为任何一个具体的物理现象都是处在特定条件之下的。例如弦振动问题所推导出来的方程是一切柔软均匀的弦作微小横向振动的共同规律,在推导这个方程时没有考虑到弦在初始时刻的状态以及弦所受的约束情况。如果我们不是泛泛地研究弦的振动,就要考虑到弦所具有的特定条件,这是因为任何一个振动物体在某时刻的振动状态总是和此时刻以前的状态有关,从而就与初始时刻的状态有关。另外,弦的两端所受的约束也会影响弦的振动,端点所处的物理条件不同就会产生不同的影响,因而弦的振动也不同。因此,对弦振动问题来说,除了建立振动方程以外,还需列出它所处的特定条件。当然,对热传导方程、

位势方程也是如此。

提出的条件应该能够说明某一具体物理现象的初始状态或者边界上的约束情况。用以说明初始状态的条件称为**初始条件**；用以说明边界上的约束情况的条件称为**边界条件**。

下面具体说明初始条件和边界条件的表达形式。

初始条件：对于弦振动问题来说，初始条件就是弦在开始时刻 $t=0$ 时的位移及速度，若以 $\varphi(x)$，$\phi(x)$ 分别表示初始位移和初始速度，则初始条件可以表示为

$$\begin{cases} u(x,\,t)\,\big|_{t=0}=\varphi(x) \\ \dfrac{\partial u(x,\,t)}{\partial t}\,\bigg|_{t=0}=\phi(x) \end{cases} \tag{1.53}$$

当 $\varphi(x)=\phi(x)=0$ 时，称之为齐次初始条件。

而对热传导方程来说，初始条件是指在开始时刻物体温度的分布情况，若以 $\varphi(x,\,y,\,z)$ 表示 $t=0$ 时物体内任一点处的温度，则热传导方程的初始条件就是

$$u(x,\,y,\,z,\,t)\,\big|_{t=0}=\varphi(x,\,y,\,z) \tag{1.54}$$

位势方程是描述稳恒状态的，与初始状态无关，所以不考虑初始条件。

边界条件：还是从弦振动问题说起，从物理学知，弦在振动时，其端点（以 $x=L$ 表示这个端点）所受的约束情况，通常有以下三种类型：

(1)固定端，即弦在振动过程中这个端点始终保持不动，位移为零。对应于这种状态的边界条件为

$$u(x,\,t)\,\big|_{x=L}=0 \tag{1.55}$$

或

$$u(L,\,t)=0$$

(2)自由端，即弦在这个端点不受位移方向的外力，即该端点在位移方向上的张力为零。由 1.1 节的推导过程可知对应于这种状态的边界条件为

$$T\frac{\partial u(x,\,t)}{\partial x}\,\bigg|_{x=L}=0$$

即

$$\frac{\partial u}{\partial x}\,\bigg|_{x=L}=0 \tag{1.56}$$

或

$$u_x(L,\,t)=0$$

(3)弹性支承端，即弦在这个端点被某个弹性体所支承。设弹性体支承原来的位置为 $u=0$，则 $u\,|_{x=L}=0$ 就表示弹性支承的应变，由胡克(Hooke)定律可知，这时弦在 $x=L$ 处沿位移方向的张力 $T\dfrac{\partial u}{\partial x}\,\bigg|_{x=L}$ 应该等于 $-ku\,|_{x=L}$，即

$$T\frac{\partial u}{\partial x}\,\bigg|_{x=L}=-ku\,\big|_{x=L} \quad \text{或} \quad \left(\frac{\partial u}{\partial x}+\sigma u\right)\bigg|_{x=L}=0 \tag{1.57}$$

式中：$k$ 为弹性体的刚度系数，且有 $\sigma=k/T$。

对于热传导方程来说，也有类似的情况。以 $\Gamma$ 表示某物体 $V$ 的边界，如果在导热过程中

边界 $\Gamma$ 的温度为已知的函数 $f(x, y, z, t)$，则这时的边界条件为

$$u(x, y, z, t)\big|_\Gamma = f(x, y, z, t) \tag{1.58}$$

这里的 $f(x, y, z, t)$，是定义在 $\Gamma$ 上（一般依赖于 $t$）的函数。

如果在导热过程中，物体 $V$ 与周围的介质处于绝热状态，或者说，在 $\Gamma$ 上的热量流速为零，这时从 1.2 节的推导过程可知，在边界 $\Gamma$ 上必满足

$$\frac{\partial u}{\partial n}\bigg|_\Gamma = 0 \tag{1.59}$$

如果物体的内部和周围的介质通过边界 $\Gamma$ 有热量交换，以 $u_1$ 表示和物体接触处的介质温度，这时利用热传导中的牛顿实验定律可知

$$dQ = k_1 (u - u_1) dS dt \tag{1.60}$$

式中：$k_1$ 是两介质间的热交换系数。在物体内部任取一个无限贴近于边界 $\Gamma$ 的闭曲面 $\Sigma$，由于在 $\Gamma$ 内侧热量不能积累，所以在 $\Sigma$ 上的热量流速应等于边界 $\Gamma$ 上的热量流速，而在 $\Sigma$ 上的热量流速 $\dfrac{dQ}{dS dt}\bigg|_\Sigma = -k\dfrac{\partial u}{\partial n}\bigg|_\Sigma$，所以，当物体和外界有热交换时，相应的边界条件为

$$-k\frac{\partial u}{\partial n}\bigg|_\Gamma = k_1 (u - u_1)\big|_\Gamma$$

即

$$\left(\frac{\partial u}{\partial n} + \sigma u\right)\bigg|_\Gamma = \sigma u_1\big|_\Gamma \tag{1.61}$$

式中：$\sigma = k_1 / k$。

综合上述可知，无论是弦振动问题，还是热传导问题，它们所对应的边界条件，从数学角度看不外乎有三种类型（刘安平等，2009）：

一是在边界 $\Gamma$ 上直接给出了未知函数 $u$ 的数值，即

$$u\big|_\Gamma = f_1 \tag{1.62}$$

这种形式的边界条件称为**第一类边界条件**，又称**狄利克雷（Dirichlet）边界条件**。

二是在边界 $\Gamma$ 上给出了未知函数 $u$ 沿 $\Gamma$ 的外法线方向的方向导数，即

$$\frac{\partial u}{\partial n}\bigg|_\Gamma = f_2 \tag{1.63}$$

这种形式的边界条件称为**第二类边界条件**，又称**诺伊曼（Neumann）边界条件**。

三是在边界 $\Gamma$ 上给出了未知函数 $u$ 及其沿 $\Gamma$ 的外法线方向的方向导数某种线性组合的值，即

$$\left(\frac{\partial u}{\partial n} + \sigma u\right)\bigg|_\Gamma = f_3 \tag{1.64}$$

这种形式的边界条件称为**第三类边界条件**或**混合边界条件**，又称**洛平（Robin）边界条件**。

需要注意的是式（1.62）、式（1.63）和式（1.64）右端的 $f_i (i = 1, 2, 3)$ 都是定义在边界 $\Gamma$ 上（一般来说，也依赖于 $t$）的已知函数。不论哪一类型的边界条件，当它的数学表达式中的自由项（即不依赖于 $u$ 的项）恒为零时，这种边界条件称为**齐次的**，否则称为**非齐次的**。

## 1.5　定解问题的提法

### 1.5.1　定解问题及其适定性

前面几节我们推导了三种不同类型的偏微分方程并讨论了与它们相应的初始条件与边界条件的表达方式。由于这些方程中出现的未知函数的偏导数的最高阶都是二阶，而且它们对于未知函数及其各阶偏导数来说都是线性的，所以这种方程为**二阶线性偏微分方程**。在实际工程技术应用中，二阶线性偏微分方程较为常见。

如果一个函数具有泛定方程中所需要的各阶连续偏导数，并且代入该方程中能使它变成恒等式，则此函数称为该方程的解(古典解)。由于每一个物理过程都处在特定的条件之下，所以我们的目的是求出偏微分方程的适合某些特定条件的解。初始条件和边界条件都称为**定解条件**，而泛定方程和相应的定解条件结合在一起，就构成了一个**定解问题**(Asmar, 2004)。

只有初始条件，没有边界条件的定解问题称为**始值问题**[或柯西(Cauchy)问题]；反之，没有初始条件，只有边界条件的定解问题称为**边值问题**。既有初始条件也有边界条件的定解问题称为**混合问题**。

一个定解问题是否符合实际情况，当然必须靠实践来证实，而从数学角度来看，通常可以从以下三方面加以检验：

(1)解的存在性，即看所归结出来的定解问题是否有解；

(2)解的唯一性，即看是否只存在一个解；

(3)解的稳定性，即当定解条件发生微小变动时，看解是否相应地只有微小的变动，如果确实如此，则该解便称为稳定的。

如果一个定解问题存在唯一且稳定的解，则此问题称为适定的。在之后的讨论中我们将主要讨论定解问题的解法，而很少讨论它的适定性，因为讨论定解问题的适定性往往十分困难，而本书所讨论的定解问题都是经典的，可以认为它们是适定的。

### 1.5.2　线性偏微分方程解的叠加性

在前面几节，我们导出了几种典型的二阶偏微分方程。它们都是线性偏微分方程，也就是说，在方程中只出现对于未知函数的线性运算。为了下面的叙述简洁，不妨引进线性算符，进而把这些线性偏微分方程统一写成

$$Lu \equiv \sum_{i,\,k=1}^{n} A_{ik} \frac{\partial^2 u}{\partial x_i \partial x_k} + \sum_{i=1}^{n} B_i \frac{\partial u}{\partial x_i} + Cu = f \qquad (1.65)$$

式中：$A_{ik}$，$B_i$，$C$ 和 $f$ 都只是 $x_1$，$x_2$，$\cdots$，$x_n$ 的已知函数，与未知函数 $u$ 无关。具有非齐次项 $f$ 的偏微分方程称为非齐次偏微分方程，如果 $f \equiv 0$，方程就是齐次的。

对于两个自变量的情形，式(1.65)可写为

$$a_{11}(x,\,y)\frac{\partial^2 u}{\partial x^2} + 2a_{12}(x,\,y)\frac{\partial^2 u}{\partial x \partial y} + a_{22}(x,\,y)\frac{\partial^2 u}{\partial y^2} + b_1(x,\,y)\frac{\partial u}{\partial x} + b_2(x,\,y)\frac{\partial u}{\partial y} + c(x,\,y)u = f(x,\,y)$$

$$(1.66)$$

下面不加证明地列出线性偏微分方程的几个基本性质，它们的证明都很简单，读者可以

自己补证。

**性质 1**  若 $u_1$ 和 $u_2$ 都是齐次方程 $Lu=0$ 的解，
$$Lu_1=0,\ Lu_2=0$$
则它们的线性组合也是齐次方程的解，
$$L(c_1u_1+c_2u_2)=0 \tag{1.67}$$
式中：$c_1$ 和 $c_2$ 是任意常数。

**性质 2**  若 $u_1$ 和 $u_2$ 都是非齐次方程 $Lu=f$ 的解，
$$Lu_1=f,\ Lu_2=f$$
则它们的差 $u_1-u_2$ 一定是相应的齐次方程的解，
$$L(u_1-u_2)=0 \tag{1.68}$$
换言之，非齐次方程的一个特解加上相应齐次方程的解仍是非齐次方程的解。

**性质 3**  若 $u_1$ 和 $u_2$ 分别满足非齐次方程
$$Lu_1=f_1,\ Lu_2=f_2$$
则它们的线性组合 $c_1u_1+c_2u_2$ 满足非齐次方程
$$L(c_1u_1+c_2u_2)=c_1f_1+c_2f_2 \tag{1.69}$$

# 第2章　谱元法的理论基础

谱元法(spectral element method, SEM)是求解微分方程或偏微分方程定解问题的一种数值模拟方法,具备有限单元法处理复杂结构的几何灵活性,还具有谱方法的高精度和快速收敛特性。谱元法本质是有限元方法,只是单元内插值函数采用谱方法,因此克服了谱方法不适用于复杂边界条件的局限性。本章将简要介绍有限单元法和谱插值函数,给出 Gauss-Lobatto-Legendre(GLL) 和 Gauss-Lobatto-Chebyshev(GLC) 多项式表达式,并讨论 Gauss-Legendre 和 Gauss-Lobatto 数值积分节点和积分系数的具体形式。

## 2.1　有限单元法基础

有限单元法或有限元法(finite element method, FEM)是求解微分方程或偏微分方程定解问题的一种数值模拟方法,其理论基础是加权余量法和变分原理。

### 2.1.1　加权余量法

#### 1. 加权余量法的概念

设在区域 $D$ 中 $u$ 必须满足微分方程

$$L(u)=p \tag{2.1}$$

在边界 $C$ 上必须满足边界条件

$$B(u)=q \tag{2.2}$$

式中: $L$、$B$ 为微分算子。

精确解 $u$ 必须在区域 $D$ 中任一点都满足上述微分方程,并在边界 $C$ 上任一点都满足上述边界条件。在很多实际问题中,求精确解很困难,因而人们设法寻找有一定精度的近似解。加权余量法是求微分方程定解问题近似解的一种有效方法,下面给出求解基本思路。

用一个线性独立、完备的函数系

$$u_i, \ i=1, \cdots, n, \cdots$$

中若干个函数的线性组合

$$u=a_1u_1+a_2u_2+\cdots+a_nu_n= \sum_{i=1}^{n} a_iu_i \tag{2.3}$$

作为近似解,其中 $a_i$ 是待定系数。

近似解应在整个区域上有定义,且满足边界条件。但由于 $u$ 不能精确满足微分方程,将 $u$ 代入式(2.1)后,将有误差,或称为余量:

$$R=L(u)-p \tag{2.4}$$

我们可以选择系数 $a_i$，使得在某种平均意义上，余量 $R$ 为零。为此，引入一组权函数 $W_i$，使余量的加权积分为零

$$\int W_i R \mathrm{d}V = 0, \quad i = 1, \cdots, n \tag{2.5}$$

取 $n$ 个不同的权函数，从上式得到 $n$ 个方程，由此可求解式(2.3)中 $n$ 个待定系数 $a_i$。采用不同的权函数，就得到不同的计算方法，如配点法、最小二乘法、力矩法、子域法和 Galerkin 法。

### 2. 配点法

配点法是使余量在指定的 $n$ 个点上等于零，这些点称为配点。选择的权函数为

$$\begin{cases} W_i = 1, & \text{在 } n \text{ 个分散的点上} \\ W_i = 0, & \text{在区域 } D \text{ 的其余部分} \end{cases} \tag{2.6}$$

实际上，这就是要求近似解在 $n$ 个分散的点上满足微分方程。换句话说，在这 $n$ 个点上的余量应等于零，即

$$R_i = 0, \quad (i = 1, \cdots, n) \tag{2.7}$$

由上述 $n$ 个方程，可求解 $n$ 个待定系数 $a_i$，从而得到近似解。

配点法只在配点上保证余量为零，不需要作积分计算，所以它是加权余量法中最简单的一种，只是其计算精度相对差一些。

**例 2.1** 采用配点法解下列微分方程边值问题

$$\begin{cases} \dfrac{\mathrm{d}^2 u}{\mathrm{d}x^2} + u + x = 0, & 0 < x < 1 \\ u\big|_{x=0} = 0 \\ u\big|_{x=1} = 0 \end{cases}$$

**解** 取近似解为

$$u = x(1-x)(a_1 + a_2 x + \cdots)$$

显然，上式满足边界条件，但不满足微分方程。

若近似解只取一项，则得到第一近似解

$$u = a_1 x(1-x)$$

代入微分方程，余量为

$$R = x + a_1(-2 + x - x^2)$$

取 $x = \dfrac{1}{2}$ 作为配点，

$$R\left(\frac{1}{2}\right) = \frac{1}{2} - \frac{7}{4}a_1 = 0$$

由此得到 $a_1 = \dfrac{2}{7}$，所以第一近似解为 $u = \dfrac{2}{7}x(1-x)$。

若近似解取两项，得到第二近似解

$$u = x(1-x)(a_1 + a_2 x)$$

代入微分方程，余量为

$$R = x + a_1 \left( -2 + x - x^2 \right) + a_2 \left( 2 - 6x + x^2 - x^3 \right)$$

把区间[0，1]三等分，取 $x = \dfrac{1}{3}$ 和 $x = \dfrac{2}{3}$ 作为配点，得到

$$R\left(\frac{1}{3}\right) = \frac{1}{3} - \frac{16}{9}a_1 + \frac{2}{27}a_2 = 0$$

$$R\left(\frac{2}{3}\right) = \frac{2}{3} - \frac{16}{9}a_1 - \frac{50}{27}a_2 = 0$$

由此解得 $a_1 = \dfrac{81}{416}$，$a_2 = \dfrac{9}{52}$。因此，第二近似解为

$$u = x(1-x)\left(\frac{81}{416} + \frac{9}{52}x\right)$$

该微分方程边值问题的精确解为

$$u = \frac{\sin x}{\sin 1} - x$$

采用配点法求得的近似解与精确解的对比，如图 2.1 所示。可以看出，第二近似解与精确解已相当接近。如果取更多的项，计算精度能进一步提高。

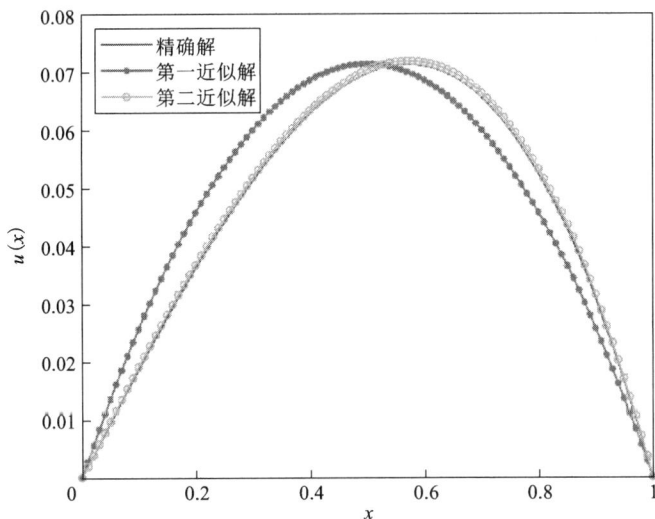

**图 2.1　配点法数值计算结果与精确解的比较**

### 3. 最小二乘法

考虑微分方程 $L(u) = p$ 及边界条件 $B(u) = q$，取近似解 $u = \sum\limits_{i=1}^{n} a_i u_i$，其中基函数 $u_i$ 满足边界条件但不满足微分方程，余量为 $R = L(u) - p$。将余量的平方 $R^2$ 在区域 $D$ 中积分，得到

$$I = \int R^2 \mathrm{d}V \tag{2.8}$$

确定待定系数 $a_i$，使积分 $I$ 的值为极小，因此要求

$$\frac{\partial I}{\partial a_i}=0, \quad i=1, 2, \cdots, n$$

即

$$\int \left(\frac{\partial R}{\partial a_i}\right)^{\mathrm{T}} R\mathrm{d}V=0, \quad i=1, 2, \cdots, n \tag{2.9}$$

由此得到 $n$ 个方程，正好可用来求 $n$ 个待定系数。比较式(2.5)和式(2.9)，可知最小二乘法的权函数为

$$W_i=\frac{\partial R}{\partial a_i}, \quad i=1, 2, \cdots, n \tag{2.10}$$

最小二乘法的实质是使余量取最小，其计算精度高，但运算过程较为烦琐。

**例 2.2** 采用最小二乘法解下列微分方程边值问题

$$\begin{cases} \dfrac{\mathrm{d}^2 u}{\mathrm{d}x^2}+u+x=0, & 0<x<1 \\ u\big|_{x=0}=0 \\ u\big|_{x=1}=0 \end{cases}$$

**解** 第一近似解取为

$$u=a_1 x(1-x)$$

代入微分方程，余量为

$$R=x+a_1(-2+x-x^2)$$

这时，权函数为

$$W_1=\frac{\partial R}{\partial a_1}=-2+x-x^2$$

余量加权的积分为零，则有

$$\int_0^1 W_1 R(x)\mathrm{d}x=\int_0^1 (-2+x-x^2)\left[x+a_1(-2+x-x^2)\right]\mathrm{d}x=0$$

积分后，得到

$$\frac{101}{30}a_1-\frac{11}{12}=0$$

由此求得 $a_1=\dfrac{55}{202}$，故 $u=\dfrac{55}{202}x(1-x)$。

第二近似解取为

$$u=x(1-x)(a_1+a_2 x)$$

代入微分方程，余量为

$$R=x+a_1(-2+x-x^2)+a_2(2-6x+x^2-x^3)$$

这时，权函数为

$$W_1=\frac{\partial R}{\partial a_1}=-2+x-x^2$$

$$W_2=\frac{\partial R}{\partial a_2}=2-6x+x^2-x^3$$

余量加权的积分为零，则有

$$\int_0^1 W_1 R(x)\,\mathrm{d}x = \int_0^1 \left(-2+x-x^2\right)\left[x+a_1\left(-2+x-x^2\right)+a_2\left(2-6x+x^2-x^3\right)\right]\mathrm{d}x = 0$$

$$\int_0^1 W_2 R(x)\,\mathrm{d}x = \int_0^1 \left(2-6x+x^2-x^3\right)\left[x+a_1\left(-2+x-x^2\right)+a_2\left(2-6x+x^2-x^3\right)\right]\mathrm{d}x = 0$$

积分后，得到

$$\frac{101}{30}a_1 + \frac{101}{60}a_2 = \frac{11}{12}$$

$$\frac{101}{60}a_1 + \frac{131}{35}2a_2 = \frac{19}{20}$$

由此求得 $a_1 = \dfrac{280}{1493} = 0.1875$，$a_2 = \dfrac{413}{2437} = 0.1695$。

因此，第二近似解为

$$u = 0.1875x(1-x) + 0.1695x^2(1-x)$$

采用最小二乘法求得的近似解与精确解的比较如图 2.2 所示。可以看出，第二近似解与精确解已相当接近。如果取更多的项，计算精度能进一步提高。

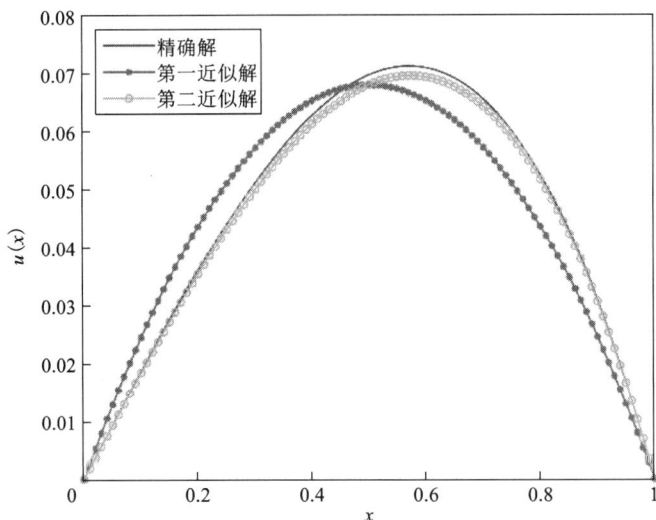

图 2.2　最小二乘法数值计算结果与精确解的比较

### 4. 力矩法

考虑微分方程 $L(u)=p$ 及边界条件 $B(u)=q$，取近似解 $u = \sum\limits_{i=1}^{n} a_i u_i$，其中基函数 $u_i$ 满足边界条件但不满足微分方程，余量为 $R = L(u) - p$，待定系数 $a_i$ 取决于 $\int W_i R\,\mathrm{d}V = 0$。对于一维问题，力矩法的权函数取为

$$W_i = x^{i-1}, \quad i = 1, 2, \cdots, n \tag{2.11}$$

将这些权函数代入式 (2.5)，可得

$$\begin{cases} \int x^0 R dV = 0 \\ \int x^1 R dV = 0 \\ \int x^2 R dV = 0 \\ \quad\vdots \\ \int x^{n-1} R dV = 0 \end{cases} \tag{2.12}$$

由上述方程组可解出待定系数 $a_i$。力矩法的实质是强迫余量的各阶次矩等于零。对于二维定解问题，其待定系数和权函数有 $(n+1)^2$ 个。

**例 2.3**　采用力矩法解下列微分方程边值问题

$$\begin{cases} \dfrac{d^2 u}{dx^2}+u+x=0, \quad 0<x<1 \\ u\big|_{x=0}=0 \\ u\big|_{x=1}=0 \end{cases}$$

**解**　第一近似解取为

$$u=a_1 x(1-x)$$

代入微分方程，余量为

$$R=x+a_1(-2+x-x^2)$$

权函数为

$$W_1=x^0=1$$

余量加权的积分为零，则有

$$\int_0^1 W_1 R(x)\,dx=\int_0^1 [x+a_1(-2+x-x^2)]\,dx=0$$

即

$$\frac{1}{2}-\frac{11}{6}a_1=0$$

由此求得 $a_1=\dfrac{3}{11}$，故 $u=\dfrac{3}{11}x(1-x)$。

第二近似解取为

$$u=x(1-x)(a_1+a_2 x)$$

代入微分方程，余量为

$$R=x+a_1(-2+x-x^2)+a_2(2-6x+x^2-x^3)$$

权函数为

$$W_1=x^0=1$$
$$W_2=x^1=x$$

余量加权的积分为零，则有

$$\int_0^1 W_1 R(x)\,dx=\int_0^1 [x+a_1(-2+x-x^2)+a_2(2-6x+x^2-x^3)]\,dx=0$$

$$\int_0^1 W_2 R(x)\,\mathrm{d}x = \int_0^1 x\left[\,x+a_1(-2+x-x^2)+a_2(2-6x+x^2-x^3)\,\right]\mathrm{d}x = 0$$

积分后，得到

$$\frac{11}{6}a_1 + \frac{11}{12}a_2 = \frac{1}{2}$$

$$\frac{11}{12}a_1 + \frac{19}{20}2a_2 = \frac{1}{3}$$

由此求得 $a_1 = \dfrac{122}{649} = 0.1880$，$a_2 = \dfrac{10}{59} = 0.1695$。

因此，第二近似解为

$$u = 0.1880x(1-x) + 0.1695x^2(1-x)$$

采用力矩法求得的近似解与精确解的比较如图 2.3 所示。可以看出，第二近似解与精确解已相当接近。如果取更多的项，计算精度能进一步提高。

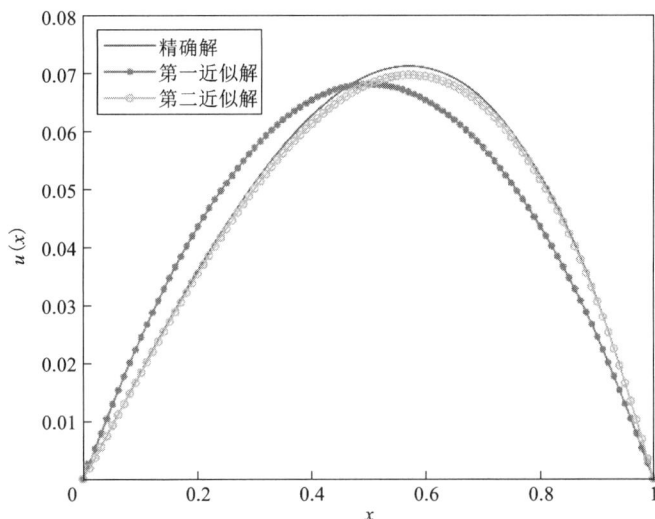

图 2.3　力矩法数值计算结果与精确解的比较

## 5. 子域法

子域法需要将求解区域 $D$ 划分成 $n$ 个子域 $D_i$，划分的子域总数应等于待定系数 $a_i$ 的总数。在每个子域内令权函数等于 1，而在子域之外权函数为 0，即

$$W_i = \begin{cases} 1, & D_i \text{ 内} \\ 0, & D_i \text{ 外} \end{cases} \tag{2.13}$$

子域法的实质是强迫余量在 $n$ 个子域上的积分为零，于是可得

$$\int_{D_i} R_i \mathrm{d}V = 0,\ i = 1, 2, \cdots, n \tag{2.14}$$

由此得到 $n$ 个方程，正好可用来求 $n$ 个待定系数。

**例 2.4**　采用子域法解下列微分方程边值问题

$$\begin{cases} \dfrac{\mathrm{d}^2 u}{\mathrm{d}x^2} + u + x = 0, & 0 < x < 1 \\[2mm] u\,|_{x=0} = 0 \\[2mm] u\,|_{x=1} = 0 \end{cases}$$

**解** 第一近似解取为

$$u = a_1 x(1-x)$$

代入微分方程, 余量为

$$R = x + a_1(-2 + x - x^2)$$

取整个计算区域作为子域, 权函数为

$$W_1 = 1, \ 0 \leqslant x \leqslant 1$$

余量加权的积分为零, 则有

$$\int_0^1 W_1 R(x)\,\mathrm{d}x = \int_0^1 \left[ x + a_1(-2 + x - x^2) \right]\mathrm{d}x = 0$$

即

$$\frac{1}{2} - \frac{11}{6} a_1 = 0$$

由此求得 $a_1 = \dfrac{3}{11}$, 故 $u = \dfrac{3}{11} x(1-x)$。

第二近似解取为

$$u = x(1-x)(a_1 + a_2 x)$$

代入微分方程, 余量为

$$R = x + a_1(-2 + x - x^2) + a_2(2 - 6x + x^2 - x^3)$$

将整个计算区域划分为两个子域, 权函数为

$$W_1 = 1, \ 0 \leqslant x \leqslant \frac{1}{2}$$

$$W_2 = 1, \ \frac{1}{2} \leqslant x \leqslant 1$$

余量加权的积分为零, 则有

$$\int_0^{\frac{1}{2}} W_1 R(x)\,\mathrm{d}x = \int_0^{\frac{1}{2}} \left[ x + a_1(-2 + x - x^2) + a_2(2 - 6x + x^2 - x^3) \right]\mathrm{d}x = 0$$

$$\int_{\frac{1}{2}}^1 W_2 R(x)\,\mathrm{d}x = \int_{\frac{1}{2}}^1 \left[ x + a_1(-2 + x - x^2) + a_2(2 - 6x + x^2 - x^3) \right]\mathrm{d}x = 0$$

积分后, 得到

$$\frac{11}{12} a_1 - \frac{53}{192} a_2 = \frac{1}{8}$$

$$\frac{11}{12} a_1 + \frac{229}{192} 2a_2 = \frac{3}{8}$$

由此求得 $a_1 = \dfrac{97}{517} = 0.1876$, $a_2 = \dfrac{8}{47} = 0.1702$。

因此, 第二近似解为

$$u = 0.1876x(1-x) + 0.1702x^2(1-x)$$

采用子域法求得的近似解与精确解的比较如图 2.4 所示。可以看出，第二近似解与精确解已相当接近。如果取更多的项，计算精度能进一步提高。

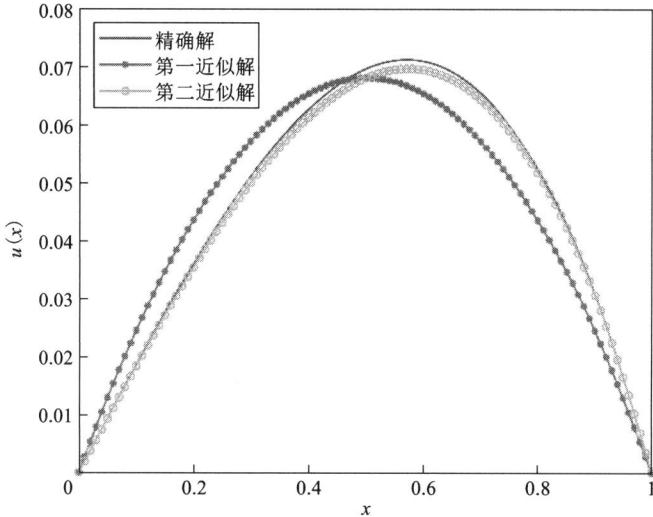

**图 2.4 子域法数值计算结果与精确解的比较**

## 6. Galerkin 法

考虑微分方程 $L(u) = p$ 及边界条件 $B(u) = q$，取近似解 $u = \sum_{i=1}^{n} a_i u_i$，其中基函数 $u_i$ 满足边界条件但不满足微分方程，余量为 $R = L(u) - p$，待定系数 $a_i$ 取决于 $\int W_i R \mathrm{d}V = 0$。

Galerkin 法以 $u_i$ 为权函数，即

$$W_i = u_i \tag{2.15}$$

代入到式(2.5)，可得

$$\begin{cases} \int u_1 R \mathrm{d}V = 0 \\ \int u_2 R \mathrm{d}V = 0 \\ \int u_3 R \mathrm{d}V = 0 \\ \quad\vdots \\ \int u_n R \mathrm{d}V = 0 \end{cases} \tag{2.16}$$

式(2.16)是线性代数方程组，可用来求解 $n$ 个系数 $a_i (i = 1, 2, \cdots, n)$，进而求得近似解。

**例 2.5** 采用 Galerkin 法解下列微分方程边值问题

$$\begin{cases} \dfrac{\mathrm{d}^2 u}{\mathrm{d}x^2} + u + x = 0, \quad 0 < x < 1 \\ u\big|_{x=0} = 0 \\ u\big|_{x=1} = 0 \end{cases}$$

**解** 近似解取为

$$u = a_1 u_1 + a_2 u_2 + \cdots = a_1 x(1-x) + a_2 x^2(1-x) + \cdots$$

第一近似解取为

$$u = a_1 x(1-x)$$

代入微分方程，余量为

$$R = x + a_1(-2 + x - x^2)$$

权函数为

$$W_1 = u_1 = x(1-x)$$

余量加权的积分为零，则有

$$\int_0^1 W_1 R(x)\,\mathrm{d}x = \int_0^1 x(1-x)\left[x + a_1(-2 + x - x^2)\right]\mathrm{d}x = 0$$

即

$$\frac{1}{12} - \frac{3}{10} a_1 = 0$$

由此求得 $a_1 = \dfrac{5}{18}$，故 $u = \dfrac{5}{18} x(1-x)$。

第二近似解取为

$$u = a_1 x(1-x) + a_2 x^2(1-x)$$

代入微分方程，余量为

$$R = x + a_1(-2 + x - x^2) + a_2(2 - 6x + x^2 - x^3)$$

权函数为

$$W_1 = x(1-x)$$
$$W_2 = x^2(1-x)$$

余量加权的积分为零，则有

$$\int_0^1 W_1 R(x)\,\mathrm{d}x = \int_0^1 x(1-x)\left[x + a_1(-2 + x - x^2) + a_2(2 - 6x + x^2 - x^3)\right]\mathrm{d}x = 0$$

$$\int_0^1 W_2 R(x)\,\mathrm{d}x = \int_0^1 x^2(1-x)\left[x + a_1(-2 + x - x^2) + a_2(2 - 6x + x^2 - x^3)\right]\mathrm{d}x = 0$$

积分后，得到

$$\frac{3}{10} a_1 + \frac{3}{20} a_2 = \frac{1}{12}$$

$$\frac{3}{20} a_1 + \frac{13}{105} a_2 = \frac{1}{20}$$

由此求得 $a_1 = \dfrac{71}{369} = 0.1924$，$a_2 = \dfrac{7}{41} = 0.1707$。

因此，第二近似解为

$$u = 0.1924x(1-x) + 0.1707x^2(1-x)$$

采用 Galerkin 法求得的近似解与精确解的比较如图 2.5 所示。可以看出，第二近似解与精确解已相当接近。如果取更多的项，计算精度能进一步提高。

图 2.5　Galerkin 法数值计算结果与精确解的比较

## 2.1.2　变分原理

### 1. 泛函与变分问题

数学中的函数概念是众所周知的。例如，$x$ 是自变量，$y$ 是因变量，则函数可表示为

$$y = y(x)$$

如果 $I$ 又是一条曲线 $y = y(x)$ 的函数，即

$$I = I[y] = I[y(x)] \tag{2.17}$$

则称 $I$ 为 $y$ 的泛函数，简称泛函，意为函数的函数。应当指出，泛函与复合函数是两个完全不同的概念。

下面举例说明泛函和泛函极值的概念。

**例 2.6**　连接两点的曲线的弧长问题。

若 $A$、$B$ 是平面上的两点，$y(x)$ 是通过 $A$、$B$ 的曲线的方程（图 2.6）。曲线的元弧的长度是

$$dL = \sqrt{dx^2 + dy^2}$$

于是从 $A$ 点至 $B$ 点的曲线的长度

$$L = \int_A^B dL = \int_A^B \sqrt{dx^2 + dy^2} = \int_{x_A}^{x_B} \sqrt{1 + \left(\frac{dy}{dx}\right)^2}\, dx$$

$$= L[y(x)]$$

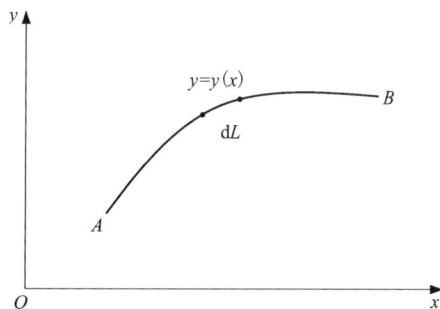

图 2.6　曲线的弧长问题示意图

**23**

曲线长度 $L$ 是曲线 $y(x)$ 的函数，称 $L$ 为 $y$ 的泛函，记作 $L[y(x)]$。显然，$L[y(x)]$ 不是复合函数。

如果提出这样的问题：求连接 $A$、$B$ 两点的最短线的方程 $y=y(x)$，也就是，求满足下列条件：

$$\begin{cases} L = \int_{x_A}^{x_B} \sqrt{1+\left(\dfrac{\mathrm{d}y}{\mathrm{d}x}\right)^2}\,\mathrm{d}x = \min \\ y_A = y(x_A),\ y_B = y(x_B) \end{cases} \tag{2.18}$$

的 $y$，这称为泛函极值问题，或称为变分问题。因为在数学中，称函数极值问题为微分问题，所以相应地，称泛函极值问题为变分问题。

**例 2.7** 曲面的面积问题。

若 $D$ 是 $xOy$ 平面上的区域，$C$ 是 $D$ 的边界，$z=z(x,y)$ 是 $D$ 上的曲面方程（图 2.7）。曲面的元面积：

$$\mathrm{d}S = \sqrt{1+\left(\frac{\partial z}{\partial x}\right)^2+\left(\frac{\partial z}{\partial y}\right)^2}\,\mathrm{d}x\mathrm{d}y$$

$D$ 上曲面的面积为

$$\begin{aligned} S &= \iint \mathrm{d}S = \iint_D \sqrt{1+\left(\frac{\partial z}{\partial x}\right)^2+\left(\frac{\partial z}{\partial y}\right)^2}\,\mathrm{d}x\mathrm{d}y \\ &= S[z(x,y)] \end{aligned}$$

面积 $S$ 是曲面 $z=z(x,y)$ 的函数，称 $S$ 为 $z$ 的泛函。如果问题是：求固定边界 $z|_C = f(x,y)$ 的最小面积的曲面方程，即求满足下列条件：

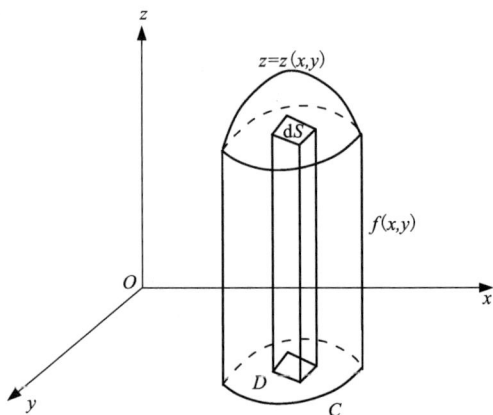

**图 2.7 曲面的面积问题示意图**

$$\begin{cases} S = \iint_D \sqrt{1+\left(\frac{\partial z}{\partial x}\right)^2+\left(\frac{\partial z}{\partial y}\right)^2}\,\mathrm{d}x\mathrm{d}y = \min \\ z|_C = f(x,y) \end{cases} \tag{2.19}$$

的 $z$，这就是变分问题。

总之，满足一定边界条件的泛函极值问题称为变分问题。

**2. 泛函极值与变分**

泛函极值的计算方法类似于函数极值的计算方法。为了便于理解，我们将采用对比的方法，从函数极值的计算推导出泛函极值的计算方法。

对于函数 $y=y(x)$，自变量 $x$ 的增量 $\Delta x$，就是 $x$ 的微分 $\mathrm{d}x$（图 2.8）。而对于泛函 $I[y(x)]$，自变量 $y(x)$ 的增量 $\delta y(x)$ 是指满足同一边界条件的两个 $y(x)$ 之差，如图 2.9 中连接 $A$、$B$ 两点的曲线 $y_1(x)$ 与 $y_0(x)$ 之差：

$$\delta y(x) = y_1(x) - y_0(x)$$

$\delta y(x)$ 也称为自变量 $y(x)$ 的变分。

图 2.8 函数微分示意图

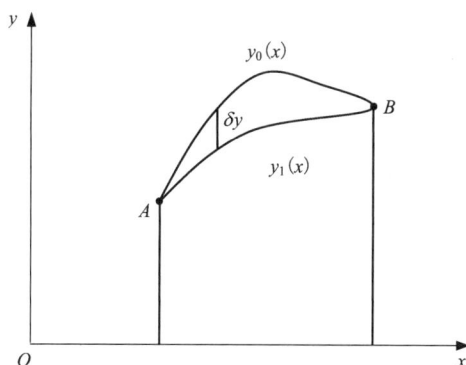

图 2.9 泛函变分示意图

应当指出：

(1)$\delta y$ 是 $x$ 的函数,即 $\delta y(x)$；

(2)变分 $\delta y$ 与微分 $\mathrm{d}y$ 是二个不同的概念,$\mathrm{d}y$ 是 $x$ 变化引起的 $y$ 的微分,而 $\delta y$ 是对应于同一个 $x$ 的两个 $y(x)$ 之差；

(3)若 $y_0(x)$ 固定,则有无限多种 $\delta y(x)$。

函数 $y=y(x)$ 的增量 $\Delta y$ 的定义为

$$\Delta y = y(x+\Delta x) - y(x)$$

微分 $\mathrm{d}y$ 的定义为

$$\mathrm{d}y = \lim_{\Delta x \to 0} \Delta y = \lim_{\Delta x \to 0} \frac{\Delta y}{\Delta x}\mathrm{d}x = \lim_{\Delta x \to 0}\frac{y(x+\Delta x)-y(x)}{\Delta x}\mathrm{d}x = y'(x)\mathrm{d}x$$

在导数

$$y'(x) = \lim_{\Delta x \to 0}\frac{y(x+\Delta x)-y(x)}{\Delta x} \tag{2.20}$$

的计算中,将 $x$ 固定,令 $\Delta x$ 在变化。

类似地,泛函 $I[y(x)]$ 的增量 $\Delta I$ 的定义为

$$\Delta I = I[y+\delta y] - I[y]$$

变分 $\delta I$ 的定义为

$$\delta I = \lim_{\delta y \to 0}\Delta I = \lim_{\delta y \to 0}\frac{\Delta I}{\delta y}\delta y = \lim_{\delta y \to 0}\frac{I[y+\delta y]-I[y]}{\delta y}\delta y = I'[y]\delta y$$

其中

$$I'[y] = \lim_{\delta y \to 0}\frac{I[y+\delta y]-I[y]}{\delta y} \tag{2.21}$$

由于 $\delta y(x)$ 是 $x$ 的函数,$\delta y \to 0$ 的方式有无数种,所以,按式(2.21)计算 $I'[y]$,从而计算 $\delta I$ 是很困难的。

现在,我们将导数 $y'(x)$ 的计算公式(2.20)改写成

$$y'(x) = \lim_{\alpha \to 0}\frac{y(x+\alpha \cdot \Delta x)-y(x+0 \cdot \Delta x)}{\alpha \Delta x}$$

式中：$\alpha$ 是任意小的数。这里，将 $x$ 和 $\Delta x$ 均固定，但令 $\alpha$ 在变化，于是微分改写成

$$dy = y'(x)dx = \lim_{\alpha \to 0} \frac{y(x+\alpha \cdot \Delta x) - y(x+0 \cdot \Delta x)}{\alpha \Delta x} = \frac{\partial(x+\alpha \cdot \Delta x)}{\partial \alpha}\bigg|_{\alpha=0} \tag{2.22}$$

这就是拉格朗日（Lagrange）的微分定义。

与此类似，将 $I'[y]$ 的计算公式（2.21）改写成

$$I'[y] = \lim_{\alpha \to 0} \frac{I[y+\alpha \cdot \delta y] - I[y+0 \cdot \delta y]}{\alpha \delta y}$$

于是，变分 $\delta I$ 可写成：

$$\delta I = I'[y]\delta y = \lim_{\alpha \to 0} \frac{I[y+\alpha \cdot \delta y] - I[y+0 \cdot \delta y]}{\alpha} = \frac{\partial I[y+\alpha \cdot \delta y]}{\partial \alpha}\bigg|_{\alpha=0} \tag{2.23}$$

这就是变分的具体计算公式。

大家知道，如果函数 $y(x)$ 在 $x_0$ 处取得极值，则有

$$dy(x)\big|_{x=x_0} = 0$$

类似地，若泛函 $I[y(x)]$ 在 $y_0(x)$ 处取得极值，则有

$$\delta I[y(x)]\big|_{y=y_0(x)} = 0 \tag{2.24}$$

上面讨论的是一元函数的泛函，我们可以毫无困难地将有关结论推广到多元函数的泛函。

### 3. 欧拉方程

这里，我们介绍一种求解变分问题的方法。这种方法将变分问题转变为微分方程，称为欧拉方程。求解欧拉方程，即得变分问题的解。

变分问题的一般形式为

$$\begin{cases} I[y(x)] = \displaystyle\int_{x_1}^{x_2} F[x, y(x), y'(x)]dx = \min \\ y_1 = y(x_1), \; y_2 = y(x_2) \end{cases} \tag{2.25}$$

上式中的泛函是最简单形式的泛函。现在需要求一个 $y(x)$ 满足上式的变分问题。

若 $I[y(x)]$ 在 $y(x)$ 上取极值，取任一条与 $y=y(x)$ 接近的容许曲线 $\bar{y}(x)$（图 2.10），则有

$$\delta y(x) = \bar{y}(x) - y(x) \tag{2.26}$$

两端点上的变分是

$$\begin{cases} \delta y(x_1) = \bar{y}(x_1) - y(x_1) \\ \delta y(x_2) = \bar{y}(x_2) - y(x_2) \end{cases} \tag{2.27}$$

变分 $\delta y$ 对 $x$ 的导数

$$(\delta y)' = [\bar{y}(x) - y(x)]' = \bar{y}'(x) - y'(x) = \delta y' \tag{2.28}$$

就是导数的变分。

根据变分计算公式（2.23）的要求，写出 $I[y+\alpha \cdot \delta y]$：

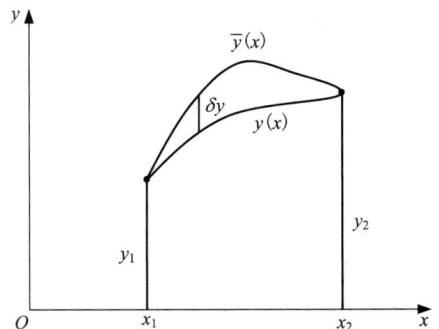

图 2.10　计算 $\delta y$ 示意图

$$I[y+\alpha \cdot \delta y] = \int_{x_1}^{x_2} F[x, y+\alpha\delta y, (y+\alpha\delta y)']\mathrm{d}x$$

$$= \int_{x_1}^{x_2} F[x, y+\alpha\delta y, y'+\alpha\delta y']\mathrm{d}x \tag{2.29}$$

令 $\xi = y+\alpha\delta y$，$\eta = y'+\alpha\delta y'$，则有

$$I[y+\alpha \cdot \delta y] = \int_{x_1}^{x_2} F[x, \xi, \eta]\mathrm{d}x,$$

$$\frac{\partial I[y+\alpha \cdot \delta y]}{\partial \alpha} = \int_{x_1}^{x_2}\left(\frac{\partial F}{\partial \xi}\frac{\partial \xi}{\partial \alpha} + \frac{\partial F}{\partial \eta}\frac{\partial \eta}{\partial \alpha}\right)\mathrm{d}x$$

因为

$$\frac{\partial F}{\partial \xi}\bigg|_{\alpha=0} = \frac{\partial F}{\partial y}, \quad \frac{\partial F}{\partial \eta}\bigg|_{\alpha=0} = \frac{\partial F}{\partial y'}, \quad \frac{\partial \xi}{\partial \alpha} = \delta y, \quad \frac{\partial \eta}{\partial \alpha} = \delta y'$$

所以

$$\delta I = \frac{\partial I[y+\alpha \cdot \delta y]}{\partial \alpha}\bigg|_{\alpha=0} = \int_{x_1}^{x_2}\left(\frac{\partial F}{\partial y}\delta y + \frac{\partial F}{\partial y'}\delta y'\right)\mathrm{d}x \tag{2.30}$$

利用分部积分法计算式(2.30)中的第二项，并根据 $\delta y' = (\delta y)'$，有：

$$\int_{x_1}^{x_2}\frac{\partial F}{\partial y'}\delta y'\mathrm{d}x = \int_{x_1}^{x_2}\frac{\partial F}{\partial y'}d(\delta y) = \frac{\partial F}{\partial y'}\delta y\bigg|_{x_1}^{x_2} - \int_{x_1}^{x_2}\delta y d\frac{\partial F}{\partial y'}$$

根据式(2.27)，两端点 $x_1$、$x_2$ 处的变分：$\mathrm{d}y|_{x_1}=0$，$\mathrm{d}y|_{x_2}=0$，代入上式，得

$$\int_{x_1}^{x_2}\frac{\partial F}{\partial y'}\delta y'\mathrm{d}x = -\int_{x_1}^{x_2}\frac{\mathrm{d}}{\mathrm{d}x}\frac{\partial F}{\partial y'}\delta y\mathrm{d}x$$

所以，

$$\delta I = \frac{\partial I[y+\alpha \cdot \delta y]}{\partial \alpha}\bigg|_{\alpha=0} = \int_{x_1}^{x_2}\left(\frac{\partial F}{\partial y} - \frac{\mathrm{d}}{\mathrm{d}x}\frac{\partial F}{\partial y'}\right)\delta y\mathrm{d}x$$

泛函极值的条件是 $\delta I = 0$，即

$$\int_{x_1}^{x_2}\left(\frac{\partial F}{\partial y} - \frac{\mathrm{d}}{\mathrm{d}x}\frac{\partial F}{\partial y'}\right)\delta y\mathrm{d}x = 0$$

由于 $\delta y$ 是任意函数，除 $x_1$、$x_2$ 两点外，在区间 $(x_1, x_2)$ 内，$\delta y$ 可以不等于零，所以必有

$$\frac{\partial F}{\partial y} - \frac{\mathrm{d}}{\mathrm{d}x}\frac{\partial F}{\partial y'} = 0 \tag{2.31}$$

这就是欧拉方程。这是一个二阶微分方程，通过积分的方法得到其通解 $y=y(x, c_1, c_2)$，再由边界条件 $y_1=y(x_1)$ 和 $y_2=y(x_2)$，确定出常数 $c_1$、$c_2$。

**例 2.8**　求下列变分问题的解

$$\left.\begin{array}{l} I[y(x)] = \int_0^1\left[\dfrac{1}{2}(y')^2 + y\right]\mathrm{d}x = \min \\[2mm] y|_{x=0} = 0, \quad y|_{x=1} = 0 \end{array}\right\}$$

**解**　根据 $F(x, y, y') = \dfrac{1}{2}(y')^2+y$，可得

$$\frac{\partial F}{\partial y} = 1, \quad \frac{\partial F}{\partial y'} = y'$$

欧拉方程为

$$\frac{\partial F}{\partial y} - \frac{\mathrm{d}}{\mathrm{d}x}\left(\frac{\partial F}{\partial y'}\right) = 1 - y'' = 0$$

即

$$y'' = 1$$

其通解为 $y = \frac{1}{2}x^2 + c_1 x + c_2$。代入边界条件，可得 $c_1 = 0$，$c_2 = -\frac{1}{2}$，所以该变分问题的解为

$$y = \frac{1}{2}(x^2 - 1)$$

对于平面问题，假设 $u$ 是两个自变量 $x$、$y$ 的函数：$u = u(x, y)$，且 $u(x, y)$ 在区域 $D$ 的边界 $C$ 上的值是给定的，那么其变分问题的一般形式可写为

$$\begin{cases} I[u(x, y)] = \iint\limits_{D} F(x, y, u, u_x, u_y)\mathrm{d}x\mathrm{d}y = \min \\ u\big|_C = f(x, y) \end{cases} \tag{2.32}$$

式中：$u_x = \dfrac{\partial u}{\partial x}$，$u_y = \dfrac{\partial u}{\partial y}$。类似于一维问题，可以推导出式(2.32)对应的微分方程为

$$\frac{\partial F}{\partial u} - \frac{\partial}{\partial x}\left(\frac{\partial F}{\partial u_x}\right) - \frac{\partial}{\partial y}\left(\frac{\partial F}{\partial u_y}\right) = 0 \tag{2.33}$$

这就是二维平面问题的欧拉方程。

对于空间问题，假设 $u$ 是三个自变量 $x$、$y$、$z$ 的函数：$u = u(x, y, z)$，且 $u(x, y, z)$ 在三维区域 $\Omega$ 的边界 $\Gamma$ 上的值是给定的，那么其变分问题的一般形式可写为

$$\begin{cases} I[u(x, y, z)] = \iiint\limits_{\Omega} F(x, y, z, u, u_x, u_y, u_z)\mathrm{d}x\mathrm{d}y\mathrm{d}z = \min \\ u\big|_\Gamma = f(x, y, z) \end{cases} \tag{2.34}$$

式中：$u_x = \dfrac{\partial u}{\partial x}$，$u_y = \dfrac{\partial u}{\partial y}$，$u_z = \dfrac{\partial u}{\partial z}$。类似于一维问题，可以推导出式(2.34)对应的微分方程为

$$\frac{\partial F}{\partial u} - \frac{\partial}{\partial x}\left(\frac{\partial F}{\partial u_x}\right) - \frac{\partial}{\partial y}\left(\frac{\partial F}{\partial u_y}\right) - \frac{\partial}{\partial z}\left(\frac{\partial F}{\partial u_z}\right) = 0 \tag{2.35}$$

这就是三维空间问题的欧拉方程。

**例 2.9** 求与下列变分问题相应的边值问题

$$\begin{cases} I[u(x, y)] = \iint\limits_{D}\left\{\frac{1}{2}\left[\left(\frac{\partial u}{\partial x}\right)^2 + \left(\frac{\partial u}{\partial y}\right)^2\right] + g(x, y)u\right\}\mathrm{d}x\mathrm{d}y = \min \\ u\big|_C = f(x, y) \end{cases}$$

式中：$g(x, y)$ 和 $f(x, y)$ 是已知函数。

**解** 根据 $F(x, y, u, u_x, u_y) = \dfrac{1}{2}(u_x^2 + u_y^2) + g(x, y)u$，可得

$$\frac{\partial F}{\partial u} = g(x, y), \quad \frac{\partial F}{\partial u_x} = u_x, \quad \frac{\partial F}{\partial u_y} = u_y$$

代入二维欧拉方程，得

$$\frac{\partial F}{\partial u} - \frac{\partial}{\partial x}\left(\frac{\partial F}{\partial u_x}\right) - \frac{\partial}{\partial y}\left(\frac{\partial F}{\partial u_y}\right) = g(x, y) - \left(\frac{\partial^2 u}{\partial x^2} + \frac{\partial^2 u}{\partial y^2}\right) = 0$$

所以该变分问题与下列边值问题对应：

$$\begin{cases} \dfrac{\partial^2 u}{\partial x^2} + \dfrac{\partial^2 u}{\partial y^2} = g(x, y), \ (x, y) \in D \\ u\,|_C = f(x, y) \end{cases}$$

下面，我们列出椭圆型偏微分方程边值问题等价的变分问题。

（1）第一类边界条件

第一类边界条件下的椭圆型偏微分方程边值问题为

$$\begin{cases} -\dfrac{\partial}{\partial x}\left[p(x, y)\dfrac{\partial u}{\partial x}\right] - \dfrac{\partial}{\partial y}\left[p(x, y)\dfrac{\partial u}{\partial y}\right] + q(x, y)u = g(x, y), \ (x, y) \in D \\ u\,|_C = f(x, y) \end{cases} \tag{2.36}$$

式中：$p(x, y)$、$q(x, y)$、$g(x, y)$ 和 $f(x, y)$ 是已知函数。等价的变分问题为

$$\begin{cases} I[u(x, y)] = \iint_D \left\{ \dfrac{1}{2}\left[\left(\dfrac{\partial u}{\partial x}\right)^2 + \left(\dfrac{\partial u}{\partial y}\right)^2\right] + \dfrac{1}{2}q(x, y)u^2 - g(x, y)u \right\} \mathrm{d}x\mathrm{d}y = \min \\ u\,|_C = f(x, y) \end{cases} \tag{2.37}$$

（2）第二类边界条件

第二类边界条件下的椭圆型偏微分方程边值问题为

$$\begin{cases} -\dfrac{\partial}{\partial x}\left[p(x, y)\dfrac{\partial u}{\partial x}\right] - \dfrac{\partial}{\partial y}\left[p(x, y)\dfrac{\partial u}{\partial y}\right] + q(x, y)u = g(x, y), \ (x, y) \in D \\ \dfrac{\partial u}{\partial n}\bigg|_C = f(x, y) \end{cases} \tag{2.38}$$

式中：$p(x, y)$、$q(x, y)$、$g(x, y)$ 和 $f(x, y)$ 是已知函数；$\dfrac{\partial u}{\partial n}$ 为 $C$ 的外法线方向导数。等价的变分问题为

$$I[u(x, y)] = \iint_D \left\{ \frac{1}{2}\left[\left(\frac{\partial u}{\partial x}\right)^2 + \left(\frac{\partial u}{\partial y}\right)^2\right] + \frac{1}{2}q(x, y)u^2 - g(x, y)u \right\} \mathrm{d}x\mathrm{d}y - \int f(x, y)u\mathrm{d}s = \min$$

$$\tag{2.39}$$

式中：$s$ 为 $C$ 的弧长变量。

（3）第三类边界条件

第三类边界条件下的椭圆型偏微分方程边值问题为

$$\begin{cases} -\dfrac{\partial}{\partial x}\left[p(x, y)\dfrac{\partial u}{\partial x}\right] - \dfrac{\partial}{\partial y}\left[p(x, y)\dfrac{\partial u}{\partial y}\right] + q(x, y)u = g(x, y), \ (x, y) \in D \\ \left[\dfrac{\partial u}{\partial n} + \sigma(x, y)u\right]\bigg|_C = f(x, y) \end{cases} \tag{2.40}$$

式中：$p(x, y)$、$q(x, y)$、$g(x, y)$、$\sigma(x, y)$ 和 $f(x, y)$ 是已知函数；$\dfrac{\partial u}{\partial n}$ 为 $C$ 的外法线方向导数。等价的变分问题为

$$I[u(x, y)] = \iint_D \left\{ \frac{1}{2}\left[\left(\frac{\partial u}{\partial x}\right)^2 + \left(\frac{\partial u}{\partial y}\right)^2\right] + \frac{1}{2}q(x, y)u^2 - g(x, y)u \mathrm{d}x\mathrm{d}y + \right.$$

$$\int \left[\frac{1}{2}\sigma(x, y)u^2 - f(x, y)u\right]\mathrm{d}s = \min \tag{2.41}$$

式中：$s$ 为 $C$ 的弧长变量。

### 4. 求解变分问题的里兹法

有限单元法是解变分问题的一种有力手段，而在其发展起来之前，就已经存在着多种解变分问题的数值方法。这里，我们介绍一种古典的解变分问题的方法——里兹法。

里兹法用一个线性独立、完备的函数系

$$\phi_i(x), i = 1, 2, \cdots, n$$

中的若干个函数的线性组合

$$u = \sum_{j=1}^n c_j\phi_j(x) \tag{2.42}$$

作为泛函的试探解，其中 $c_j$ 是待定系数。试探解应在整个区域上有定义，而且满足边界条件。将试探解代入到泛函中：

$$I[u] = \int_{x_1}^{x_2} F(x, u, u')\mathrm{d}x \approx \int_{x_1}^{x_2} F\left[x, \sum_{j=1}^n c_j\phi_j(x), \sum_{j=1}^n c_j\phi_j'(x)\right]\mathrm{d}x$$

泛函 $I$ 为待定系数 $c_j$ 的函数，即

$$I[u] = I[c_1, c_2, \cdots, c_n]$$

根据泛函取极值的必要条件，有

$$\frac{\partial I}{\partial c_i} = 0, i = 1, 2, \cdots, n$$

由上式得到含 $n$ 个未知数的 $n$ 个联立方程组。解方程组，求得待定系数 $c_j$，进而得到近似解。

近似解的精度与试探函数系的选择及项数的多寡有关，如果试探函数的性质与泛函所需的解的性质相近，则里兹法有较高的精度。

**例2.10** 采用里兹法解下列微分方程边值问题

$$\begin{cases} \dfrac{\mathrm{d}^2 u}{\mathrm{d}x^2} + u + x = 0, & 0 < x < 1 \\ u|_{x=0} = 0 \\ u|_{x=1} = 0 \end{cases}$$

**解** 该微分方程边值问题等价的变分问题为

$$\begin{cases} I[u] = \dfrac{1}{2}\int_0^1 \left[\left(\dfrac{\mathrm{d}u}{\mathrm{d}x}\right)^2 - u^2 - 2xu\right]\mathrm{d}x = \min \\ u|_{x=0} = 0, u|_{x=1} = 0 \end{cases}$$

取试探解

$$u = \sum_{j=1}^n c_j\phi_j(x) = c_1 x(1-x) + c_2 x^2(1-x) + \cdots + c_n x^n(1-x)$$

代入变分问题, 得

$$I[c_1, c_2, \cdots, c_n] = \frac{1}{2} \int_0^1 \left[ \left( \sum_{j=1}^n c_j \frac{\mathrm{d}\phi_j}{\mathrm{d}x} \right)^2 - \left( \sum_{j=1}^n c_j \phi_j \right)^2 - 2x \left( \sum_{j=1}^n c_j \phi_j \right) \right] \mathrm{d}x$$

根据极值的必要性条件, 可得

$$\frac{\partial I}{\partial c_i} = \int_0^1 \left[ \frac{\mathrm{d}\phi_i}{\mathrm{d}x} \left( \sum_{j=1}^n c_j \frac{\mathrm{d}\phi_j}{\mathrm{d}x} \right)^2 - \phi_i \left( \sum_{j=1}^n c_j \phi_j \right) - \phi_i x \right] \mathrm{d}x$$

$$= \sum_{j=1}^n \left[ \int_0^1 \left( \frac{\mathrm{d}\phi_i}{\mathrm{d}x} \frac{\mathrm{d}\phi_j}{\mathrm{d}x} - \phi_i \phi_j \right) \mathrm{d}x \right] c_j - \int_0^1 \phi_i x \mathrm{d}x$$

$$= \sum_{j=1}^n K_{ij} c_j - F_i$$

式中: $i, j = 1, 2, \cdots, n$。经过积分运算可得矩阵系数 $K_{ij}$:

$$K_{ij} = \int_0^1 \left\{ \left[ ix^{i-1} - (i+1)x^i \right] \left[ jx^{j-1} - (j+1)x^j \right] - (x^i - x^{i+1})(x^j - x^{j+1}) \right\} \mathrm{d}x$$

$$= \frac{2ij}{(i+j)\left[(i+j)^2 - 1\right]} - \frac{2}{(i+j+1)(i+j+2)(i+j+3)}$$

向量系数 $F_i$:

$$F_i = \int_0^1 x(x^i - x^{i+1}) \mathrm{d}x = \frac{1}{(i+2)(i+3)}$$

当 $n = 1$ 时, 有

$$K_{11} = \frac{3}{10}, \quad F_1 = \frac{1}{12}$$

由此解得 $c_1 = \frac{5}{18}$。因此, 里兹法第一近似解为 $u = \frac{5}{18}x(1-x)$。

当 $n = 2$ 时, 有

$$\begin{pmatrix} \dfrac{3}{10} & \dfrac{3}{20} \\ \dfrac{3}{20} & \dfrac{13}{105} \end{pmatrix} \begin{pmatrix} c_1 \\ c_2 \end{pmatrix} = \begin{pmatrix} \dfrac{1}{12} \\ \dfrac{1}{20} \end{pmatrix}$$

求解线性方程组得 $c_1 = \frac{71}{369} = 0.1924$, $c_2 = \frac{7}{41} = 0.1707$。因此, 里兹法第二近似解为

$$u = 0.1924x(1-x) + 0.1707x^2(1-x)$$

当 $n = 3$ 时, 有

$$\begin{pmatrix} \dfrac{3}{10} & \dfrac{3}{20} & \dfrac{19}{210} \\ \dfrac{3}{20} & \dfrac{13}{105} & \dfrac{79}{840} \\ \dfrac{19}{210} & \dfrac{79}{840} & \dfrac{103}{1260} \end{pmatrix} \begin{pmatrix} c_1 \\ c_2 \\ c_3 \end{pmatrix} = \begin{pmatrix} \dfrac{1}{12} \\ \dfrac{1}{20} \\ \dfrac{1}{30} \end{pmatrix}$$

求解线性方程组得 $c_1 = \frac{132}{703} = 0.1878$, $c_2 = \frac{179}{922} = 0.1941$, $c_3 = -\frac{7}{299} = -0.0234$。因此, 里兹法第

三近似解为

$$u = 0.1878x(1-x) + 0.1941x^2(1-x) - 0.0234x^3(1-x)$$

采用里兹法求得的近似解与精确解的比较如图 2.11 所示。可以看出，第三近似解与精确解已非常接近。

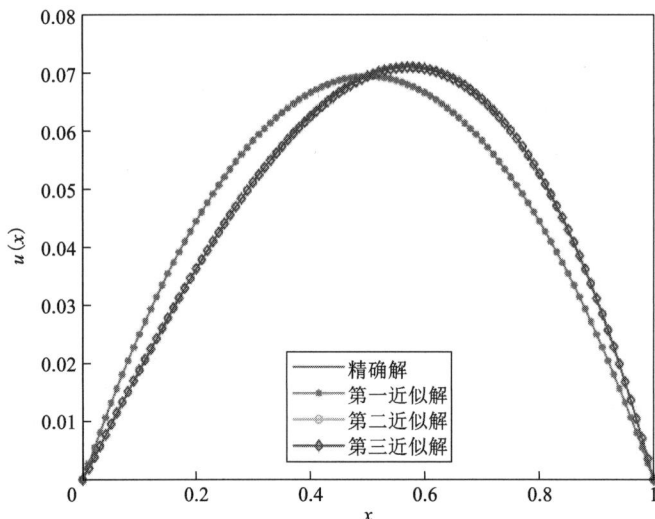

图 2.11  里兹法数值计算结果与精确解的比较

里兹法的缺点是，在全区域范围内选择试验函数，对于边界形状复杂的二维或三维变分问题，较难找到一个函数序列的线性组合来满足边界条件；当函数项数增加时，运算过程复杂；而当研究区域中的介质物性不连续时，里兹法有很大困难。这些缺点限制了里兹法的应用。

### 5. 求解变分问题的有限单元法

通过对变分原理的讨论，我们知道微分方程定解问题可以转化为泛函极值问题来求解。有限单元法采取单元剖分的方法，克服了里兹法的缺点，成为解变分问题的有力手段。这里，我们用实例说明有限单元法解变分问题的思路和过程。

考虑的变分问题为

$$\begin{cases} I[u] = \int_0^1 \left[ \dfrac{1}{2} \left( \dfrac{\mathrm{d}u}{\mathrm{d}x} \right)^2 + u \right] \mathrm{d}x = \min \\ u\big|_{x=0} = 0, \ u\big|_{x=1} = 0 \end{cases}$$

相应的边值问题为

$$\begin{cases} \dfrac{\mathrm{d}^2 u}{\mathrm{d}x^2} = 1, \quad 0 < x < 1 \\ u\big|_{x=0} = 0 \\ u\big|_{x=1} = 0 \end{cases}$$

其精确解是 $u = \dfrac{x^2 - x}{2}$。

现在,我们采用有限单元法求解这个变分问题。

第一步:区域剖分。为简单起见,采用等分点

$$x_0 = 0 < x_1 < x_2 < \cdots < x_{i-1} < \cdots < x_{n-1} < x_n = 1$$

将计算区间$[0, 1]$剖分成 $n$ 个互不重叠的子区间,这些点称为节点,每个子区间称为单元。

第 $i$ 个单元的长度 $x_i - x_{i-1} = \Delta x = \dfrac{1}{n}$,区间$[0, 1]$两端节点 $x_0$ 和 $x_n$ 的函数值 $u(x_0)$ 和 $u(x_n)$ 已由边界条件给出,但区间内各节点的函数值是待求的。这样一来,我们把连续函数 $u = u(x)$ 的求解,化为节点上函数值的求解,这称为离散化处理。

第二步:插值。在每个单元内,假定函数 $u = u(x)$ 是线性的(单元越小,这种假定越符合实际),如图 2.12 所示。第 $i$ 个单元内的函数 $u(x)$ 及其导数可表示为

$$u(x) = \frac{u_i - u_{i-1}}{\Delta x}(x - x_{i-1}) + u_{i-1},$$

$$u'(x) = \frac{u_i - u_{i-1}}{\Delta x},$$

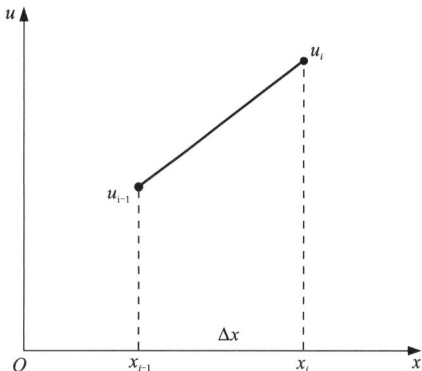

图 2.12 线性函数示意图

这称为线性插值,有时采用二次或高次插值。

第三步:单元分析。将变分问题的积分分解成各单元的积分,第 $i$ 个单元的积分为

$$I_i(u) = \int_{x_{i-1}}^{x_i} \left[ \frac{1}{2}\left(\frac{du}{dx}\right)^2 + u \right] dx = \frac{1}{2\Delta x}(u_i - u_{i-1})^2 + \frac{\Delta x}{2}(u_i + u_{i-1})$$

可见,$I_i(u)$ 只是单元的端点(节点 $x_{i-1}$、$x_i$)的函数值 $u_{i-1}$、$u_i$ 的函数,写作

$$I_i(u) = I_i(u_{i-1}, u_i)$$

第四步:总体合成。对各单元积分求和,可得

$$I[u] = \int_0^1 \left[ \frac{1}{2}\left(\frac{du}{dx}\right)^2 + u \right] dx = \sum_{i=1}^{n} I_i(u) = \sum_{i=1}^{n} I_i(u_{i-1}, u_i)$$

考虑到 $u_0$ 和 $u_n$ 由边界条件已给出,可见 $I[u]$ 是各节点 $x_i(i = 1, 2, \cdots, n-1)$ 上的函数值 $u_i$ 的函数,写成

$$I(u) = I(u_1, u_2, \cdots, u_{n-1})$$

也可将 $I(u)$ 看成变量 $u_1, u_2, \cdots, u_{n-1}$ 的多元函数。

第五步:泛函取极值。多元函数取极值应满足必要性条件:

$$\frac{\partial I(u_1, u_2, \cdots, u_{n-1})}{\partial u_i} = 0, \quad i = 1, 2, \cdots, n-1$$

由于只有第 $i$ 个单元 $I_i(u_{i-1}, u_i)$ 和第 $i+1$ 个单元 $I_{i+1}(u_i, u_{i+1})$ 中含有 $u_i$,其他单元均不含 $u_i$,所以

$$\frac{\partial I(u_1, u_2, \cdots, u_{n-1})}{\partial u_i} = \frac{\partial I_i(u_{i-1}, u_i)}{\partial u_i} + \frac{\partial I_{i+1}(u_i, u_{i+1})}{\partial u_i} = 0$$

于是可得

$$\frac{\partial I(u_1, u_2, \cdots, u_{n-1})}{\partial u_i} = \frac{-u_{i-1} + 2u_i - u_{i+1}}{\Delta x} + \Delta x = 0$$

将区间 $[0, 1]$ 等分为 4 个单元，即取 $\Delta x = \dfrac{1}{4}$，$x_1 = 0.25$，$x_2 = 0.5$，$x_3 = 0.75$，并考虑边界条件 $u_0 = u_4 = 0$，可得

$$\frac{\partial I(u_1, u_2, \cdots, u_{n-1})}{\partial u_1} = 4(0 + 2u_1 - u_2) + \frac{1}{4} = 0,$$

$$\frac{\partial I(u_1, u_2, \cdots, u_{n-1})}{\partial u_2} = 4(-u_1 + 2u_2 - u_3) + \frac{1}{4} = 0,$$

$$\frac{\partial I(u_1, u_2, \cdots, u_{n-1})}{\partial u_3} = 4(-u_2 + 2u_3 - 0) + \frac{1}{4} = 0。$$

整理后，得

$$\begin{pmatrix} 2 & -1 & 0 \\ -1 & 2 & -1 \\ 0 & -1 & 2 \end{pmatrix} \begin{pmatrix} u_1 \\ u_2 \\ u_3 \end{pmatrix} = \begin{pmatrix} -\dfrac{1}{16} \\ -\dfrac{1}{16} \\ -\dfrac{1}{16} \end{pmatrix}$$

第六步：解线性方程组。求解线性方程组，可得

$$u_1 = 0.0938, \quad u_2 = 0.1250, \quad u_3 = 0.0938$$

有限单元法近似解与精确解吻合得非常好，如图 2.13 所示。

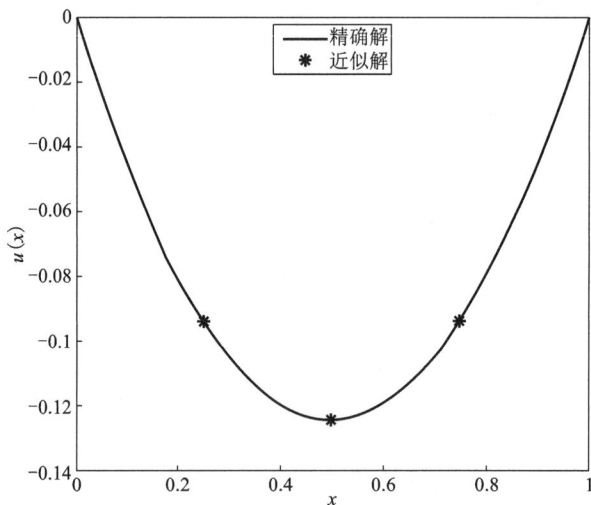

图 2.13　有限单元法数值计算结果与精确解的比较

采用有限单元法解变分问题时，需要先对计算区域进行剖分，划分成许多小单元；其次，在每个小单元作插值后，对泛函积分，再对各单元求和，这样就把连续函数的泛函离散成了

节点上的函数值的泛函；然后，根据泛函取极值的必要条件，得出各节点的函数值应满足的线性代数方程组；最后，求解线性方程组，即得各节点的函数值。采用有限单元法解二维和三维变分问题的基本思路和过程亦是如此。

## 2.2 正交多项式和函数谱插值

### 2.2.1 正交函数族与正交多项式

**定义 2.1** 若 $f(x)$, $g(x) \in C[a, b]$, $w(x)$ 为 $[a, b]$ 上的权函数，且满足内积为零，即

$$(f, g) = \int_a^b w(x) f(x) g(x) \, dx = 0 \tag{2.43}$$

则称 $f(x)$ 与 $g(x)$ 在区间 $[a, b]$ 上带权 $w(x)$ **正交**。若函数族 $\varphi_0(x)$, $\varphi_1(x)$, $\cdots$, $\varphi_n(x)$, $\cdots$ 满足关系

$$(\varphi_j, \varphi_k) = \int_a^b w(x) \varphi_j(x) \varphi_k(x) \, dx = \begin{cases} 0, & j \neq k \\ A_k > 0, & j = k \end{cases} \tag{2.44}$$

则称 $\{\varphi_k(x)\}$ 是 $[a, b]$ 上带权 $w(x)$ 的**正交函数族**；若 $A_k \equiv 1$，则称之为**标准正交函数族**。

例如，三角函数族

$$1, \cos x, \sin x, \cos 2x, \sin 2x, \cdots$$

就是在区间 $[-\pi, \pi]$ 上的正交函数族。因为对 $k = 1, 2, \cdots$ 有

$$(1, 1) = 2\pi, \quad (\sin kx, \sin kx) = (\cos kx, \cos kx) = \pi$$

而对 $k, j = 1, 2, \cdots$，当 $k \neq j$ 时有

$$(\cos kx, \sin kx) = (1, \cos kx) = (1, \sin kx) = 0,$$
$$(\cos kx, \cos jx) = (\sin kx, \sin jx) = (\cos kx, \sin jx) = 0$$

**定义 2.2** 设 $\varphi_n(x)$ 是 $[a, b]$ 上首项系数 $a_n \neq 0$ 的 $n$ 次多项式，$w(x)$ 为 $[a, b]$ 上的权函数，如果多项式序列 $\{\varphi_n(x)\}_0^\infty$ 满足关系式 (2.44)，则称多项式序列 $\{\varphi_n(x)\}_0^\infty$ 在 $[a, b]$ 上带权 $w(x)$ 正交，称 $\varphi_n(x)$ 为 $[a, b]$ 上带权 $w(x)$ 的 $n$ 次多项式。

只要给定区间 $[a, b]$ 及权函数 $w(x)$，均可由一族线性无关的幂函数 $\{1, x, \cdots, x^n, \cdots\}$，利用逐个正交化方法构造出正交多项式序列 $\{\varphi_n(x)\}_0^\infty$：

$$\begin{cases} \varphi_0(x) = 1 \\ \varphi_n(x) = x^n - \sum_{j=0}^{n-1} \dfrac{[x^n, \varphi_j(x)]}{[\varphi_j(x), \varphi_j(x)]} \varphi_j(x), & n = 1, 2, \cdots \end{cases} \tag{2.45}$$

这样得到的正交多项式序列有如下性质：

(1) $\varphi_n(x)$ 是具有最高次项系数为 1 的 $n$ 次多项式。

(2) 任何 $n$ 次多项式 $P_n(x)$ 均可表示为 $\varphi_0(x)$, $\varphi_1(x)$, $\cdots$, $\varphi_n(x)$ 的线性组合。

(3) 当 $k \neq j$ 时，$[\varphi_j(x), \varphi_k(x)] = 0$，且 $\varphi_k(x)$ 与任一次数小于 $k$ 的多项式正交。

(4) 满足递推关系

$$\varphi_{n+1}(x) = (x - \alpha_n) \varphi_n(x) - \beta_n \varphi_{n-1}(x), \quad n = 0, 1, 2, \cdots \tag{2.46}$$

式中

$$\varphi_0(x) = 1, \quad \varphi_{-1}(x) = 0,$$

$$\alpha_n = [x\varphi_n(x), \varphi_n(x)]/[\varphi_n(x), \varphi_n(x)],$$
$$\beta_n = [\varphi_n(x), \varphi_n(x)]/[\varphi_{n-1}(x), \varphi_{n-1}(x)], \quad n = 1, 2, 3, \cdots,$$

这里 $[x\varphi_n(x), \varphi_n(x)] = \int_a^b x\varphi_n^2(x)w(x)\,\mathrm{d}x$。

(5)设 $\{\varphi_n(x)\}_0^\infty$ 是在 $[a, b]$ 上带权函数 $w(x)$ 的正交多项式序列, 则 $\varphi_n(x)(n \geqslant 1)$ 的 $n$ 个根都是在区间 $[a, b]$ 内的单重实根。

## 2.2.2　Legendre 多项式

当区间为 $[-1, 1]$, 权函数 $w(x) \equiv 1$ 时, 由 $\{1, x, \cdots x^n, \cdots\}$ 正交化得到的多项式就称为**勒让德(Legendre)多项式**, 并用 $\mathrm{L}_n(x)$ 表示。可将 Legendre 多项式写成

$$\mathrm{L}_0(x) = 1, \quad \mathrm{L}_n(x) = \frac{1}{2^n n!}\frac{\mathrm{d}^n}{\mathrm{d}x^n}[(x^2-1)^n], \quad n = 1, 2, 3, \cdots \tag{2.47}$$

的形式, 该式称为 Legendre 多项式的**罗德里格斯公式**(Rodrigues's formula)。要验证这个公式, 只需要利用二项式定理(binomial theorem)将 $(x^2-1)^n$ 展开, 然后逐项求 $n$ 阶导数即可。

特别是, 当 $n = 0, 1, 2, \cdots, 10$ 时, 分别有

$$\mathrm{L}_0(x) = 1$$
$$\mathrm{L}_1(x) = x$$
$$\mathrm{L}_2(x) = \frac{1}{2}(3x^2-1)$$
$$\mathrm{L}_3(x) = \frac{1}{2}(5x^3-3x)$$
$$\mathrm{L}_4(x) = \frac{1}{8}(35x^4-30x^2+3)$$
$$\mathrm{L}_5(x) = \frac{1}{8}(63x^5-70x^3+15x)$$
$$\mathrm{L}_6(x) = \frac{1}{16}(231x^6-315x^4+105x^2-5)$$
$$\mathrm{L}_7(x) = \frac{1}{16}(429x^7-693x^5+315x^3-35x)$$
$$\mathrm{L}_8(x) = \frac{1}{128}(6435x^8-12012x^6+6930x^4-1260x^2+35)$$
$$\mathrm{L}_9(x) = \frac{1}{128}(12155x^9-25740x^7+18018x^5-4620x^3+315x)$$
$$\mathrm{L}_{10}(x) = \frac{1}{256}(46189x^{10}-109395x^8+90090x^6-30030x^4+3465x^2-63)$$

采用如下 MATLAB 代码图示 Legendre 多项式:

```
clear all;
x = - 1:0.01:1;
L0 = legendre(0,x);
L1 = legendre(1,x);
```

```
L2＝legendre(2,x);
L3＝legendre(3,x);
L4＝legendre(4,x);
L5＝legendre(5,x);
subplot(121)
plot(x,L0(1,:),'r',x,L2(1,:),'g:',x,L4(1,:),'b- -','linewidth',2);
legend('L_0','L_2','L_4');
xlabel('x');
ylabel('L_n(x)');
axis([- 1 1 - 1.1 1.1])
subplot(122)
plot(x,L1(1,:),'r',x,L3(1,:),'g:',x,L5(1,:),'b- -','linewidth',2);
legend('L_1','L_3','L_5');
xlabel('x');
ylabel('L_n(x)');
axis([- 1 1 - 1.1 1.1])
```

结果如图 2.14 所示。

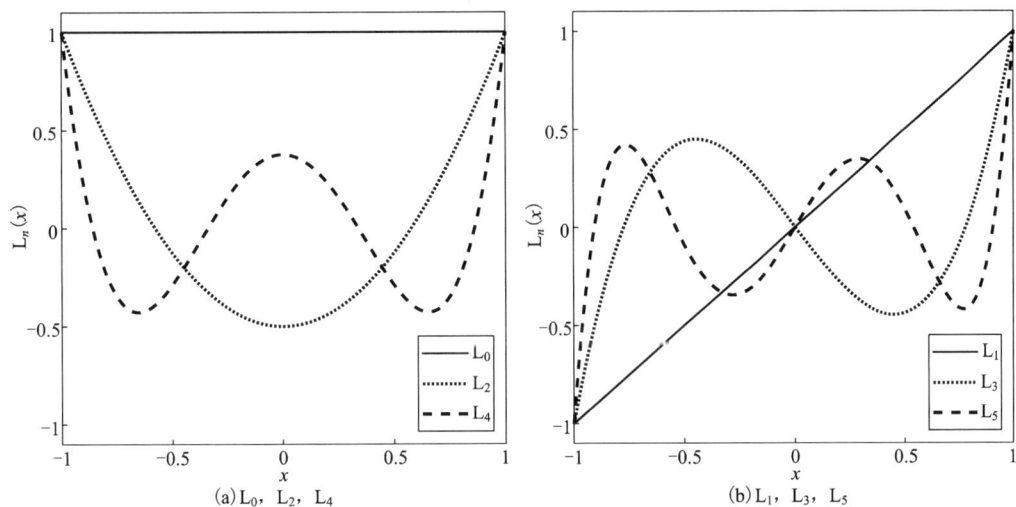

(a) $L_0$，$L_2$，$L_4$　　　　　　　(b) $L_1$，$L_3$，$L_5$

**图 2.14　Legendre 多项式示意图**

Legendre 多项式 $L_n(x)$ ( $n = 0$，1，2，…) 在区间 $[-1, 1]$ 上是正交的，即

$$\int_{-1}^{1} L_m(x) L_n(x) \, dx = \begin{cases} \dfrac{2}{2m+1}, & m = n \\ 0, & m \neq n \end{cases} \tag{2.48}$$

当 $m = n$ 时，称

$$\| L_n \| = \sqrt{\int_{-1}^{1} L_n^2(x) \, dx} = \left( \frac{2}{2m+1} \right)^{\frac{1}{2}}$$

为**Legendre 多项式的模值**。

利用 Legendre 多项式的罗德里格斯公式(2.47)，我们可以获得不同阶的 Legendre 多项式之间的递推关系式：

$$(n+1)L_{n+1}(x)-(2n+1)xL_n(x)+nL_{n-1}(x)=0, \quad n=1,2,3,\cdots \qquad (2.49)$$

$$L'_{n+1}(x)-xL'_n(x)-(n+1)L_n(x)=0, \qquad n=0,1,2,\cdots \qquad (2.50)$$

$$xL'_n(x)-L'_{n-1}(x)-nL_n(x)=0, \qquad n=1,2,3,\cdots \qquad (2.51)$$

$$L'_{n+1}(x)-L'_{n-1}(x)=(2n+1)L_n(x), \qquad n=1,2,3,\cdots \qquad (2.52)$$

### 2.2.3 Lobatto 多项式

当区间为 $[-1,1]$，权函数 $w(x)=1-x^2$ 时，由 $\{1,x,\cdots x^n,\cdots\}$ 正交化得到的多项式就称为**罗巴特(Lobatto)多项式**，并用 $\text{Lo}_n(x)$ 表示。可用 Legendre 多项式将 $\text{Lo}_n(x)$ 写成

$$\text{Lo}_n(x)=L'_{n+1}(x) \qquad (2.53)$$

特别是，当 $n=0,1,2,\cdots,8$ 时，分别有

$$\text{Lo}_0(x)=1$$

$$\text{Lo}_1(x)=3x$$

$$\text{Lo}_2(x)=\frac{3}{2}(5x^2-1)$$

$$\text{Lo}_3(x)=\frac{5}{2}(7x^2-3)x$$

$$\text{Lo}_4(x)=\frac{15}{8}(21x^4-14x^2+1)$$

$$\text{Lo}_5(x)=\frac{1}{8}(693x^4-630x^2+105)x$$

$$\text{Lo}_6(x)=\frac{1}{16}(3003x^6-3465x^4+945x^2-35)$$

$$\text{Lo}_7(x)=\frac{1}{128}(51480x^7-72072x^5+27720x^3-2520x)$$

$$\text{Lo}_8(x)=\frac{1}{128}(109395x^8-180180x^6+90090x^4-13860x^2+315)$$

采用如下 MATLAB 代码图示 Lobatto 多项式：

```
clear all;
x = - 1:0.01:1;
Lo0 = zeros(1,length(x))+1.0;
Lo1 = 3*x;
Lo2 = 1.5*(5*x.^2- 1);
Lo3 = 2.5*(7*x.^2- 3).*x;
Lo4 = 15/8*(21*x.^4- 14*x.^2+1);
Lo5 = 0.125*(693*x.^4- 630*x.^2+105).*x;
subplot(121)
```

```
plot(x,Lo0,'r',x,Lo2,'g:',x,Lo4,'b- - ','linewidth',2);
legend('Lo_0','Lo_2','Lo_4');
xlabel('x');
ylabel('Lo_n(x)');
axis([- 1 1 - 10 10.0])
subplot(122)
plot(x,Lo1,'r',x,Lo3,'g:',x,Lo5,'b- - ','linewidth',2);
legend('Lo_1','Lo_3','Lo_5');
xlabel('x');
ylabel('Lo_n(x)');
axis([- 1 1 - 10 10.0])
```

结果如图 2.15 所示。

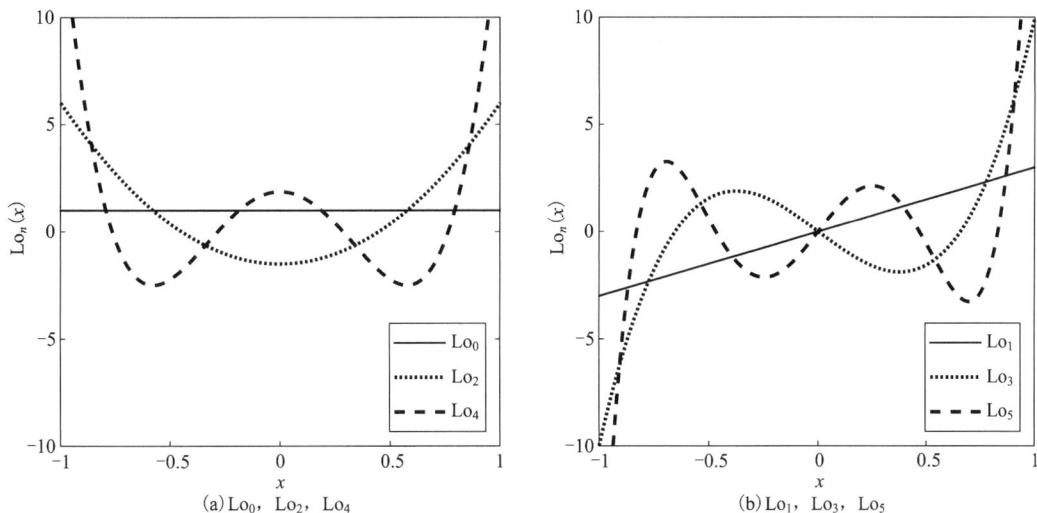

$$\text{(a)Lo}_0,\ \text{Lo}_2,\ \text{Lo}_4 \qquad \text{(b)Lo}_1,\ \text{Lo}_3,\ \text{Lo}_5$$

**图 2.15　Lobatto 多项式示意图**

Lobatto 多项式 $\text{Lo}_n(x)$ $(n=0,1,2,\cdots)$ 在区间 $[-1,1]$ 上是带权 $w(x)=1-x^2$ 正交的，且

$$\int_{-1}^{1} \text{Lo}_m(x)\text{Lo}_n(x)(1-x^2)\,\mathrm{d}x = \begin{cases} \dfrac{2(m+1)(m+2)}{2m+3}, & m=n \\ 0, & m\neq n \end{cases} \tag{2.54}$$

## 2.2.4　Chebyshev 多项式

当权函数 $w(x)=\dfrac{1}{\sqrt{1-x^2}}$，区间为 $[-1,1]$ 时，由 $\{1,x,\cdots x^n,\cdots\}$ 正交化得到的正交多项式就称是**切比雪夫(Chebyshev)多项式**，它可表示为

$$T_n(x)=\cos(n\arccos x),\ -1\leqslant x\leqslant 1 \tag{2.55}$$

若令 $x=\cos\theta$，则 $T_n(x)=\cos(n\theta)$，$0\leqslant\theta\leqslant\pi$。

根据三角恒等式：

$$\cos\left[(n+1)\theta\right]+\cos\left[(n-1)\theta\right]=2\cos\theta\cos(n\theta) \qquad (2.56)$$

式中：$n$ 为整数。若取 $n \geq 1$，则有

$$\cos(2\theta) = 2\cos^2\theta - 1$$
$$\cos(3\theta) = 4\cos^3\theta - 3\cos\theta \qquad (2.57)$$
$$\cos(4\theta) = 8\cos^4\theta - 8\cos^2\theta + 1$$
$$\vdots$$

这说明我们可以用关于 $\cos\theta$ 的多项式来表示 $\cos(n\theta)$，从而得到 Chebyshev 多项式的定义，由式(2.55)可推出

$$T_0(x) = 1$$
$$T_1(x) = x$$
$$T_2(x) = 2x^2 - 1$$
$$T_3(x) = 4x^3 - 3x$$
$$T_4(x) = 8x^4 - 8x^2 + 1$$
$$T_5(x) = 16x^5 - 20x^3 + 5x$$
$$T_6(x) = 32x^6 - 48x^4 + 18x^2 - 1$$
$$T_7(x) = 64x^7 - 112x^5 + 56x^3 - 7x$$
$$T_8(x) = 128x^8 - 256x^6 + 160x^4 - 32x^2 + 1$$
$$\vdots$$

式中：$T_0(x)$，$T_1(x)$，$T_2(x)$，$T_3(x)$ 的函数图形如图 2.16 所示。

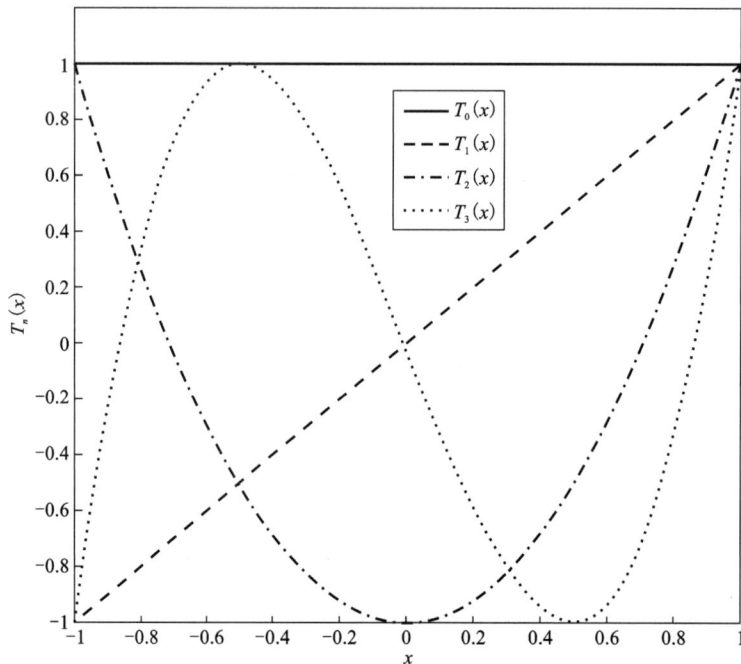

图 2.16  Chebyshev 多项式的函数图形

同时，根据式(2.55)可得任意阶 Chebyshev 多项式的递推公式为

$$\begin{cases} T_0(x)=1, \ T_1(x)=x \\ T_{n+1}(x)=2xT_n(x)-T_{n-1}(x), \ n=1, \ 2, \ 3, \ \cdots \end{cases} \tag{2.58}$$

Chebyshev 多项式 $T_n(x)$ ( $n=0, \ 1, \ 2, \ \cdots$ )在区间[-1, 1]上是带权 $w(x)=\dfrac{1}{\sqrt{1-x^2}}$ 正交的，且

$$\int_{-1}^{1} \frac{T_m(x)T_n(x)}{\sqrt{1-x^2}} dx = \begin{cases} 0, & m\neq n \\ \dfrac{\pi}{2}, & m=n\neq 0 \\ \pi, & m=n=0 \end{cases} \tag{2.59}$$

## 2.2.5　谱插值

Lagrange 插值法提供了一种构建插值多项式的方法，该方法规避了显式计算多项式系数的过程。为了实现这个算法，引入了一组与给定的横坐标 $x_i$ 相关的 $N$ 阶 Lagrange 多项式，与第 $i$ 个横坐标相对应的 Lagrange 多项式记为 $l_{N,i}(x)$ ，它由所有数据点的横坐标值定义。Lagrange 多项式 $l_{N,i}(x)$ 被设置为除了在第 $i$ 个数据点处等于 1，在其他数据点处都为零，即

$$l_{N,i}(x_j)=\delta_{ij} \tag{2.60}$$

式中： $\delta_{ij}$ 是 Kronecker 符号，对应的矩阵为单位矩阵。可以比较容易地确定 $N$ 阶 Lagrange 多项式的形式为

$$l_{N,i}(x)=\frac{(x-x_1)(x-x_2)\cdots(x-x_{i-1})(x-x_{i+1})\cdots(x-x_{N+1})}{(x_i-x_1)(x_i-x_2)\cdots(x_i-x_{i-1})(x_i-x_{i+1})\cdots(x_i-x_{N+1})} \tag{2.61}$$

在谱元法计算中，通常选取 Gauss-Lobatto-Legendre(GLL)节点和 Gauss-Lobatto-Chebyshev(GLC)节点作为 Lagrange 多项式的插值节点。

### 1. GLL 节点

GLL 节点选取 Lobatto 多项式的零点和±1，即

$$x_1=-1, \ x_j=Lo_N(x) \text{ 的零点}, \ x_{N+1}=-1, \ 2\leqslant j\leqslant N \tag{2.62}$$

为了计算 Lobatto 多项式的零点，我们可以借助 MATLAB 的求根函数 roots。例如，求多项式 $Lo_5(x)$ 的零点：

```
>> c=[693 0 -630 0 105];
>> roots(c)
ans =
    -0.8302
    -0.4688
     0.8302
     0.4688
```

表 2.1 列出了部分 Lobatto 多项式的零点数值。

表 2.1　Lobatto 多项式的零点数值

| 阶数 | Lobatto 多项式 Lo$_i$ 零点数值 |
|:---:|:---:|
| 1 | 0 |
| 2 | −0.447213595499957 |
|   | 0.447213595499957 |
| 3 | −0.6546536707079772 |
|   | 0 |
|   | −0.6546536707079772 |
| 4 | −0.7650553239294647 |
|   | −0.285231516480645 |
|   | 0.285231516480645 |
|   | 0.7650553239294647 |
| 5 | −0.8302238962785670 |
|   | −0.4688487934707142 |
|   | 0 |
|   | 0.4688487934707142 |
|   | 0.8302238962785670 |
| 6 | −0.8717401485096066 |
|   | −0.5917001814331423 |
|   | −0.2092992179024789 |
|   | 0.2092992179024789 |
|   | 0.5917001814331423 |
|   | −0.87174014850960668 |

这时，采用拉格朗日插值公式，一维 GLL 插值基函数可构造为

$$N_i(\xi) = \frac{(\xi-\xi_1)(\xi-\xi_2)\cdots(\xi-\xi_{i-1})(\xi-\xi_{i+1})\cdots(\xi-\xi_{m+1})}{(\xi_i-\xi_1)(\xi_i-\xi_2)\cdots(\xi_i-\xi_{i-1})(\xi_i-\xi_{i+1})\cdots(\xi_i-\xi_{m+1})} \tag{2.63}$$

式中：$\xi_i$ 为 GLL 节点值，且 $i=1,2,\cdots,m+1$。

下面举例说明插值函数构造。当多项式阶数 $m=2$ 时，GLL 节点值分别为 $\xi_1=-1$，$\xi_2=0$ 和 $\xi_3=1$，从而可得一维 GLL 二次插值函数：

$$\begin{cases} N_1(\xi) = \dfrac{1}{2}\xi(\xi-1) \\[2mm] N_2(\xi) = 1-\xi^2 \\[2mm] N_3(\xi) = \dfrac{1}{2}\xi(\xi+1) \end{cases} \tag{2.64}$$

### 2. GLC 节点

在区间[-1，1]内的 Chebyshev 点定义为(Eisingberg & Fedele，2007)：

$$x_j = -\cos\frac{(j-1)\pi}{N}, \quad j=1, 2, \cdots, N+1 \tag{2.65}$$

我们可以把这些 Chebyshev 点理解为半个单位圆上等距的点在横轴上的投影，$N=8$ 时的情况如图 2.17 所示。

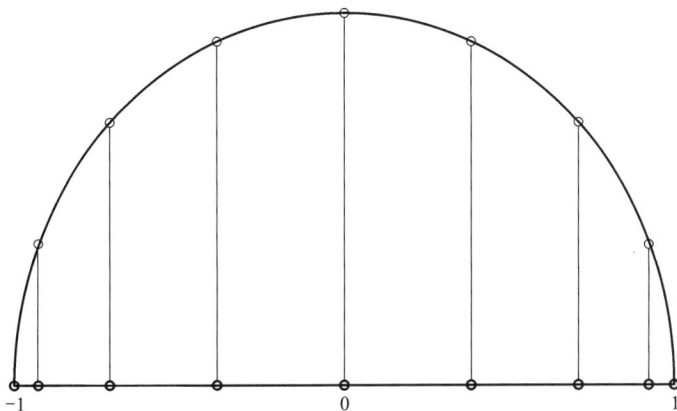

图 2.17　GLC 节点在上半个单位圆上等间距的点在横轴上的投影

**例 2.11**　利用等距点和 GLC 点对函数 $u(x) = 1/(1+16x^2)$ 进行代数多项式插值，并对比分析插值函数。

**解**　取 $N=20$，等距点与 GLC 点插值的 MATLAB 测试程序如下：

```
N = 20;
xx = - 1.01:.005:1.01;
for i = 1:2
    if i==1
        s = '等距点';
        x = - 1 + 2*(0:N)/N;
    end
    if i==2
        s = 'Chebyshev 点';
        x = - cos(pi*(0:N)/N);
    end
    subplot(1,2,i)
    u = 1./(1+16*x.^2);
    uu = 1./(1+16*xx.^2);
    p = polyfit(x,u,N);
    pp = polyval(p,xx);
```

```
plot(x,u,'o','markersize',8)
line(xx,pp)
axis([- 1.1 1.1 - 1 1.5]), title(s)
error = norm(uu- pp,inf);
text(- .5,- .5,['最大误差 = 'num2str(error)])
xlabel('x');
ylabel('u(x)');
```
end

结果如图 2.18 所示,在等距点上对函数进行代数多项式插值导致在区间边界附近出现较大的误差,而在 GLC 点上对函数进行代数多项式插值则几乎不存在这个问题。

图 2.18　根据离散数据得到的插值曲线

这时,采用拉格朗日插值公式,一维 GLC 插值基函数可构造为

$$N_i(\xi) = \frac{(\xi-\xi_1)(\xi-\xi_2)\cdots(\xi-\xi_{i-1})(\xi-\xi_{i+1})\cdots(\xi-\xi_{m+1})}{(\xi_i-\xi_1)(\xi_i-\xi_2)\cdots(\xi_i-\xi_{i-1})(\xi_i-\xi_{i+1})\cdots(\xi_i-\xi_{m+1})} \tag{2.66}$$

式中:$\xi_i$ 为 GLC 节点值,且 $i=1, 2, \cdots, m+1$。

## 2.3　数值积分

在谱元法的单元积分中,经常遇到下列类型的积分:

$$\int_{-1}^{1} f(\xi)\,\mathrm{d}\xi, \int_{-1}^{1}\int_{-1}^{1} f(\xi, \eta)\,\mathrm{d}\xi\mathrm{d}\eta, \int_{-1}^{1}\int_{-1}^{1}\int_{-1}^{1} f(\xi, \eta, \zeta)\,\mathrm{d}\xi\mathrm{d}\eta\mathrm{d}\zeta$$

积分式中被积函数一般是比较复杂的。若采用解析法计算这类积分,计算过程非常麻烦,甚至行不通,通常利用数值积分方法计算这类积分。本节介绍 Gauss - Legendre 和 Gauss-Lobatto 求积公式。

## 2.3.1 一维数值积分

一维 Gauss–Legendre 求积公式为

$$I = \int_{-1}^{1} f(\xi)\,d\xi \approx \sum_{i=1}^{n} W_i f(\xi_i) \tag{2.67}$$

式中：$\xi_i$ 为区间 $[-1,1]$ 中几个积分点，称为高斯点；$W_i$ 为高斯求积系数。

下面，我们给出生成高斯点和高斯求积系数的 MATLAB 程序：

```
function [x w] = getGaussQuadWeights(N)
beta    = 0.5./sqrt(1- (2*(1:N-1)).^(- 2));
T    = diag(beta,1) + diag(beta,- 1);
[V,D]    = eig(T);
[x,i]    = sort(diag(D));
w    = 2*V(1,i)'.^2;
end
```

一维 Gauss–Lobato 求积公式为

$$I = \int_{-1}^{1} f(\xi)\,d\xi \approx \sum_{i=1}^{n} W_i f(\xi_i) \tag{2.68}$$

式中：$\xi_i$ 为区间 $[-1,1]$ 中的 GLL 积分点；$W_i$ 为 GLL 积分系数。

下面给出生成 GLL 积分点和 GLL 积分求积系数的 MATLAB 程序：

```
function [x,w,P]=gll(N)
N1 =N+1;
x =cos(pi*(0:N)/N)';
P =zeros(N1,N1);
xold=2;
while max(abs(x- xold))>eps
    xold=x;
    P(:,1)=1;
    P(:,2)=x;
    for k=2:N
        P(:,k+1)=( (2*k- 1)*x.*P(:,k)- (k- 1)*P(:,k- 1) )/k;
    end
    x=xold- ( x.*P(:,N1)- P(:,N) )./( N1*P(:,N1) );
end
w=2./(N*N1*P(:,N1).^2);
```

## 2.3.2 二维和三维数值积分

容易将一维 Gauss–Legendre 和一维 Gauss–Lobatto 求积公式拓展为二重积分，具体为

$$\int_{-1}^{1}\int_{-1}^{1} f(\xi,\ \eta)\,\mathrm{d}\xi\mathrm{d}\eta = \int_{-1}^{1}\left[\int_{-1}^{1} f(\xi,\ \eta)\,\mathrm{d}\xi\right]\mathrm{d}\eta$$

$$\approx \int_{-1}^{1}\left[\sum_{i=1}^{n} W_i f(\xi_i,\ \eta)\right]\mathrm{d}\eta$$

$$\approx \sum_{i=1}^{n} W_i \int_{-1}^{1} f(\xi_i,\ \eta)\,\mathrm{d}\eta$$

$$\approx \sum_{i=1}^{n} W_i \sum_{j=1}^{n} W_j f(\xi_i,\ \eta_j)$$

$$\approx \sum_{i=1}^{M} \sum_{j=1}^{N} W_i W_j f(\xi_i,\ \eta_j) \tag{2.69}$$

同理,

$$\int_{-1}^{1}\int_{-1}^{1}\int_{-1}^{1} f(\xi,\ \eta,\ \zeta)\,\mathrm{d}\xi\mathrm{d}\eta d\zeta \approx \sum_{i=1}^{M} \sum_{j=1}^{N} \sum_{k=1}^{L} W_i W_j W_k f(\xi_i,\ \eta_j,\ \zeta_k) \tag{2.70}$$

在地球物理波场数值模拟中,Gauss 节点数通常情况下不宜取得过多(一般小于 10),以免过多增加计算量。另外 $\xi$、$\eta$、$\zeta$ 方向的 Gauss 节点数 $M$、$N$ 和 $L$ 可以取得不同。下面给出几组 Gauss-Legendre 求积公式的高斯点和高斯求积系数,见表 2.2。

表 2.2　Gauss-Legendre 求积公式的高斯点和高斯求积系数

| 积分点数 | 高斯点 | 高斯求积系数 |
|---|---|---|
| 1 | 0.0 | 2.0 |
| 2 | $-1/\sqrt{3}$ | 1.0 |
|  | $1/\sqrt{3}$ | 1.0 |
| 3 | $\sqrt{0.6}$ | 5/9 |
|  | 0.0 | 8/9 |
|  | $-\sqrt{0.6}$ | 5/9 |
| 4 | 0.861136311594053 | 0.347854845137454 |
|  | 0.339981043584856 | 0.652145154862546 |
|  | -0.339981043584856 | 0.652145154862546 |
|  | -0.861136311594053 | 0.347854845137454 |
| 5 | 0.906179845938664 | 0.236926885056189 |
|  | 0.538469310105683 | 0.478628670499366 |
|  | 0 | 0.568888888888889 |
|  | -0.538469310105683 | 0.478628670499366 |
|  | -0.906179845938664 | 0.236926885056189 |

**续表2.2**

| 积分点数 | 高斯点 | 高斯求积系数 |
|---|---|---|
| 6 | 0.932469514203152 | 0.171324492379170 |
|  | 0.661209386466265 | 0.360761573048139 |
|  | 0.238619186083197 | 0.467913934572691 |
|  | −0.238619186083197 | 0.467913934572691 |
|  | −0.661209386466265 | 0.360761573048139 |
|  | −0.932469514203152 | 0.171324492379170 |
| 12 | −0.981560634246732 | 0.04717533638647547 |
|  | 0.904117256370452 | 0.1069393259953637 |
|  | −0.7699026741943177 | 0.1600783285433586 |
|  | −0.5873179542866143 | 0.2031674267230672 |
|  | −0.3678314989981804 | 0.2334925365383534 |
|  | −0.12523340851114688 | 0.2491470458134027 |
|  | 0.12523340851114688 | 0.2491470458134027 |
|  | 0.3678314989981804 | 0.2334925365383534 |
|  | 0.5873179542866143 | 0.2031674267230672 |
|  | 0.7699026741943177 | 0.1600783285433586 |
|  | 0.904117256370452 | 0.1069393259953637 |
|  | 0.981560634246732 | 0.04717533638647547 |

# 第 3 章　稳定场方程的谱元法

稳定场方程通常指物理量在不随时间变化的情况下满足的偏微分方程，包括拉普拉斯方程、泊松方程和亥姆霍兹方程，主要描述稳定温度场、静电场、时变电磁波的电场或磁场空间分布等。本章主要讨论谱元法求解稳定场方程的边值问题。

## 3.1　一维稳定场方程的谱元法求解

### 3.1.1　Dirichlet 边界问题

Dirichlet 边界条件，又称为第一类边界条件，它给出了未知函数在边界上的值。

在 Dirichlet 边界条件下，考虑如下一维稳定场方程的边值问题：

$$\begin{cases} \dfrac{\mathrm{d}^2 u}{\mathrm{d}x^2} + \gamma u + f(x) = 0, & a < x < b \\[2mm] u\big|_{x=a} = \alpha \\[2mm] u\big|_{x=b} = \beta \end{cases} \tag{3.1}$$

式中：$f(x)$ 为 $x$ 的已知函数；$\gamma$、$\alpha$ 和 $\beta$ 为常数；$u$ 为待求函数。

这里，我们采用变分原理导出相应的谱元法线性方程组。

**1. 算法推导**

边值问题(3.1)对应的变分问题为：

$$\begin{cases} F(u) = \displaystyle\int_a^b \left[ \dfrac{1}{2}\left(\dfrac{\mathrm{d}u}{\mathrm{d}x}\right)^2 - \dfrac{1}{2}\gamma u^2 - fu \right] \mathrm{d}x = \min \\[3mm] u(x)\big|_{x=a} = \alpha \\[2mm] u(x)\big|_{x=b} = \beta \end{cases} \tag{3.2}$$

下面我们采用谱元法进行求解。

① 区域剖分。将区域剖分为若干单元，类似于有限差分法的网格离散化，网格剖分可以采用非均匀的网格单元。

下面，我们给出形成一维单元节点坐标和单元编号的 MATLAB 程序：

function [xg,ME]=mesh1d_gll(xe,m)

% 输入参数：

% xe：x 方向一维向量

% m：每个单元的 gll 网格点数

% 输出参数：

```
% xg:离散节点坐标
% ME: 单元节点编号
ne = length(xe)- 1;
for k = 1:ne
    [xi,w] = gll(m);
    mx = 0.5*(xe(k+1)+xe(k));
    dx = 0.5*(xe(k+1)- xe(k));
    for j = 1:m+1
        xen(k,j) = mx + xi(j)*dx;
    end
end
Ic = 2;
for k = 1:ne
    Ic = Ic- 1;
    for j = 1:m+1
        ME(k,j) = Ic;
        xg(Ic) = xen(k,j);
        Ic = Ic+1;
    end
end
```

② 选取插值函数。采用拉格朗日插值公式，构造的形函数为

$$N_i(\xi) = \frac{(\xi-\xi_1)(\xi-\xi_2)\cdots(\xi-\xi_{i-1})(\xi-\xi_{i+1})\cdots(\xi-\xi_{m+1})}{(\xi_i-\xi_1)(\xi_i-\xi_2)\cdots(\xi_i-\xi_{i-1})(\xi_i-\xi_{i+1})\cdots(\xi_i-\xi_{m+1})} \tag{3.3}$$

式中：$\xi_i$ 为 GLL 节点值，且 $i=1,2,\cdots,m+1$。

若单元的长度为 $\Delta x$，则有

$$dx = \frac{\Delta x}{2}d\xi$$

③ 单元分析。将全区域的积分分解为单元积分之和。

单元积分 1：

$$\begin{aligned}
\int_e \frac{1}{2}\left(\frac{du}{dx}\right)^2 dx &= \frac{1}{2}\boldsymbol{u}_e^{\mathrm{T}}\int_e \left(\frac{dN}{dx}\right)\left(\frac{dN}{dx}\right)^{\mathrm{T}} dx\boldsymbol{u}_e \\
&\approx \frac{1}{2}\boldsymbol{u}_e^{\mathrm{T}}(k_{ij})\boldsymbol{u}_e \\
&= \frac{1}{2}\boldsymbol{u}_e^{\mathrm{T}}\boldsymbol{K}_{1e}\boldsymbol{u}_e
\end{aligned} \tag{3.4}$$

式中，

$$\begin{aligned}
\boldsymbol{K}_{1e} &= \int_e \frac{dN_i}{dx}\frac{dN_j}{dx}dx = \int_e \left(\frac{dN_i}{d\xi}\frac{d\xi}{dx}\right)\left(\frac{dN_j}{d\xi}\frac{d\xi}{dx}\right)|J|d\xi \\
&= \int_e \left(\frac{dN_i}{d\xi}\frac{dN_j}{d\xi}\right)\frac{2}{\Delta x}d\xi
\end{aligned}$$

$$= \frac{2}{\Delta x} \int_{-1}^{1} \left( \frac{\mathrm{d}N_i}{\mathrm{d}\xi} \frac{\mathrm{d}N_j}{\mathrm{d}\xi} \right) \mathrm{d}\xi$$

单元积分 2：

$$-\int_{e} \frac{1}{2} \gamma u^2 \mathrm{d}x = -\frac{1}{2} \boldsymbol{u}_e^{\mathrm{T}} \int_{e} \gamma \boldsymbol{N} \boldsymbol{N}^{\mathrm{T}} \mathrm{d}x \boldsymbol{u}_e = -\frac{1}{2} \boldsymbol{u}_e^{\mathrm{T}} (k_{ij}) \boldsymbol{u}_e = -\frac{1}{2} \boldsymbol{u}_e^{\mathrm{T}} \boldsymbol{K}_{2e} \boldsymbol{u}_e \qquad (3.5)$$

式中，

$$\boldsymbol{K}_{2e} = \int_{e} \gamma N_i N_j \mathrm{d}x = \gamma \int_{e} N_i N_j \,|\, J \,|\, \mathrm{d}\xi = \gamma \int_{e} N_i N_j \frac{\Delta x}{2} \mathrm{d}\xi$$

$$= \gamma \frac{\Delta x}{2} \int_{-1}^{1} N_i N_j \mathrm{d}\xi$$

系数矩阵 $\int_{-1}^{1} \left( \frac{\mathrm{d}N_i}{\mathrm{d}\xi} \frac{\mathrm{d}N_j}{\mathrm{d}\xi} \right) \mathrm{d}\xi$ 和 $\int_{-1}^{1} N_i N_j \mathrm{d}\xi$ 需要采用数值积分计算。采用 Gauss–Lobatto 数值积分求取系数矩阵的 MATLAB 程序如下：

```
function [A, B] = gen1D_Ke_Gauss_Lobatto(m)
% Gauss- Lobatto 数值积分
[P] = gll(m);
if(m==1)
    L1=@(x) (x- P(2))/(P(1)- P(2));
    L2=@(x) (x- P(1))/(P(2)- P(1));
    Lu={L1,L2};
    L1_d-@(x) 1/(P(1)- P(2));
    L2_d=@(x) 1/(P(2)- P(1));
    Lu_d={L1_d, L2_d};
elseif(m==2)
    L1=@(x) (x- P(2))*(x- P(3))/((P(1)- P(2))*(P(1)- P(3)));
    L2=@(x) (x- P(1))*(x- P(3))/((P(2)- P(1))*(P(2)- P(3)));
    L3=@(x) (x- P(1))*(x- P(2))/((P(3)- P(1))*(P(3)- P(2)));
    Lu={L1,L2,L3};
    L1_d=@(x) ((x- P(3))+(x- P(2)))/((P(1)- P(2))*(P(1)- P(3)));
    L2_d=@(x) ((x- P(3))+(x- P(1)))/((P(2)- P(1))*(P(2)- P(3)));
    L3_d=@(x) ((x- P(2))+(x- P(1)))/((P(3)- P(1))*(P(3)- P(2)));
    Lu_d={L1_d, L2_d, L3_d};
elseif(m==3)
    L1=@(x) (x- P(2))*(x- P(3))*(x- P(4))/((P(1)- P(2))*(P(1)- P(3))*(P(1)- P(4)));
    L2=@(x) (x- P(1))*(x- P(3))*(x- P(4))/((P(2)- P(1))*(P(2)- P(3))*(P(2)- P(4)));
    L3=@(x) (x- P(1))*(x- P(2))*(x- P(4))/((P(3)- P(1))*(P(3)- P(2))*(P(3)- P(4)));
    L4=@(x) (x- P(1))*(x- P(3))*(x- P(2))/((P(4)- P(1))*(P(4)- P(3))*(P(4)- P(2)));
    Lu={L1,L2,L3,L4};
    L1_d=@(x) ((x- P(2))*(x- P(3)) + (x- P(2))*(x- P(4)) +(x- P(3))*(x- P(4)))...
        /((P(1)- P(2))*(P(1)- P(3))*(P(1)- P(4)));
```

```
    L2_d=@(x) ((x- P(1))*(x- P(3)) + (x- P(1))*(x- P(4)) +(x- P(3))*(x- P(4)))...
        /((P(2)- P(1))*(P(2)- P(3))*(P(2)- P(4)));
    L3_d=@(x) ((x- P(1))*(x- P(2)) + (x- P(1))*(x- P(4)) +(x- P(2))*(x- P(4)))...
        /((P(3)- P(1))*(P(3)- P(2))*(P(3)- P(4)));
    L4_d=@(x) ((x- P(1))*(x- P(2)) + (x- P(1))*(x- P(3)) +(x- P(2))*(x- P(3)))...
        /((P(4)- P(1))*(P(4)- P(2))*(P(4)- P(3)));
    Lu_d={L1_d, L2_d, L3_d, L4_d};
elseif(m==4)
    L1=@(x) (x- P(2))*(x- P(3))*(x- P(4))*(x- P(5))...
        /((P(1)- P(2))*(P(1)- P(3))*(P(1)- P(4))*(P(1)- P(5)));
    L2=@(x) (x- P(1))*(x- P(3))*(x- P(4))*(x- P(5))...
        /((P(2)- P(1))*(P(2)- P(3))*(P(2)- P(4))*(P(2)- P(5)));
    L3=@(x) (x- P(1))*(x- P(2))*(x- P(4))*(x- P(5))...
        /((P(3)- P(1))*(P(3)- P(2))*(P(3)- P(4))*(P(3)- P(5)));
    L4=@(x) (x- P(1))*(x- P(2))*(x- P(3))*(x- P(5))...
        /((P(4)- P(1))*(P(4)- P(2))*(P(4)- P(3))*(P(4)- P(5)));
    L5=@(x) (x- P(1))*(x- P(2))*(x- P(3))*(x- P(4))...
        /((P(5)- P(1))*(P(5)- P(2))*(P(5)- P(3))*(P(5)- P(4)));
    Lu={L1,L2,L3,L4 L5};
    L1_d=@(x) ((x- P(3))*(x- P(4))*(x- P(5))+(x- P(2))*(x- P(4))*(x- P(5))+(x- P(2))...
        *(x- P(3))*(x- P(5))+(x- P(2))*(x- P(3))*(x- P(4)))/((P(1)- P(2))*...
        (P(1)- P(3))*(P(1)- P(4))*(P(1)- P(5)));
    L2_d=@(x) ((x- P(3))*(x- P(4))*(x- P(5))+(x- P(1))*(x- P(4))*(x- P(5))+(x- P(1))...
        *(x- P(3))*(x- P(5))+(x- P(1))*(x- P(3))*(x- P(4)))/((P(2)- P(1))*...
        (P(2)- P(3))*(P(2)- P(4))*(P(2)- P(5)));
    L3_d=@(x) ((x- P(1))*(x- P(4))*(x- P(5))+(x- P(2))*(x- P(4))*(x- P(5))+(x- P(2))...
        *(x- P(1))*(x- P(5))+(x- P(2))*(x- P(1))*(x- P(4)))/((P(3)- P(1))*...
        (P(3)- P(2))*(P(3)- P(4))*(P(3)- P(5)));
    L4_d=@(x) ((x- P(3))*(x- P(1))*(x- P(5))+(x- P(2))*(x- P(1))*(x- P(5))+(x- P(2))...
        *(x- P(3))*(x- P(5))+(x- P(2))*(x- P(3))*(x- P(1)))/((P(4)- P(1))*...
        (P(4)- P(2))*(P(4)- P(3))*(P(4)- P(5)));
    L5_d=@(x) ((x- P(3))*(x- P(4))*(x- P(1))+(x- P(2))*(x- P(4))*(x- P(1))+(x- P(2))...
        *(x- P(3))*(x- P(1))+(x- P(2))*(x- P(3))*(x- P(4)))/((P(5)- P(1))*...
        (P(5)- P(2))*(P(5)- P(3))*(P(5)- P(4)));
    Lu_d={L1_d, L2_d, L3_d, L4_d, L5_d};
end
k=5;
[xi,w]=gll(k);
A=zeros((m+1),(m+1));
B=zeros((m+1),(m+1));
```

```
for Ix=1:(m+1)
    for Iy=1:(m+1)
        for i=1:k+1
            A(Ix,Iy)=A(Ix,Iy)+w(i)*Lu_d{Ix}(xi(i))*Lu_d{Iy}(xi(i));
            B(Ix,Iy)=B(Ix,Iy)+w(i)*Lu{Ix}(xi(i))*Lu{Iy}(xi(i));
        end
    end
end
```

当然，我们也可以采用 Gauss – Legendre 数值积分求取系数矩阵 $\int_{-1}^{1}\left(\dfrac{\mathrm{d}N_i}{\mathrm{d}\xi}\dfrac{\mathrm{d}N_j}{\mathrm{d}\xi}\right)\mathrm{d}\xi$ 和

$\int_{-1}^{1}N_iN_j\mathrm{d}\xi$，编制的 MATLAB 程序如下：

```
function[A, B] = gen1D_Ke_Gauss_Legendre(m)
% Gauss-Legendre 数值积分
function [A, B] = gen1D_Ke_Gauss_Legendre(m)
% Gauss- Legendre 数值积分
[P]=gll(m);
if(m==1)
    L1=@(x) (x- P(2))/(P(1)- P(2));
    L2=@(x) (x- P(1))/(P(2)- P(1));
    Lu={L1,L2};
    L1_d=@(x) 1/(P(1)- P(2));
    L2_d=@(x) 1/(P(2)- P(1));
    Lu_d={L1_d, L2_d};
elseif(m==2)
    L1=@(x) (x- P(2))*(x- P(3))/((P(1)- P(2))*(P(1)- P(3)));
    L2=@(x) (x- P(1))*(x- P(3))/((P(2)- P(1))*(P(2)- P(3)));
    L3=@(x) (x- P(1))*(x- P(2))/((P(3)- P(1))*(P(3)- P(2)));
    Lu={L1,L2,L3};
    L1_d=@(x) ((x- P(3))+(x- P(2)))/((P(1)- P(2))*(P(1)- P(3)));
    L2_d=@(x) ((x- P(3))+(x- P(1)))/((P(2)- P(1))*(P(2)- P(3)));
    L3_d=@(x) ((x- P(2))+(x- P(1)))/((P(3)- P(1))*(P(3)- P(2)));
    Lu_d={L1_d, L2_d, L3_d};
elseif(m==3)
    L1=@(x) (x- P(2))*(x- P(3))*(x- P(4))/((P(1)- P(2))*(P(1)- P(3))*(P(1)- P(4)));
    L2=@(x) (x- P(1))*(x- P(3))*(x- P(4))/((P(2)- P(1))*(P(2)- P(3))*(P(2)- P(4)));
    L3=@(x) (x- P(1))*(x- P(2))*(x- P(4))/((P(3)- P(1))*(P(3)- P(2))*(P(3)- P(4)));
    L4=@(x) (x- P(1))*(x- P(3))*(x- P(2))/((P(4)- P(1))*(P(4)- P(3))*(P(4)- P(2)));
    Lu={L1,L2,L3,L4};
```

```
      L1_d = @(x) ((x- P(2))*(x- P(3)) + (x- P(2))*(x- P(4)) +(x- P(3))*(x- P(4)))...
          /((P(1)- P(2))*(P(1)- P(3))*(P(1)- P(4)));
      L2_d = @(x) ((x- P(1))*(x- P(3)) + (x- P(1))*(x- P(4)) +(x- P(3))*(x- P(4)))...
          /((P(2)- P(1))*(P(2)- P(3))*(P(2)- P(4)));
      L3_d = @(x) ((x- P(1))*(x- P(2)) + (x- P(1))*(x- P(4)) +(x- P(2))*(x- P(4)))...
          /((P(3)- P(1))*(P(3)- P(2))*(P(3)- P(4)));
      L4_d = @(x) ((x- P(1))*(x- P(2)) + (x- P(1))*(x- P(3)) +(x- P(2))*(x- P(3)))...
          /((P(4)- P(1))*(P(4)- P(2))*(P(4)- P(3)));
      Lu_d = {L1_d, L2_d, L3_d, L4_d};
elseif(m = =4)
      L1 = @(x) (x- P(2))*(x- P(3))*(x- P(4))*(x- P(5))...
          /((P(1)- P(2))*(P(1)- P(3))*(P(1)- P(4))*(P(1)- P(5)));
      L2 = @(x) (x- P(1))*(x- P(3))*(x- P(4))*(x- P(5))...
          /((P(2)- P(1))*(P(2)- P(3))*(P(2)- P(4))*(P(2)- P(5)));
      L3 = @(x) (x- P(1))*(x- P(2))*(x- P(4))*(x- P(5))...
          /((P(3)- P(1))*(P(3)- P(2))*(P(3)- P(4))*(P(3)- P(5)));
      L4 = @(x) (x- P(1))*(x- P(2))*(x- P(3))*(x- P(5))...
          /((P(4)- P(1))*(P(4)- P(2))*(P(4)- P(3))*(P(4)- P(5)));
      L5 = @(x) (x- P(1))*(x- P(2))*(x- P(3))*(x- P(4))...
          /((P(5)- P(1))*(P(5)- P(2))*(P(5)- P(3))*(P(5)- P(4)));
      Lu = {L1,L2,L3,L4 L5};
      L1_d = @(x) ((x- P(3))*(x- P(4))*(x- P(5))+(x- P(2))*(x- P(4))*(x- P(5))+(x- P(2))...
          *(x- P(3))*(x- P(5))+(x- P(2))*(x- P(3))*(x- P(4)))/((P(1)- P(2))*...
          (P(1)- P(3))*(P(1)- P(4))*(P(1)- P(5)));
      L2_d = @(x) ((x- P(3))*(x- P(4))*(x- P(5))+(x- P(1))*(x- P(4))*(x- P(5))+(x- P(1))...
          *(x- P(3))*(x- P(5))+(x- P(1))*(x- P(3))*(x- P(4)))/((P(2)- P(1))*...
          (P(2)- P(3))*(P(2)- P(4))*(P(2)- P(5))),
      L3_d = @(x) ((x- P(1))*(x- P(4))*(x- P(5))+(x- P(2))*(x- P(4))*(x- P(5))+(x- P(2))...
          *(x- P(1))*(x- P(5))+(x- P(2))*(x- P(1))*(x- P(4)))/((P(3)- P(1))*...
          (P(3)- P(2))*(P(3)- P(4))*(P(3)- P(5)));
      L4_d = @(x) ((x- P(3))*(x- P(1))*(x- P(5))+(x- P(2))*(x- P(1))*(x- P(5))+(x- P(2))...
          *(x- P(3))*(x- P(5))+(x- P(2))*(x- P(3))*(x- P(1)))/((P(4)- P(1))*...
          (P(4)- P(2))*(P(4)- P(3))*(P(4)- P(5)));
      L5_d = @(x) ((x- P(3))*(x- P(4))*(x- P(1))+(x- P(2))*(x- P(4))*(x- P(1))+(x- P(2))...
          *(x- P(3))*(x- P(1))+(x- P(2))*(x- P(3))*(x- P(4)))/((P(5)- P(1))*...
          (P(5)- P(2))*(P(5)- P(3))*(P(5)- P(4)));
      Lu_d = {L1_d, L2_d, L3_d, L4_d, L5_d};
end
k = 5;
[ xi, w ] = getGaussQuadWeights(k);
```

```
A=zeros((m+1),(m+1));
B=zeros((m+1),(m+1));
for Ix=1:(m+1)
    for Iy=1:(m+1)
        for i=1:k
            A(Ix,Iy)=A(Ix,Iy)+w(i)*Lu_d{Ix}(xi(i))*Lu_d{Iy}(xi(i));
            B(Ix,Iy)=B(Ix,Iy)+w(i)*Lu{Ix}(xi(i))*Lu{Iy}(xi(i));
        end
    end
end
```

单元积分 3：

$$-\int_e f u \mathrm{d}x = -\int_e f \boldsymbol{N}^\mathrm{T} \boldsymbol{u} \mathrm{d}x = -\boldsymbol{u}_e^\mathrm{T} \boldsymbol{P}_e \tag{3.6}$$

式中，

$$\boldsymbol{P}_e = \left(\int_e N_i N_j \mathrm{d}x\right) f_j = \left(\int_e N_i N_j |J| \mathrm{d}\xi\right) f_j = \frac{\Delta x}{2}\left(\int_e N_i N_j \mathrm{d}\xi\right) f_j$$

$$= \boldsymbol{K}_{2e} \cdot f_j$$

④ 总体合成。将单元的 $\boldsymbol{u}_e$，$\boldsymbol{K}_{1e}$，$\boldsymbol{K}_{2e}$ 和 $\boldsymbol{P}_e$ 扩展到全体节点：

$$F_e(u) = \frac{1}{2}\boldsymbol{u}_e^\mathrm{T} \boldsymbol{K}_{1e} \boldsymbol{u}_e - \frac{1}{2}\boldsymbol{u}_e^\mathrm{T} \boldsymbol{K}_{2e} \boldsymbol{u}_e - \boldsymbol{u}_e^\mathrm{T} \boldsymbol{P}_e$$

$$= \frac{1}{2}\boldsymbol{u}^\mathrm{T} \overline{\boldsymbol{K}}_e \boldsymbol{u} - \boldsymbol{u}^\mathrm{T} \overline{\boldsymbol{P}}_e$$

然后对各单元相加，得

$$F(u) = \sum F_e(u) = \frac{1}{2}\boldsymbol{u}^\mathrm{T} \sum \overline{\boldsymbol{K}}_e \boldsymbol{u} - \boldsymbol{u}^\mathrm{T} \overline{\boldsymbol{P}}_e$$

$$= \frac{1}{2}\boldsymbol{u}^\mathrm{T} \boldsymbol{K} \boldsymbol{u} - \boldsymbol{u}^\mathrm{T} \boldsymbol{P} \tag{3.7}$$

式中：$\boldsymbol{K} = \sum \overline{\boldsymbol{K}}_e$ 是总体系数矩阵，$\boldsymbol{P} = \overline{\boldsymbol{P}}_e$ 是总体的右侧列向量。

⑤ 求变分。对式（3.7）求变分，得

$$\delta F(u) = \frac{1}{2}\delta\boldsymbol{u}^\mathrm{T} \boldsymbol{K} \boldsymbol{u} + \frac{1}{2}\boldsymbol{u}^\mathrm{T} \boldsymbol{K}\delta\boldsymbol{u} - \delta\boldsymbol{u}^\mathrm{T} \boldsymbol{P} = 0$$

由于 $\boldsymbol{K}$ 的对称性，有

$$\delta\boldsymbol{u}^\mathrm{T} \boldsymbol{K} \boldsymbol{u} = \boldsymbol{u}^\mathrm{T} \boldsymbol{K}\delta\boldsymbol{u}$$

所以

$$\delta\boldsymbol{u}^\mathrm{T} \boldsymbol{K} \boldsymbol{u} - \delta\boldsymbol{u}^\mathrm{T} \boldsymbol{P} = \delta\boldsymbol{u}^\mathrm{T} (\boldsymbol{K} \boldsymbol{u} - \boldsymbol{P}) = 0$$

由于 $\delta\boldsymbol{u}^\mathrm{T} \neq 0$，因此

$$\boldsymbol{K} \boldsymbol{u} = \boldsymbol{P} \tag{3.8}$$

⑥ 解线性方程组。在解线性方程组（3.8）之前，需要将第一类边界条件代入，现在介绍代入第一类边界条件的技巧。

假定 $Ku=P$ 的形式为

$$
\begin{pmatrix}
k_{11} & k_{12} & \cdots & k_{1j} & \cdots & k_{1j} \\
k_{21} & k_{22} & \cdots & k_{2j} & \cdots & k_{2j} \\
\vdots & \vdots & & \vdots & & \vdots \\
k_{j1} & k_{j2} & \cdots & k_{jj} & \cdots & k_{jn} \\
\vdots & \vdots & & \vdots & & \vdots \\
k_{n1} & k_{n2} & \cdots & k_{nj} & \cdots & k_{nn}
\end{pmatrix}
\begin{pmatrix}
u_1 \\ u_2 \\ \vdots \\ u_j \\ \vdots \\ u_n
\end{pmatrix}
=
\begin{pmatrix}
p_1 \\ p_2 \\ \vdots \\ p_j \\ \vdots \\ p_n
\end{pmatrix}
\tag{3.9}
$$

若已知 $u_j=b$，则式（3.9）变为

$$
\begin{pmatrix}
k_{11} & k_{12} & \cdots & 0 & \cdots & k_{1j} \\
k_{21} & k_{22} & \cdots & 0 & \cdots & k_{2j} \\
\vdots & \vdots & & \vdots & & \vdots \\
0 & 0 & \cdots & 1 & \cdots & 0 \\
\vdots & \vdots & & \vdots & & \vdots \\
k_{n1} & k_{n2} & \cdots & 0 & \cdots & k_{nn}
\end{pmatrix}
\begin{pmatrix}
u_1 \\ u_2 \\ \vdots \\ u_j \\ \vdots \\ u_n
\end{pmatrix}
=
\begin{pmatrix}
-k_{1j}b+p_1 \\ -k_{2j}b+p_2 \\ \vdots \\ b \\ \vdots \\ -k_{nj}b+p_n
\end{pmatrix}
\tag{3.10}
$$

我们称这种方法为对角元素改 1 法。但将式（3.9）转换为式（3.10），在计算程序的设计上是比较麻烦的，只能用于强制边界条件为零值的情况。另外，可采用对角元素乘大数法，即将 $k_{jj}$ 乘上一个很大的数（$10^{10}$ 左右数量级），并将右侧列向量的第 $j$ 个元素改为 $k_{22} \cdot 10^{10} \cdot b$：

$$
\begin{pmatrix}
k_{11} & k_{12} & \cdots & k_{1j} & \cdots & k_{1j} \\
k_{21} & k_{22} & \cdots & k_{2j} & \cdots & k_{2j} \\
\vdots & \vdots & & \vdots & & \vdots \\
k_{j1} & k_{j2} & \cdots & k_{jj} \cdot 10^{10} & \cdots & k_{jn} \\
\vdots & \vdots & & \vdots & & \vdots \\
k_{n1} & k_{n2} & \cdots & k_{nj} & \cdots & k_{nn}
\end{pmatrix}
\begin{pmatrix}
u_1 \\ u_2 \\ \vdots \\ u_j \\ \vdots \\ u_n
\end{pmatrix}
=
\begin{pmatrix}
p_1 \\ p_2 \\ \vdots \\ k_{jj} \cdot 10^{10} \cdot b \\ \vdots \\ p_n
\end{pmatrix}
\tag{3.11}
$$

经过修改后的第 $j$ 个方程为

$$
k_{i1}u_1+k_{i2}u_2+\cdots+k_{jj} \cdot 10^{10}u_j+\cdots k_{jn}u_n=k_{jj} \cdot 10^{10} \cdot b
$$

由于 $k_{jj} \cdot 10^{10}u_j \gg k_{ji}(i \neq j)$，方程左端的 $k_{jj} \cdot 10^{10}u_j$ 项较其他项要大得多，因此近似得到

$$
k_{jj} \cdot 10^{10}u_j=k_{jj} \cdot 10^{10} \cdot b
$$

则有

$$
u_j=b
$$

这样就将线性方程组（3.9）改为线性方程组（3.11），在程序设计上十分方便，因此在有限元法中经常采用。

求解代入第一类边界条件后的线性方程组（3.11），最后得到各节点的 $u$。至此，谱元法的求解过程结束。

**2. 数值试验**

**例 3.1**　利用谱元法求解下列一维 Helmholtz 方程边值问题的近似解：

$$\begin{cases} \dfrac{\mathrm{d}^2 u}{\mathrm{d}x^2} - u + (1+\pi^2)\sin(\pi x) = 0, \quad 0 \leqslant x \leqslant 1 \\ u\big|_{x=0} = 0 \\ u\big|_{x=1} = 0 \end{cases}$$

**解** 该 Helmholtz 方程边值问题的解析解为 $u = \sin(\pi x)$。

将计算区域均匀剖分为 10 个单元，利用谱元法计算的 MATLAB 脚本程序如下：

```
clear all;
clc;
L=1;
gamma=-1;
alpha=0;
beta=0;
ne=10;
xe=0:L/ne:L;
m=input('输入单元的 gll 网格点数：');
[xg,ME]=mesh1d_gll(xe,m);
ng=length(xg);
for k=1:ne
    h(k) = xe(k+1)- xe(k);
end
f=(1+pi*pi)*sin(pi*xg);
K1 = zeros(ng,ng);
K2 = zeros(ng,ng);
P=zeros(ng,1);
[A,B] = gen1D_Ke_Gauss_Lobatto(m);     % Gauss- Lobatto 数值积分
%[A,B] = gen1D_Ke_Gauss_Legendre(m); % Gauss- Legendre 数值积分
for k=1:ne
    K1e = 2.0*A/h(k);
    K2e = 0.5*h(k)*B;
    for ip=1:m+1
        i1 = ME(k,ip);
        for jp=1:m+1
            i2 = ME(k,jp);
            K1(i1,i2) = K1(i1,i2) + K1e(ip,jp);
            K2(i1,i2) = K2(i1,i2) + gamma*K2e(ip,jp);
            P(i1)=P(i1)+K2e(ip,jp)*f(i2);
        end
    end
end
K=K1-K2;
```

```
% 第一类边界条件(对角元素乘大数法)
K(1,1)=10^10*K(1,1); P(1)=10^10*K(1,1)*alpha;
K(end,end)=10^10*K(end,end); P(end)=10^10*K(end,end)*beta;
% 线性方程组求解
u_num=K\P;
% 解析解
u_ana=sin(pi*xg);
% 图示计算结果
plot(xg,u_num','r*');
hold on
plot(xg,u_ana,'b');
axis([0,1,0,1.2]);
xlabel('x');
ylabel('u(x)');
legend('数值解','精确解');
```

谱元法数值计算结果如图 3.1 所示。从图上可以看出，谱元法数值解与精确解吻合得非常好，且随着单元 GLL 网格点数的增加误差变小。

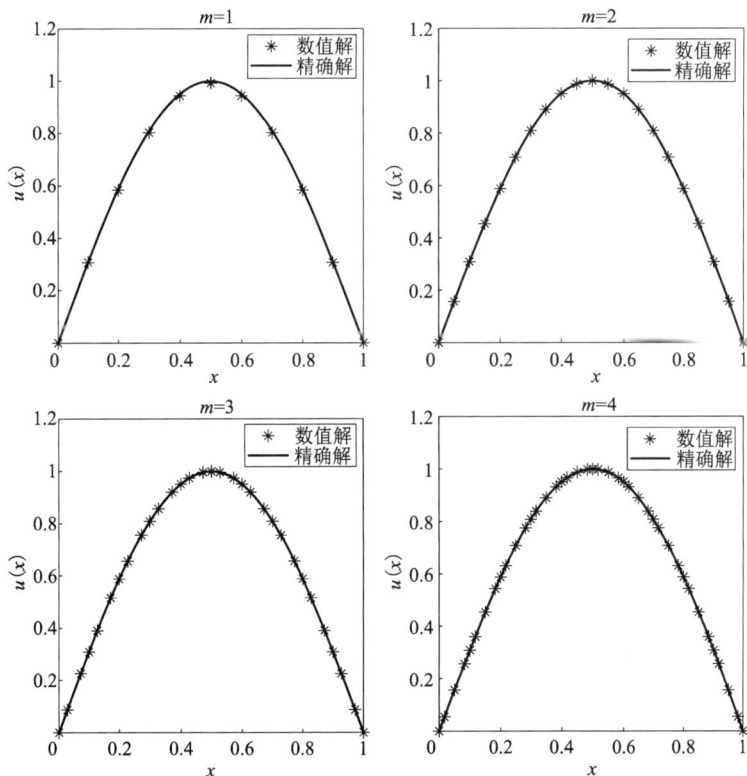

**图 3.1 Dirichlet 边界一维 Helmholtz 方程的谱元法计算结果**

图 3.2 为一维 Helmholtz 方程谱元法求解所形成的总体系数矩阵非零元素分布图，总体系数矩阵具有对称、稀疏的特点。

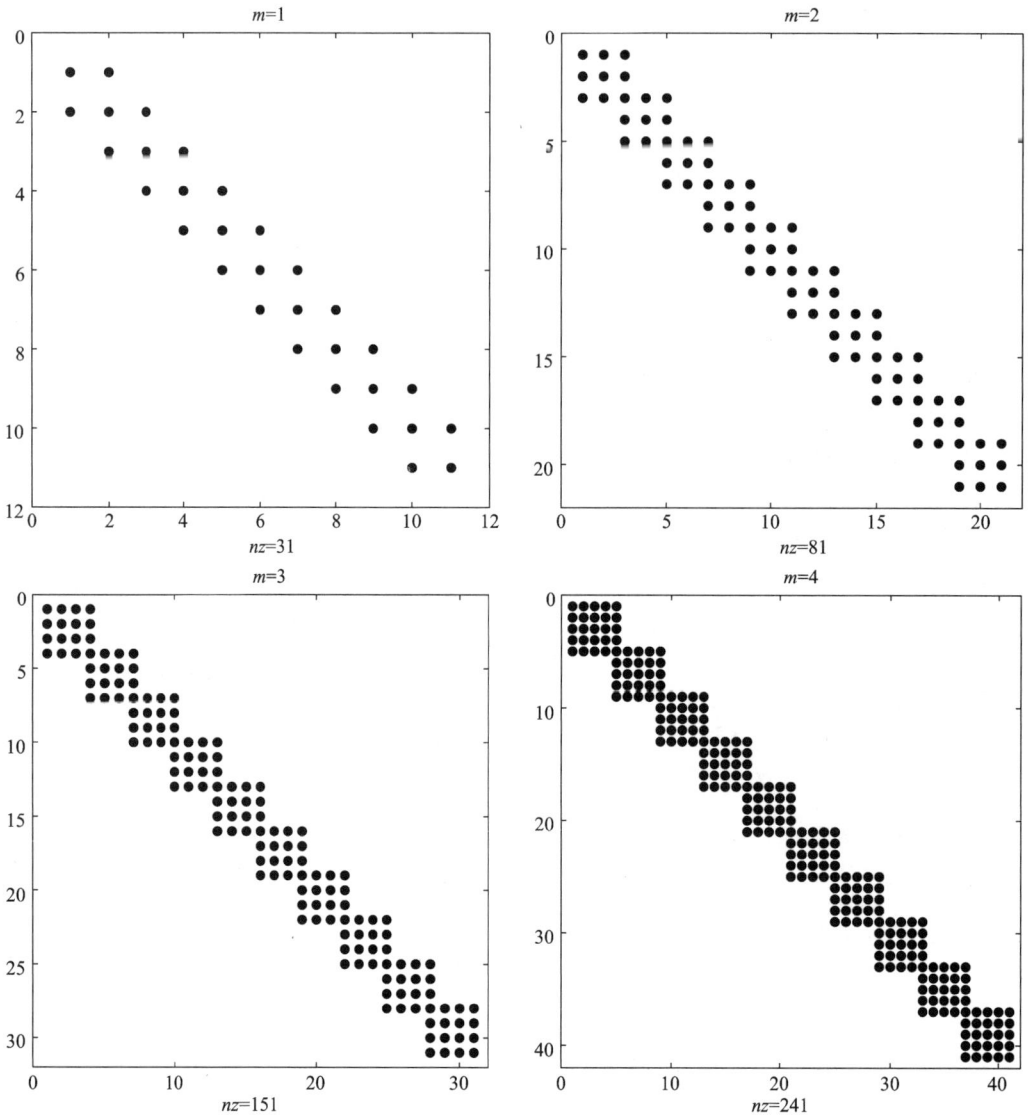

图 3.2　总体系数矩阵的非零元素分布图

## 3.1.2　Neumann 边界问题

Neumann 边界条件，又称为第二类边界条件，它给出了未知函数在边界法向方向的导数值。

在 Neumann 边界条件下，考虑如下一维稳定场方程的边值问题：

$$\begin{cases} \dfrac{\mathrm{d}^2 u}{\mathrm{d} x^2} + \gamma u + f(x) = 0, & a < x < b \\[2mm] u \big|_{x=a} = \alpha \\[2mm] u' \big|_{x=b} = \beta \end{cases} \tag{3.12}$$

式中：$f(x)$ 为 $x$ 的已知函数；$\gamma$、$\alpha$ 和 $\beta$ 为常数；$u(u)$ 为待求函数。

边值问题（3.12）对应的变分问题为：

$$\begin{cases} F(u) = \displaystyle\int_a^b \left[ \dfrac{1}{2}\left( \dfrac{\mathrm{d} u}{\mathrm{d} x} \right)^2 - \dfrac{1}{2}\gamma u^2 - fu \right] \mathrm{d} x - \displaystyle\int \beta u \mathrm{d}\varGamma = \min \\[3mm] u(x) \big|_{x=a} = \alpha \end{cases} \tag{3.13}$$

采用谱元法求解，式（3.13）的前面三项单元积分按式（3.4）~式（3.6）计算，而第四项积分为：

$$-\int \beta u \mathrm{d}\varGamma = -\boldsymbol{u}^{\mathrm{T}} \boldsymbol{P}_2 \tag{3.14}$$

式中，

$$\boldsymbol{P}_2 = \begin{pmatrix} 0 \\ 0 \\ \vdots \\ 0 \\ \beta \end{pmatrix}$$

将单元矩阵扩展到所有节点，加入第一类边界条件，即可得到相应的线性方程组，求解该线性方程组即得到各节点的 $u$ 值。

**例 3.2**　利用谱元法求解下列 Neumann 边界条件下一维 Helmholtz 方程的近似解：

$$\begin{cases} \dfrac{\mathrm{d}^2 u}{\mathrm{d} x^2} + u + x = 0, & 0 \leqslant x \leqslant 1 \\[2mm] u \big|_{x=0} = 0 \\[2mm] u' \big|_{x=1} = \dfrac{\cos(1)}{\sin(1)} - 1 \end{cases}$$

**解**　该一维 Helmholtz 方程边值问题的精确解为：$u(x) = \dfrac{\sin(x)}{\sin(1)} - x$。

将计算区域均匀剖分为 10 个单元，利用谱元法计算的 MATLAB 脚本程序如下：

```
clear all;
clc;
L=1;
gamma=1;
alpha=0;
beta=cos(1)/sin(1)-1;
ne=10;
xe=0:L/ne:L;
m=input('输入单元的 gll 网格点数:');
```

```
[xg,ME]=mesh1d_gll(xe,m);
ng=length(xg);
for k=1:ne
    h(k) = xe(k+1)- xe(k);
end
f=xg;
K1 = zeros(ng,ng);
K2 = zeros(ng,ng);
P1=zeros(ng,1);
P2=zeros(ng,1);
[A, B] = gen1D_Ke_Gauss_Lobatto(m);      % Gauss- Lobatto 数值积分
%[A, B] = gen1D_Ke_Gauss_Legendre(m);  % Gauss- Legendre 数值积分
for k=1:ne
    K1e = 2.0*A/h(k);
    K2e = 0.5*h(k)*B;
    for ip=1:m+1
        i1 = ME(k,ip);
        for jp=1:m+1
            i2 = ME(k,jp);
            K1(i1,i2) = K1(i1,i2) + K1e(ip,jp);
            K2(i1,i2) = K2(i1,i2) + gamma*K2e(ip,jp);
            P1(i1)=P1(i1)+K2e(ip,jp)*f(i2);
        end
    end
end
P2(end)=beta;
P=P1+P2;
K=K1- K2;
% 第一类边界条件(对角元素乘大数法)
K(1,1)=10^10*K(1,1); P(1)=10^10*K(1,1)*alpha;
% 线性方程组求解
u_num=K\P;
% 解析解
u_ana=sin(xg)/sin(1)- xg;
% 图示计算结果
plot(xg,u_num','r*');
hold on
plot(xg,u_ana,'b');
xlabel('x');
```

ylabel('u(x)');

legend('数值解','精确解');

谱元法数值计算结果如图 3.3 所示，这里的单元 GLL 网格点数 $m=4$。从图上可以看出，谱元法数值解与精确解吻合得很好，且数值解和精确解之间的绝对误差非常小，其绝对误差的数量级为 $10^{-13}$。

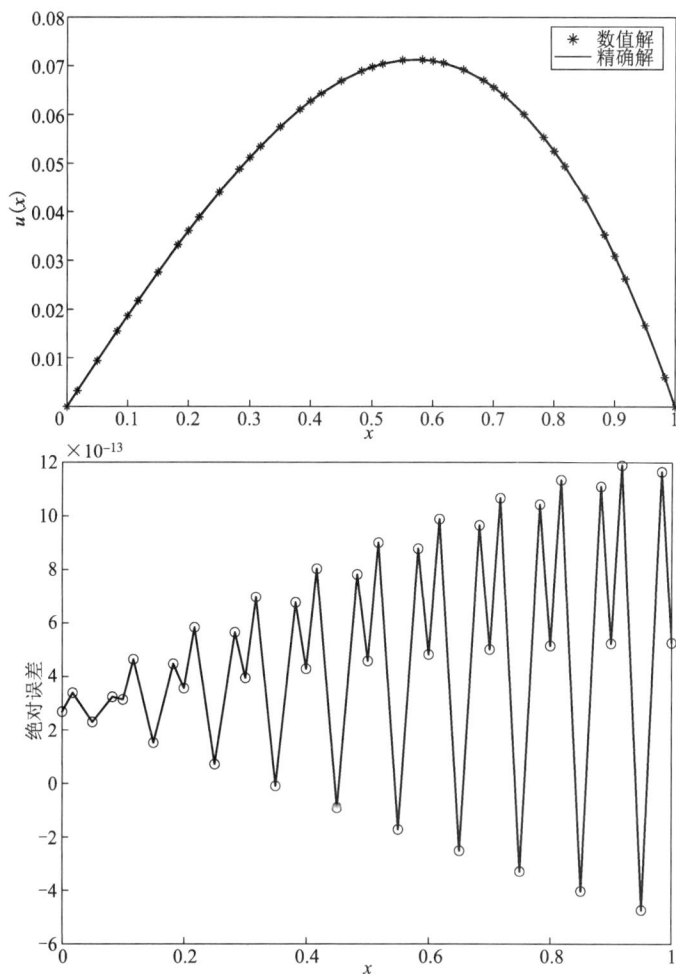

图 3.3　Neumann 边界一维 Helmholtz 方程的谱元法计算结果

## 3.1.3　Robin 边界问题

Robin 边界条件，又称为第三类边界条件或混合边界条件，它给出了在边界处未知函数和它在法线方向上导数的线性组合的值。

在 Robin 边界条件下，考虑如下一维稳定场方程的边值问题：

$$\begin{cases} \dfrac{\mathrm{d}^2 u}{\mathrm{d}x^2} + \gamma u + f(x) = 0, & a < x < b \\ u\big|_{x=a} = \alpha \\ (u' + ku)\big|_{x=b} = \beta \end{cases} \tag{3.15}$$

式中：$f(x)$ 为 $x$ 的已知函数；$\gamma$、$\alpha$、$\beta$ 和 $k$ 均为常数；$u$ 为待求函数。

边值问题(3.15)对应的变分问题为：

$$\begin{cases} F(u) = \int_a^b \left[ \dfrac{1}{2}\left(\dfrac{\mathrm{d}u}{\mathrm{d}x}\right)^2 - \dfrac{1}{2}\gamma u^2 - fu \right]\mathrm{d}x + \int\left(\dfrac{1}{2}ku^2 - \beta u\right)\mathrm{d}\varGamma = \min \\ u(x)\big|_{x=a} = \alpha \end{cases} \tag{3.16}$$

采用有限单元法求解，式(3.16)的前面三项单元积分按式(3.4)~式(3.6)计算，第五项单元积分按式(3.14)计算，而第四项积分为：

$$\int\left(\frac{1}{2}ku^2\right)\mathrm{d}\varGamma = \frac{1}{2}\boldsymbol{u}^{\mathrm{T}}\boldsymbol{K}_3\boldsymbol{u} \tag{3.17}$$

式中

$$\boldsymbol{K}_3 = \begin{pmatrix} 0 & 0 & \cdots & 0 \\ 0 & 0 & \cdots & 0 \\ \vdots & \vdots & & \vdots \\ 0 & 0 & \cdots & k \end{pmatrix}$$

将单元矩阵扩展到所有节点，加入第一类边界条件，即可得到相应的线性方程组，求解该线性方程组即得到各节点的 $u$ 值。

**例 3.3** 利用谱元法求解下列 Robin 边界条件下一维 Poisson 方程的近似解：

$$\begin{cases} \dfrac{\mathrm{d}^2 u}{\mathrm{d}x^2} + 2 = 0, & 0 \leqslant x \leqslant 1 \\ u\big|_{x=0} = 0 \\ (u' + u)\big|_{x=1} = 1 \end{cases}$$

**解** 该一维 Poisson 方程边值问题的精确解为：$u(x) = -x^2 + 2x$。

将计算区域均匀剖分为 10 个单元，利用谱元法计算的 MATLAB 脚本程序如下：

```
clear all;
clc;
L=1;
gamma=0;
alpha=0;
k_value=1;
beta=1;
ne=10;
xe=0:L/ne:L;
m=input('输入单元的 gll 网格点数:');
[xg,ME]=mesh1d_gll(xe,m);
```

```
ng=length(xg);
for k=1:ne
    h(k) = xe(k+1)- xe(k);
end
f=zeros(1,ng)+2;
K1 = zeros(ng,ng);
K2 = zeros(ng,ng);
K3 = zeros(ng,ng);
P1=zeros(ng,1);
P2=zeros(ng,1);
[A, B] = gen1D_Ke_Gauss_Lobatto(m);      % Gauss- Lobatto 数值积分
%[A, B] = gen1D_Ke_Gauss_Legendre(m); % Gauss- Legendre 数值积分
for k=1:ne
    K1e = 2.0*A/h(k);
    K2e = 0.5*h(k)*B;
    for ip=1:m+1
        i1 = ME(k,ip);
        for jp=1:m+1
            i2 = ME(k,jp);
            K1(i1,i2) = K1(i1,i2) + K1e(ip,jp);
            K2(i1,i2) = K2(i1,i2) + gamma*K2e(ip,jp);
            P1(i1)=P1(i1)+K2e(ip,jp)*f(i2);
        end
    end
end
P2(end)=beta;
P=P1+P2;
K3(end,end)=k_value;
K=K1- K2+K3;
% 第一类边界条件(对角元素乘大数法)
K(1,1)=10^10*K(1,1); P(1)=10^10*K(1,1)*alpha;
% 线性方程组求解
u_num=K\P;
% 解析解
u_ana=- xg.^2+2*xg;
% 图示计算结果
plot(xg,u_num','r*');
hold on
plot(xg,u_ana,'b');
```

```
xlabel('x');
ylabel('u(x)');
legend('数值解','精确解');
figure(2)
plot(xg,u_num'- u_ana,'ro');
xlabel('x');
ylabel('绝对误差');
```

谱元法数值计算结果如图 3.4 所示，这里的单元 GLL 网格点数 $m=4$。从图上可以看出，谱元法数值解与精确解吻合得很好，且数值解和精确解之间的绝对误差非常小，其绝对误差的数量级为 $10^{-12}$。

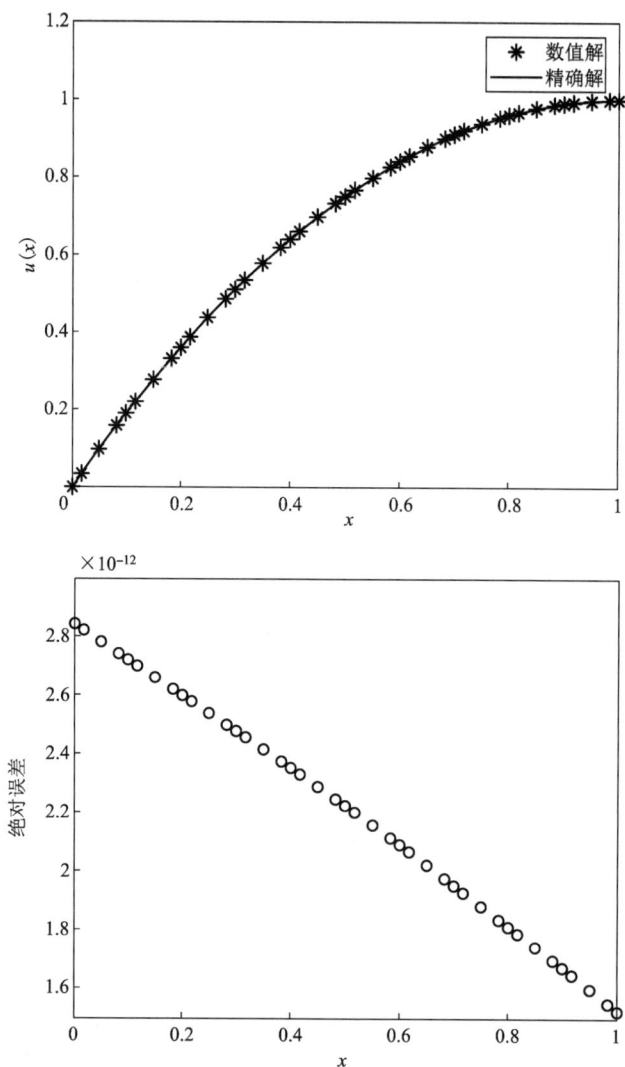

图 3.4 Robin 边界一维 Poisson 方程的谱元法计算结果

## 3.2 二维稳定场方程的谱元法求解

考虑如下二维稳定场方程的边值问题：

$$\begin{cases} \dfrac{\partial^2 u}{\partial x^2}+\dfrac{\partial^2 u}{\partial y^2}+\gamma u+f(x,y)=0,\ a<x<b,\ c<y<d \\ u|_{x=a}=\varphi_1(y),\ u|_{x=b}=\varphi_2(y) \\ u|_{y=c}=\phi_1(x),\ u|_{y=d}=\phi_2(x) \end{cases} \tag{3.18}$$

式中：$u$ 为待求函数；$\gamma$ 为常数；$f(x,y)$ 为已知函数；$\varphi_1(y)$、$\varphi_2(y)$、$\phi_1(x)$ 和 $\phi_2(x)$ 为边界值。这里，我们采用变分原理导出相应的谱元法线性方程组。

#### 1. 算法推导

边值问题(3.18)对应的变分问题为：

$$\begin{cases} F(u)=\displaystyle\int_a^b\int_c^d\left\{\dfrac{1}{2}\left[\left(\dfrac{\partial u}{\partial x}\right)^2+\left(\dfrac{\partial u}{\partial y}\right)^2\right]-\dfrac{1}{2}\gamma u^2-f(x,y)u\right\}\mathrm{d}x\mathrm{d}y=\min \\ u|_{x=a}=\varphi_1(y),\ u|_{x=b}=\varphi_2(y) \\ u|_{y=c}=\phi_1(x),\ u|_{y=d}=\phi_2(x) \end{cases} \tag{3.19}$$

下面我们采用谱元法进行求解。

① 区域剖分。采用矩形单元对整个计算区域进行网格剖分，网格单元可以是非均匀的，如图 3.5 所示。

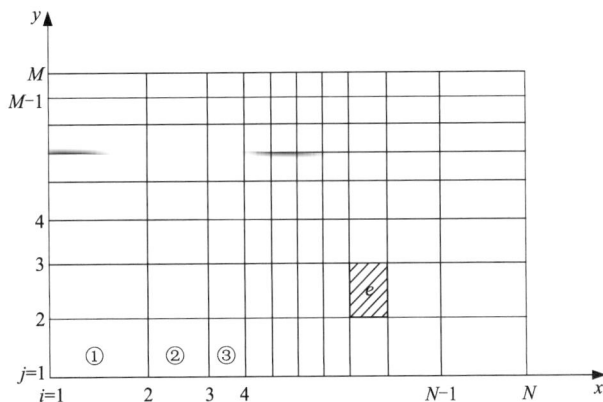

图 3.5 计算区域矩形网格剖分示意图

下面，我们给出形成二维单元节点坐标和单元编号的 MATLAB 程序：

```
function [x,y,ME]=mesh2d_gll(xe,ye,m)
```
% 输入参数：
% xe：x 方向一维向量
% ye：y 方向一维向量

```
%m：每个单元的 gll 网格点数
%输出参数：
%x：离散节点的 x 坐标
%y：离散节点的 y 坐标
%ME：单元节点编号
dxe=diff(xe);
dye=diff(ye);
NELX=length(dxe);
NELY=length(dye);
NEL = NELX*NELY;
NGLL=m+1;
XGLL = gll(NGLL-1);
iglob = zeros(NGLL,NGLL,NELX*NELY);
nglob = (NELX*(NGLL-1)+1)*(NELY*(NGLL-1)+1);
x      = zeros(nglob,1);
y      = zeros(nglob,1);
e=0;
last_iglob = 0;
igL = reshape([1:NGLL*(NGLL-1)],NGLL-1,NGLL);
igB = reshape([1:NGLL*(NGLL-1)],NGLL,NGLL-1);
igLB = reshape([1:(NGLL-1)*(NGLL-1)],NGLL-1,NGLL-1);
xgll = repmat( 0.5*(1+XGLL) , 1,NGLL);
ygll=reshape(xgll,NGLL,NGLL);
ygll=ygll';
ygll=ygll(:);
for ex=1:NELX
    xgll_new(ex,:)=dxe(ex)*xgll;
end
for ey=1:NELY
    ygll_new(ey,:)=dye(ey)*ygll';
end
for ey=1:NELY
    for ex=1:NELX
        e = e+1;
        if e==1   % first element: bottom-left
            ig = reshape([1:NGLL*NGLL],NGLL,NGLL);
        else
            if ey==1
                ig(1,:) = iglob(NGLL,:,e-1);
```

```
                    ig(2:NGLL,:) = last_iglob + igL;
            elseif ex = = 1
                    ig(:,1) = iglob(:,NGLL,e- NELX);
                    ig(:,2:NGLL) = last_iglob + igB;
            else
                    ig(1,:) = iglob(NGLL,:,e- 1);
                    ig(:,1) = iglob(:,NGLL,e- NELX);
                    ig(2:NGLL,2:NGLL) = last_iglob + igLB;
            end
        end
        iglob(:,:,e) = ig;
        last_iglob = ig(NGLL,NGLL);
        x(ig) = xe(ex)+xgll_new(ex,:);
        y(ig) = ye(ey)+ygll_new(ey,:);
    end
end
for i=1:NELX*NELY
    A=iglob(:,:,i);
    ME(:,i)=A(:);
end
```

② 选取插值函数。

采用拉格朗日插值公式：

$$L_i(\xi) = \frac{(\xi-\xi_1)\cdots(\xi-\xi_{i-1})(\xi-\xi_{i+1})\cdots(\xi-\xi_{m+1})}{(\xi_i-\xi_1)\cdots(\xi_i-\xi_{i-1})(\xi_i-\xi_{i+1})\cdots(\xi_i-\xi_{m+1})} \tag{3.20}$$

$$M_j(\eta) = \frac{(\eta-\eta_1)\cdots(\eta-\eta_{j-1})(\eta-\eta_{j+1})\cdots(\eta-\eta_{m+1})}{(\eta_j-\eta_1)\cdots(\eta_j-\eta_{j-1})(\eta_j-\eta_{j+1})\cdots(\eta_j-\eta_{m+1})} \tag{3.21}$$

式(3.20)和式(3.21)中：$\xi_i$ 和 $\eta_j$ 为 GLL 节点值，且 $i$，$j=1$，2，$\cdots$，$m+1$。

于是，构造的形函数可以表示为

$$N_k(\xi, \eta) = \frac{(\xi-\xi_1)\cdots(\xi-\xi_{i-1})(\xi-\xi_{i+1})\cdots(\xi-\xi_{m+1})}{(\xi_i-\xi_1)\cdots(\xi_i-\xi_{i-1})(\xi_i-\xi_{i+1})\cdots(\xi_i-\xi_{m+1})} \cdot$$
$$\frac{(\eta-\eta_1)\cdots(\eta-\eta_{j-1})(\eta-\eta_{j+1})\cdots(\eta-\eta_{m+1})}{(\eta_j-\eta_1)\cdots(\eta_j-\eta_{j-1})(\eta_j-\eta_{j+1})\cdots(\eta_j-\eta_{m+1})} \tag{3.22}$$

式中：$k=1$，2，$\cdots$，$(m+1)\times(m+1)$。

当单元 GLL 网格点数 $m=1$ 时，插值单元如图 3.6(a)所示，相应的形函数可写成：

$$\begin{cases} N_1 = \dfrac{1}{4}(1-\xi)(1-\eta) \\[2mm] N_2 = \dfrac{1}{4}(1+\xi)(1-\eta) \\[2mm] N_3 = \dfrac{1}{4}(1-\xi)(1+\eta) \\[2mm] N_4 = \dfrac{1}{4}(1+\xi)(1+\eta) \end{cases} \qquad (3.23)$$

当单元 GLL 网格点数 $m=2$ 时, 插值单元如图 3.6(b)所示, 相应的形函数可写成:

$$\begin{cases} N_1 = \dfrac{1}{4}(\xi-1)(\eta-1)\xi\eta \\[2mm] N_2 = -\dfrac{1}{2}(\xi^2-1)(\eta-1)\eta \\[2mm] N_3 = \dfrac{1}{4}(\xi+1)(\eta-1)\xi\eta \\[2mm] N_4 = -\dfrac{1}{2}(\eta^2-1)(\xi-1)\xi \\[2mm] N_5 = (\xi^2-1)(\eta^2-1) \\[2mm] N_6 = -\dfrac{1}{2}(\eta^2-1)(\xi+1)\xi \\[2mm] N_7 = \dfrac{1}{4}(\xi-1)(\eta+1)\xi\eta \\[2mm] N_8 = -\dfrac{1}{2}(\xi^2-1)(\eta+1)\eta \\[2mm] N_9 = \dfrac{1}{4}(\xi+1)(\eta+1)\xi\eta \end{cases} \qquad (3.24)$$

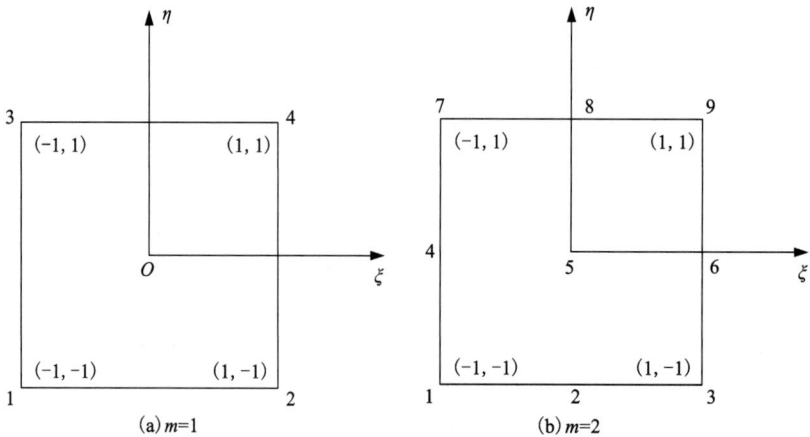

图 3.6 矩形单元插值示意图

依此类推，我们可以得到不同单元 GLL 网格点数所对应的矩形单元插值形函数。

若采用矩形单元对计算区域进行网格离散，以单元 GLL 网格点数 $m=1$ 为例，在每个单元上取 4 个点，单元节点编号及坐标如图 3.7 所示。

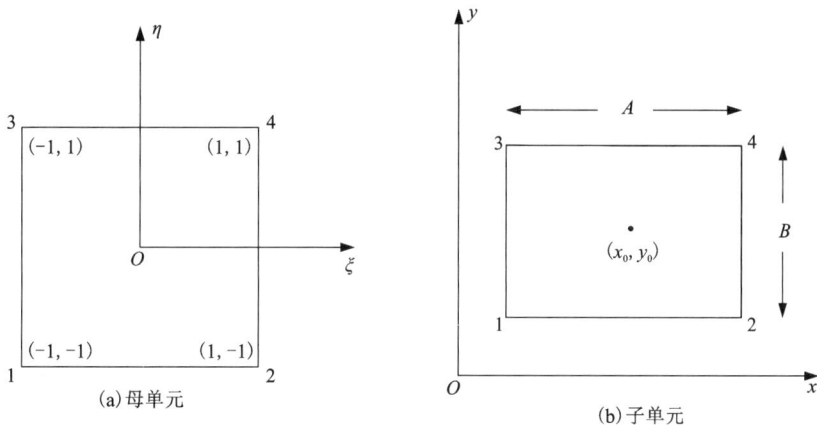

图 3.7 矩形单元插值

图 3.7(a) 是母单元，图 3.7(b) 是子单元。两个单元间的坐标变换关系为

$$x = x_0 + \frac{A}{2}\xi, \quad y = y_0 + \frac{B}{2}\eta \tag{3.25}$$

式中：$(x_0, y_0)$ 为子单元的中点，$A$、$B$ 为子单元的两个边长。两个单元的微分关系为

$$dx = \frac{A}{2}d\xi, \quad dy = \frac{B}{2}d\eta, \quad dxdy = \frac{AB}{4}d\xi d\eta \tag{3.26}$$

③ 单元分析。将全区域的积分分解为单元积分之和。

单元积分 1：

$$\int_e \frac{1}{2}\left[\left(\frac{\partial u}{\partial x}\right)^2 + \left(\frac{\partial u}{\partial y}\right)^2\right]dxdy = \frac{1}{2}\boldsymbol{u}_e^{\mathrm{T}}(k_{ii})\boldsymbol{u}_e = \frac{1}{2}\boldsymbol{u}_e^{\mathrm{T}}\boldsymbol{K}_{1e}\boldsymbol{u}_e \tag{3.27}$$

式中：$\boldsymbol{K}_{1e} = (k_{ij})$，$i, j = 1, 2, \cdots, (m+1)\times(m+1)$，且有：

$$\begin{aligned}
k_{ij} &= \int_e\left[\left(\frac{\partial u}{\partial x}\right)^2 + \left(\frac{\partial u}{\partial y}\right)^2\right]dxdy \\
&= \int_e\left[\left(\frac{\partial N_i}{\partial \xi}\frac{\partial \xi}{\partial x}\right)\left(\frac{\partial N_j}{\partial \xi}\frac{\partial \xi}{\partial x}\right) + \left(\frac{\partial N_i}{\partial \eta}\frac{\partial \eta}{\partial y}\right)\left(\frac{\partial N_j}{\partial \eta}\frac{\partial \eta}{\partial y}\right)\right]|J|d\xi d\eta \\
&= \int_{-1}^{1}\int_{-1}^{1}\left[\left(\frac{\partial N_i}{\partial \xi}\right)\left(\frac{\partial N_j}{\partial \xi}\right)\frac{B}{A} + \left(\frac{\partial N_i}{\partial \eta}\right)\left(\frac{\partial N_j}{\partial \eta}\right)\frac{A}{B}\right]d\xi d\eta
\end{aligned}$$

单元积分 2：

$$\int_e \frac{1}{2}\gamma u^2 dxdy = \frac{1}{2}\boldsymbol{u}_e^{\mathrm{T}}(k_{ij})\boldsymbol{u}_e = \frac{1}{2}\boldsymbol{u}_e^{\mathrm{T}}\boldsymbol{K}_{2e}\boldsymbol{u}_e \tag{3.28}$$

式中：$\boldsymbol{K}_{2e} = (k_{ij})$，$i, j = 1, 2, \cdots, (m+1)\times(m+1)$，且有：

$$k_{ij} = \int_e \gamma N_i N_j |J|d\xi d\eta = \gamma \cdot \frac{AB}{4}\int_{-1}^{1}\int_{-1}^{1} N_i N_j d\xi d\eta$$

这里，我们需要采用数值积分计算系数矩阵 $\int_{-1}^{1}\int_{-1}^{1}\left(\dfrac{\partial N_i}{\partial \xi}\right)\left(\dfrac{\partial N_j}{\partial \xi}\right)\mathrm{d}\xi\mathrm{d}\eta$、$\int_{-1}^{1}\int_{-1}^{1}\left(\dfrac{\partial N_i}{\partial \eta}\right)\left(\dfrac{\partial N_j}{\partial \eta}\right)\mathrm{d}\xi\mathrm{d}\eta$

和 $\int_{-1}^{1}\int_{-1}^{1}N_iN_j\mathrm{d}\xi\mathrm{d}\eta$。采用 Gauss–Lobatto 数值积分求取系数矩阵的 MATLAB 程序如下：

```
function [A1, A2, B] = gen2D_Ke_Gauss_Lobatto(m)
% Gauss- Lobatto 数值积分
[P] = gll(m);
if(m==1)
    L1=@(x) (x- P(2))/(P(1)- P(2));
    L2=@(x) (x- P(1))/(P(2)- P(1));
    Lu={L1,L2};
    L1_d=@(x) 1/(P(1)- P(2));
    L2_d=@(x) 1/(P(2)- P(1));
    Lu_d={L1_d, L2_d};
elseif(m==2)
    L1=@(x) (x- P(2))*(x- P(3))/((P(1)- P(2))*(P(1)- P(3)));
    L2=@(x) (x- P(1))*(x- P(3))/((P(2)- P(1))*(P(2)- P(3)));
    L3=@(x) (x- P(1))*(x- P(2))/((P(3)- P(1))*(P(3)- P(2)));
    Lu={L1,L2,L3};
    L1_d=@(x) ((x- P(3))+(x- P(2)))/((P(1)- P(2))*(P(1)- P(3)));
    L2_d=@(x) ((x- P(3))+(x- P(1)))/((P(2)- P(1))*(P(2)- P(3)));
    L3_d=@(x) ((x- P(2))+(x- P(1)))/((P(3)- P(1))*(P(3)- P(2)));
    Lu_d={L1_d, L2_d, L3_d};
elseif(m==3)
    L1=@(x) (x- P(2))*(x- P(3))*(x- P(4))/((P(1)- P(2))*(P(1)- P(3))*(P(1)- P(4)));
    L2=@(x) (x- P(1))*(x- P(3))*(x- P(4))/((P(2)- P(1))*(P(2)- P(3))*(P(2)- P(4)));
    L3=@(x) (x- P(1))*(x- P(2))*(x- P(4))/((P(3)- P(1))*(P(3)- P(2))*(P(3)- P(4)));
    L4=@(x) (x- P(1))*(x- P(3))*(x- P(2))/((P(4)- P(1))*(P(4)- P(3))*(P(4)- P(2)));
    Lu={L1,L2,L3,L4};
    L1_d=@(x) ((x- P(2))*(x- P(3)) + (x- P(2))*(x- P(4)) +(x- P(3))*(x- P(4)))...
        /((P(1)- P(2))*(P(1)- P(3))*(P(1)- P(4)));
    L2_d=@(x) ((x- P(1))*(x- P(3)) + (x- P(1))*(x- P(4)) +(x- P(3))*(x- P(4)))...
        /((P(2)- P(1))*(P(2)- P(3))*(P(2)- P(4)));
    L3_d=@(x) ((x- P(1))*(x- P(2)) + (x- P(1))*(x- P(4)) +(x- P(2))*(x- P(4)))...
        /((P(3)- P(1))*(P(3)- P(2))*(P(3)- P(4)));
    L4_d=@(x) ((x- P(1))*(x- P(2)) + (x- P(1))*(x- P(3)) +(x- P(2))*(x- P(3)))...
        /((P(4)- P(1))*(P(4)- P(2))*(P(4)- P(3)));
    Lu_d={L1_d, L2_d, L3_d, L4_d};
elseif(m==4)
```

```
    L1 = @(x) (x- P(2))*(x- P(3))*(x- P(4))*(x- P(5))...
        /((P(1)- P(2))*(P(1)- P(3))*(P(1)- P(4))*(P(1)- P(5)));
    L2 = @(x) (x- P(1))*(x- P(3))*(x- P(4))*(x- P(5))...
        /((P(2)- P(1))*(P(2)- P(3))*(P(2)- P(4))*(P(2)- P(5)));
    L3 = @(x) (x- P(1))*(x- P(2))*(x- P(4))*(x- P(5))...
        /((P(3)- P(1))*(P(3)- P(2))*(P(3)- P(4))*(P(3)- P(5)));
    L4 = @(x) (x- P(1))*(x- P(2))*(x- P(3))*(x- P(5))...
        /((P(4)- P(1))*(P(4)- P(2))*(P(4)- P(3))*(P(4)- P(5)));
    L5 = @(x) (x- P(1))*(x- P(2))*(x- P(3))*(x- P(4))...
        /((P(5)- P(1))*(P(5)- P(2))*(P(5)- P(3))*(P(5)- P(4)));
    Lu = {L1,L2,L3,L4 L5};
    L1_d = @(x) ((x- P(3))*(x- P(4))*(x- P(5))+(x- P(2))*(x- P(4))*(x- P(5))+(x- P(2))...
        *(x- P(3))*(x- P(5))+(x- P(2))*(x- P(3))*(x- P(4)))/((P(1)- P(2))*...
        (P(1)- P(3))*(P(1)- P(4))*(P(1)- P(5)));
    L2_d = @(x) ((x- P(3))*(x- P(4))*(x- P(5))+(x- P(1))*(x- P(4))*(x- P(5))+(x- P(1))...
        *(x- P(3))*(x- P(5))+(x- P(1))*(x- P(3))*(x- P(4)))/((P(2)- P(1))*...
        (P(2)- P(3))*(P(2)- P(4))*(P(2)- P(5)));
    L3_d = @(x) ((x- P(1))*(x- P(4))*(x- P(5))+(x- P(2))*(x- P(4))*(x- P(5))+(x- P(2))...
        *(x- P(1))*(x- P(5))+(x- P(2))*(x- P(1))*(x- P(4)))/((P(3)- P(1))*...
        (P(3)- P(2))*(P(3)- P(4))*(P(3)- P(5)));
    L4_d = @(x) ((x- P(3))*(x- P(1))*(x- P(5))+(x- P(2))*(x- P(1))*(x- P(5))+(x- P(2))...
        *(x- P(3))*(x- P(5))+(x- P(2))*(x- P(3))*(x- P(1)))/((P(4)- P(1))*...
        (P(4)- P(2))*(P(4)- P(3))*(P(4)- P(5)));
    L5_d = @(x) ((x- P(3))*(x- P(4))*(x- P(1))+(x- P(2))*(x- P(4))*(x- P(1))+(x- P(2))...
        *(x- P(3))*(x- P(1))+(x- P(2))*(x- P(3))*(x- P(4)))/((P(5)- P(1))*...
        (P(5)- P(2))*(P(5)- P(3))*(P(5)- P(4)));
    Lu_d = {L1_d, L2_d, L3_d, L4_d, L5_d};
end
n=1;
for i=1:m+1
    for j=1:m+1
        N{n}=@(x,y)Lu{j}(x).*Lu{i}(y);
        L_dx{n}=@(x,y) Lu_d{j}(x).*Lu{i}(y);
        L_dy{n}=@(x,y)Lu{j}(x).*Lu_d{i}(y);
        n=n+1;
    end
end
k=5;
[ xi,w1 ] =gll(k);
```

```
[yj,w2]=gll(k);
A1=zeros((m+1)*(m+1),(m+1)*(m+1));
A2=zeros((m+1)*(m+1),(m+1)*(m+1));
B=zeros((m+1)*(m+1),(m+1)*(m+1));
for Ix=1:(m+1)*(m+1)
    for Iy=1:(m+1)*(m+1)
        for i=1:k+1
            for j=1:k+1
                A1(Ix,Iy)=A1(Ix,Iy)+w1(i)*w2(j)...
                    *L_dx{Ix}(xi(i),yj(j))*L_dx{Iy}(xi(i),yj(j));
                A2(Ix,Iy)=A2(Ix,Iy)+w1(i)*w2(j)...
                    *L_dy{Ix}(xi(i),yj(j))*L_dy{Iy}(xi(i),yj(j));
                B(Ix,Iy)=B(Ix,Iy)+w1(i)*w2(j)...
                    *N{Ix}(xi(i),yj(j))*N{Iy}(xi(i),yj(j));
            end
        end
    end
end
```

另外，我们也可以采用 Gauss-Legendre 数值积分求取系数矩阵 $\int_{-1}^{1}\int_{-1}^{1}\left(\frac{\partial N_i}{\partial \xi}\right)\left(\frac{\partial N_j}{\partial \xi}\right)\mathrm{d}\xi\mathrm{d}\eta$、

$\int_{-1}^{1}\int_{-1}^{1}\left(\frac{\partial N_i}{\partial \eta}\right)\left(\frac{\partial N_j}{\partial \eta}\right)\mathrm{d}\xi\mathrm{d}\eta$ 和 $\int_{-1}^{1}\int_{-1}^{1}N_iN_j\mathrm{d}\xi\mathrm{d}\eta$，编制的 MATLAB 程序如下：

```
function [A1, A2, B] = gen2D_Ke_Gauss_Legendre(m)
% Gauss- Legendre 数值积分
[P]=gll(m);
if(m==1)
    L1=@(x) (x- P(2))/(P(1)- P(2));
    L2=@(x) (x- P(1))/(P(2)- P(1));
    Lu={L1,L2};
    L1_d=@(x) 1/(P(1)- P(2));
    L2_d=@(x) 1/(P(2)- P(1));
    Lu_d={L1_d, L2_d};
elseif(m==2)
    L1=@(x) (x- P(2))*(x- P(3))/((P(1)- P(2))*(P(1)- P(3)));
    L2=@(x) (x- P(1))*(x- P(3))/((P(2)- P(1))*(P(2)- P(3)));
    L3=@(x) (x- P(1))*(x- P(2))/((P(3)- P(1))*(P(3)- P(2)));
    Lu={L1,L2,L3};
    L1_d=@(x) ((x- P(3))+(x- P(2)))/((P(1)- P(2))*(P(1)- P(3)));
```

```
    L2_d=@(x) ((x- P(3))+(x- P(1)))/((P(2)- P(1))*(P(2)- P(3)));
    L3_d=@(x) ((x- P(2))+(x- P(1)))/((P(3)- P(1))*(P(3)- P(2)));
    Lu_d={L1_d, L2_d, L3_d};
elseif(m= =3)
    L1=@(x) (x- P(2))*(x- P(3))*(x- P(4))/((P(1)- P(2))*(P(1)- P(3))*(P(1)- P(4)));
    L2=@(x) (x- P(1))*(x- P(3))*(x- P(4))/((P(2)- P(1))*(P(2)- P(3))*(P(2)- P(4)));
    L3=@(x) (x- P(1))*(x- P(2))*(x- P(4))/((P(3)- P(1))*(P(3)- P(2))*(P(3)- P(4)));
    L4=@(x) (x- P(1))*(x- P(3))*(x- P(2))/((P(4)- P(1))*(P(4)- P(3))*(P(4)- P(2)));
    Lu={L1,L2,L3,L4};
    L1_d=@(x) ((x- P(2))*(x- P(3)) + (x- P(2))*(x- P(4)) +(x- P(3))*(x- P(4)))...
        /((P(1)- P(2))*(P(1)- P(3))*(P(1)- P(4)));
    L2_d=@(x) ((x- P(1))*(x- P(3)) + (x- P(1))*(x- P(4)) +(x- P(3))*(x- P(4)))...
        /((P(2)- P(1))*(P(2)- P(3))*(P(2)- P(4)));
    L3_d=@(x) ((x- P(1))*(x- P(2)) + (x- P(1))*(x- P(4)) +(x- P(2))*(x- P(4)))...
        /((P(3)- P(1))*(P(3)- P(2))*(P(3)- P(4)));
    L4_d=@(x) ((x- P(1))*(x- P(2)) + (x- P(1))*(x- P(3)) +(x- P(2))*(x- P(3)))...
        /((P(4)- P(1))*(P(4)- P(2))*(P(4)- P(3)));
    Lu_d={L1_d, L2_d, L3_d, L4_d};
elseif(m= =4)
    L1=@(x) (x- P(2))*(x- P(3))*(x- P(4))*(x- P(5))...
        /((P(1)- P(2))*(P(1)- P(3))*(P(1)- P(4))*(P(1)- P(5)));
    L2=@(x) (x- P(1))*(x- P(3))*(x- P(4))*(x- P(5))...
        /((P(2)- P(1))*(P(2)- P(3))*(P(2)- P(4))*(P(2)- P(5)));
    L3=@(x) (x- P(1))*(x- P(2))*(x- P(4))*(x- P(5))...
        /((P(3)- P(1))*(P(3)- P(2))*(P(3)- P(4))*(P(3)- P(5)));
    L4=@(x) (x- P(1))*(x- P(2))*(x- P(3))*(x- P(5))...
        /((P(4)- P(1))*(P(4)- P(2))*(P(4)- P(3))*(P(4)- P(5)));
    L5=@(x) (x- P(1))*(x- P(2))*(x- P(3))*(x- P(4))...
        /((P(5)- P(1))*(P(5)- P(2))*(P(5)- P(3))*(P(5)- P(4)));
    Lu={L1,L2,L3,L4 L5};
    L1_d=@(x) ((x- P(3))*(x- P(4))*(x- P(5))+(x- P(2))*(x- P(4))*(x- P(5))+(x- P(2))...
        *(x- P(3))*(x- P(5))+(x- P(2))*(x- P(3))*(x- P(4))/((P(1)- P(2))*...
        (P(1)- P(3))*(P(1)- P(4))*(P(1)- P(5)));
    L2_d=@(x) ((x- P(3))*(x- P(4))*(x- P(5))+(x- P(1))*(x- P(4))*(x- P(5))+(x- P(1))...
        *(x- P(3))*(x- P(5))+(x- P(1))*(x- P(3))*(x- P(4))/((P(2)- P(1))*...
        (P(2)- P(3))*(P(2)- P(4))*(P(2)- P(5)));
    L3_d=@(x) ((x- P(1))*(x- P(4))*(x- P(5))+(x- P(2))*(x- P(4))*(x- P(5))+(x- P(2))...
        *(x- P(1))*(x- P(5))+(x- P(2))*(x- P(1))*(x- P(4)))/((P(3)- P(1))*...
        (P(3)- P(2))*(P(3)- P(4))*(P(3)- P(5)));
```

```matlab
    L4_d=@(x) ((x-P(3))*(x-P(1))*(x-P(5))+(x-P(2))*(x-P(1))*(x-P(5))+(x-P(2))...
        *(x-P(3))*(x-P(5))+(x-P(2))*(x-P(3))*(x-P(1)))/((P(4)-P(1))*...
        (P(4)-P(2))*(P(4)-P(3))*(P(4)-P(5)));
    L5_d=@(x) ((x-P(3))*(x-P(4))*(x-P(1))+(x-P(2))*(x-P(4))*(x-P(1))+(x-P(2))...
        *(x-P(3))*(x-P(1))+(x-P(2))*(x-P(3))*(x-P(4)))/((P(5)-P(1))*...
        (P(5)-P(2))*(P(5)-P(3))*(P(5)-P(4)));
    Lu_d={L1_d, L2_d, L3_d, L4_d, L5_d};
end
n=1;
for i=1:m+1
    for j=1:m+1
        N{n}=@(x,y)Lu{j}(x).*Lu{i}(y);
        L_dx{n}=@(x,y) Lu_d{j}(x).*Lu{i}(y);
        L_dy{n}=@(x,y)Lu{j}(x).*Lu_d{i}(y);
        n=n+1;
    end
end
k=5;
[xi, w1] = getGaussQuadWeights(k);
[yj, w2] = getGaussQuadWeights(k);
A1=zeros((m+1)*(m+1),(m+1)*(m+1));
A2=zeros((m+1)*(m+1),(m+1)*(m+1));
B=zeros((m+1)*(m+1),(m+1)*(m+1));
for Ix=1:(m+1)*(m+1)
    for Iy=1:(m+1)*(m+1)
        for i=1:k
            for j=1:k
                A1(Ix,Iy)=A1(Ix,Iy)+w1(i)*w2(j)...
                    *L_dx{Ix}(xi(i),yj(j))*L_dx{Iy}(xi(i),yj(j));
                A2(Ix,Iy)=A2(Ix,Iy)+w1(i)*w2(j)...
                    *L_dy{Ix}(xi(i),yj(j))*L_dy{Iy}(xi(i),yj(j));
                B(Ix,Iy)=B(Ix,Iy)+w1(i)*w2(j)...
                    *N{Ix}(xi(i),yj(j))*N{Iy}(xi(i),yj(j));
            end
        end
    end
end
```

单元积分 3：

$$-\int_e fu\,\mathrm{d}x\mathrm{d}y = -\int_e f\mathbf{N}^{\mathrm{T}}\mathbf{u}\,\mathrm{d}x\mathrm{d}y = -\mathbf{u}_e^{\mathrm{T}}\mathbf{P}_e \qquad (3.29)$$

式中，

$$
\begin{aligned}
\mathbf{P}_e &= \left(\int_e N_i N_j\,\mathrm{d}x\mathrm{d}y\right)f_j = \left(\int_e N_i N_j\,|J|\,\mathrm{d}\xi\mathrm{d}\eta\right)f_j = \frac{AB}{4}\int_{-1}^{1}\int_{-1}^{1} N_i N_j\,\mathrm{d}\xi\mathrm{d}\eta \cdot f_j \\
&= \mathbf{K}_{2e}\cdot f_j
\end{aligned}
$$

**2. 数值试验**

**例 3.4**　利用谱元法求下列二维 Helmholtz 方程定解问题的近似解：

$$
\begin{cases}
\dfrac{\partial^2 u}{\partial x^2} + \dfrac{\partial^2 u}{\partial y^2} = u + 3,\ 0 < x < 1,\ 0 < y < 1 \\[2mm]
u(0, y) = 0,\ u(1, y) = 0 \\[1mm]
u(x, 0) = 0,\ u(x, 1) = 0
\end{cases}
$$

**解**　利用分离变量法可得该问题的解析解为

$$u(x, y) = \sum_{m=1,3,\cdots}^{\infty}\sum_{n=1,3,\cdots}^{\infty} -\frac{48}{(1 + \pi^2 m^2 + \pi^2 n^2)}\frac{1}{mn\pi^2}\sin(n\pi x)\sin(m\pi y)$$

图示解析解的程序设计如下：

```
clear all;
[X,Y]=meshgrid(0:.02:1);
n1=length(X);
uxy=zeros(n1,n1);
for n=0:200
    for m=0:200
        np=2*n+1;mp=2*m+1;
        lamda=(np*np+mp*mp)*pi*pi,
        Enm=1/(np*mp*(1+lamda));
        uxy=sin(np*pi*X).*sin(mp*pi*Y)*Enm+uxy;
    end
end
uxy=-48*uxy/(pi*pi);
surf(X,Y,uxy)
colorbar;
xlabel('x');
ylabel('y');
zlabel('u(x,y)');
```

将计算区域的 x 方向与 y 方向都均匀剖分为 20 个单元,利用谱元法进行计算的 MATLAB
程序如下：

```
clear all;
```

```
clc;
LX=1;
NELX = 20;
LY=1;
NELY = 20;
NEL = NELX*NELY;
Dx = LX/NELX;
Dy = LY/NELY;
xe=0:Dx:LX;
ye=0:Dy:LY;
m=input('输入单元的 gll 网格点数：');
[x,y,ME]=mesh2d_gll(xe,ye,m);
nglob = length(x);
f=zeros(1,nglob)- 3;
gamma=- 1;
K =zeros(nglob,nglob);
K1 =zeros(nglob,nglob);
K2 =zeros(nglob,nglob);
P =zeros(nglob,1);
[A1, A2, B] = gen2D_Ke_Gauss_Lobatto(m);      % Gauss_Lobatto 数值积分
%[A1, A2, B] = gen2D_Ke_Gauss_Legendre(m); % Gauss_Legendre 数值积分
for h=1:NEL
    K1e=(Dy/Dx)*A1+(Dx/Dy)*A2;
    K2e=gamma*(Dx*Dy/4)*B;
    for j=1:(m+1)*(m+1)
        NJ=ME(j,h);
        for k=1:(m+1)*(m+1)
            NK=ME(k,h);
            K1(NJ,NK)=K1(NJ,NK)+K1e(j,k);
            K2(NJ,NK)=K2(NJ,NK)+K2e(j,k);
            P(NJ)=P(NJ)+(Dx*Dy/4)*B(j,k)*f(NJ);
        end
    end
end
K=K1- K2;
%边界条件
for i=1:NELX
    for j=1:m+1
        h=ME(j,i);
```

```
            K(h,h)=K(h,h)*10^10;
            P(h,1)=K(h,h)*0;
        end
    end
    for i=NEL- NELX+1:NEL
        for j=m*(m+1)+1:(m+1)*(m+1)
            h=ME(j,i);
            K(h,h)=K(h,h)*10^10;
            P(h,1)=K(h,h)*0;
        end
    end
    for i=1:NELX:NEL- NELX+1
        for j=1:m+1:m*(m+1)+1
            h=ME(j,i);
            K(h,h)=K(h,h)*10^10;
            P(h,1)=K(h,h)*0;
        end
    end
    for i=NELX:NELX:NEL
        for j=m+1:m+1:(m+1)*(m+1)
            h=ME(j,i);
            K(h,h)=K(h,h)*10^10;
            P(h,1)=K(h,h)*0;
        end
    end
    u=K\P;
    %图示计算结果
    xg=mesh1d_gll(xe,m);
    yg=mesh1d_gll(ye,m);
    [x_new,y_new]=meshgrid(xg,yg);
    u_new=griddata(x,y,u,x_new,y_new,'v4');
    surf(x_new,y_new,u_new);
    xlabel('x');
    ylabel('y');
    zlabel('u(x,y)');
    zlim([- 0.25,0]);
    colorbar;
    colormap('jet');
```

　　谱元法数值计算结果如图 3.8 所示，这里的单元 GLL 网格点数 $m=3$。从图上可以看出，谱元法数值解与精确解吻合得很好，且数值解和精确解之间的绝对误差非常小，其绝对误差的数量级为 $10^{-6}$。

(a) 离散节点

(b) 数值解

(c) 绝对误差

**图 3.8　二维 Helmholtz 方程边值问题的谱元法计算结果**

(扫描目录页二维码查看彩图)

# 第 4 章　热传导方程的谱元法

　　热传导方程是一类重要的偏微分方程，也是最简单的一种抛物型方程，它描述一个区域内的温度如何随时间变化。本章主要讨论谱元法求解热传导方程的定解问题，包括一维和二维热传导方程的谱元法显式数值解和谱元法隐式数值解。

## 4.1　一维热传导方程的谱元法求解

### 4.1.1　一维显式格式

　　考虑一维热传导方程的初边值问题：

$$\begin{cases} \dfrac{\partial u}{\partial t} = \lambda \dfrac{\partial^2 u}{\partial x^2} + f(x, t), & 0<x<L,\ 0<t<T \\[2mm] u(0, t) = g_1(t),\ u(L, t) = g_2(t), & 0 \leqslant t \leqslant T \\[2mm] u(x, 0) = \varphi(x), & 0 \leqslant x \leqslant L \end{cases} \tag{4.1}$$

式中：$\lambda$ 为常数。

　　这里，我们尝试利用加权余量法推导谱元法方程。

　　对式(4.1)中偏微分方程的每一项乘以 $\delta u$，并积分，有

$$\int_{\Omega} \lambda \frac{\partial^2 u}{\partial x^2} \delta u \mathrm{d}\Omega - \int_{\Omega} \frac{\partial u}{\partial t} \delta u \mathrm{d}\Omega + \int_{\Omega} f(x, t) \delta u \mathrm{d}\Omega = 0 \tag{4.2}$$

对上式第 项进行积分变换可得

$$\int_{\Omega} \lambda \frac{\partial^2 u}{\partial x^2} \delta u \mathrm{d}\Omega = \int_{\Omega} \lambda \nabla \cdot (\nabla u \delta u) \mathrm{d}\Omega - \int_{\Omega} \lambda \nabla u \cdot \nabla \delta u \mathrm{d}\Omega$$
$$= \int_{\Gamma} \lambda \frac{\partial u}{\partial n} \delta u \mathrm{d}\Gamma - \int_{\Omega} \lambda \nabla u \cdot \nabla \delta u \mathrm{d}\Omega \tag{4.3}$$

将式(4.1)的边界条件代入上式右侧第一项，则式(4.2)变为

$$\int_{\Omega} \lambda \nabla u \cdot \nabla \delta u \mathrm{d}\Omega + \int_{\Omega} \frac{\partial u}{\partial t} \delta u \mathrm{d}\Omega - \int_{\Omega} f(x, t) \delta u \mathrm{d}\Omega = 0 \tag{4.4}$$

　　采用谱元法进行计算，将空间变量区域剖分为有限个小单元 $e$，在单元 $e$ 上，对式(4.4)进行空间变量积分，然后对各单元求和。

　　采用拉格朗日插值公式，构造的插值函数为

$$N_i(\xi) = \frac{(\xi-\xi_1)(\xi-\xi_2)\cdots(\xi-\xi_{i-1})(\xi-\xi_{i+1})\cdots(\xi-\xi_{m+1})}{(\xi_i-\xi_1)(\xi_i-\xi_2)\cdots(\xi_i-\xi_{i-1})(\xi_i-\xi_{i+1})\cdots(\xi_i-\xi_{m+1})} \tag{4.5}$$

式中：$\xi_i$ 为 GLL 节点值，且 $i = 1, 2, \cdots, m+1$。

　　若单元的长度为 $\Delta x$，则有

$$\mathrm{d}x = \frac{\Delta x}{2}\mathrm{d}\xi$$

单元 $e$ 上的温度 $u$ 可用插值函数表示

$$u = \boldsymbol{N}^{\mathrm{T}}\boldsymbol{u}_e$$

单元积分 1:

$$\int_e \lambda \,\nabla\boldsymbol{u}\cdot\nabla\delta u\mathrm{d}\Omega = \delta\boldsymbol{u}_e^{\mathrm{T}}\int_e \lambda\left(\frac{\partial N}{\partial x}\right)\left(\frac{\partial N}{\partial x}\right)^{\mathrm{T}}\mathrm{d}x\boldsymbol{u}_e = \delta\boldsymbol{u}_e^{\mathrm{T}}\boldsymbol{K}_e\boldsymbol{u}_e \tag{4.6}$$

式中,

$$\boldsymbol{K}_e = \lambda\frac{2}{\Delta x}\int_{-1}^1\left(\frac{\partial N}{\partial\xi}\right)\left(\frac{\partial N}{\partial\xi}\right)^{\mathrm{T}}\mathrm{d}\xi = \lambda\frac{2}{\Delta x}\int_{-1}^1\left(\frac{\mathrm{d}N_i}{\mathrm{d}\xi}\frac{\mathrm{d}N_j}{\mathrm{d}\xi}\right)\mathrm{d}\xi$$

因为 $k_{ij}=k_{ji}$, 所以 $\boldsymbol{K}_e$ 是对称矩阵。

单元积分 2:

$$\int_e\frac{\partial u}{\partial t}\delta u\mathrm{d}\Omega = \delta\boldsymbol{u}_e^{\mathrm{T}}\left(\int_e NN^{\mathrm{T}}\mathrm{d}x\right)\frac{\partial\boldsymbol{u}_e}{\partial t} = \delta\boldsymbol{u}_e^{\mathrm{T}}\boldsymbol{M}_e\frac{\partial\boldsymbol{u}_e}{\partial t} \tag{4.7}$$

式中,

$$\boldsymbol{M}_e = \int_e NN^{\mathrm{T}}\mathrm{d}x = \int_e N_iN_j|J|\mathrm{d}\xi = \int_e N_iN_j\frac{\Delta x}{2}\mathrm{d}\xi$$
$$= \frac{\Delta x}{2}\int_{-1}^1 N_iN_j\mathrm{d}\xi$$

单元积分 3:

$$\int_e f(x,t)\delta u\mathrm{d}\Omega = \delta\boldsymbol{u}_e^{\mathrm{T}}\int_e f(x,t)N\mathrm{d}x = \delta\boldsymbol{u}_e^{\mathrm{T}}\boldsymbol{P}_e \tag{4.8}$$

式中,

$$\boldsymbol{P}_e = \left(\int_e N_iN_j\mathrm{d}x\right)f_j = \left(\int_e N_iN_j|J|\mathrm{d}\xi\right)f_j = \frac{\Delta x}{2}\left(\int_e N_iN_j\mathrm{d}\xi\right)f_j$$
$$= \boldsymbol{M}_e\cdot f_j$$

在单元 $e$ 内,将式(4.6)、式(4.7)和式(4.8)相加,并扩展成由全体节点组成的矩阵或列阵,然后将各单元相加,得

$$\int_e\lambda\,\nabla\boldsymbol{u}\cdot\nabla\delta u\mathrm{d}x + \int_e\frac{\partial u}{\partial t}\delta u\mathrm{d}x - \int_e f(x,t)\delta u\mathrm{d}x$$
$$= \sum\left[\delta\boldsymbol{u}_e^{\mathrm{T}}\boldsymbol{K}_e\boldsymbol{u}_e + \delta\boldsymbol{u}_e^{\mathrm{T}}\boldsymbol{M}_e\frac{\partial\boldsymbol{u}_e}{\partial t} - \delta\boldsymbol{u}_e^{\mathrm{T}}\boldsymbol{P}_e\right]$$
$$= \sum\left[\delta\boldsymbol{u}^{\mathrm{T}}\overline{\boldsymbol{M}}_e\frac{\partial\boldsymbol{u}}{\partial t} + \delta\boldsymbol{u}^{\mathrm{T}}\overline{\boldsymbol{K}}_e\boldsymbol{u} - \delta\boldsymbol{u}^{\mathrm{T}}\overline{\boldsymbol{P}}_e\right] \tag{4.9}$$
$$= \delta\boldsymbol{u}^{\mathrm{T}}\sum\overline{\boldsymbol{M}}_e\frac{\partial\boldsymbol{u}}{\partial t} + \delta\boldsymbol{u}^{\mathrm{T}}\sum\overline{\boldsymbol{K}}_e\boldsymbol{u} - \delta\boldsymbol{u}^{\mathrm{T}}\sum\overline{\boldsymbol{P}}_e$$
$$= \delta\boldsymbol{u}^{\mathrm{T}}\boldsymbol{M}\frac{\partial\boldsymbol{u}}{\partial t} + \delta\boldsymbol{u}^{\mathrm{T}}\boldsymbol{K}\boldsymbol{u} - \delta\boldsymbol{u}^{\mathrm{T}}P$$
$$= 0$$

从式(4.9)中消去 $\delta\boldsymbol{u}^{\mathrm{T}}$, 得

$$M\frac{\partial}{\partial t}u + \boldsymbol{K}u = \boldsymbol{P} \tag{4.10}$$

对于稳定温度场, $\frac{\partial u}{\partial t}=0$。从上式直接得到线性方程组

$$Ku=P \tag{4.11}$$

解方程组,即得各节点的温度 $u$。

对于非稳定温度场,求解 $u$ 时,需要对 $\frac{\partial u}{\partial t}$ 进行向后差分近似处理,式(4.10)可以改写为

$$M\frac{u^{k+1}-u^k}{\Delta t}+K\left[\theta u^{k+1}+(1-\theta)u^k\right]=P \tag{4.12}$$

式中: $0\leqslant\theta\leqslant1$。

若式(4.12)取 $\theta=0$,则有

$$M\frac{u^{k+1}-u^k}{\Delta t}+Ku^k=P \tag{4.13}$$

上式整理后,即得一维热传导方程的谱元法求解的显式格式:

$$\left(\frac{1}{\Delta t}M\right)u^{k+1}=\left(-K+\frac{1}{\Delta t}M\right)u^k+P \tag{4.14}$$

当 $u^k$ 已知时,求解线性方程组(4.14)即可求出 $u^{k+1}$。因此,代入初始条件和边界条件,求解线性方程组即可得不同时刻各节点的温度分布。

**例 4.1** 编写程序计算一维热传导初边值问题的谱元法显式数值解:

$$\begin{cases} \dfrac{\partial u}{\partial t}=\dfrac{1}{4}\dfrac{\partial^2 u}{\partial x^2}, & 0<x<1,\ t>0 \\[2mm] u\big|_{x=0}=u\big|_{x=1}=0, & t\geqslant0 \\[2mm] u\big|_{t=0}=\sin(\pi x), & 0\leqslant x\leqslant1 \end{cases}$$

**解** 利用分离变量法可得该问题的精确解为

$$u(x,\ t)=\mathrm{e}^{-(0.5\pi)^2 t}\sin(\pi x)$$

采用均匀网格单元对空间变量进行剖分,且剖分单元数取为10,再取时间步长 $\Delta t=0.0001$。谱元法显式数值计算的 MATLAB 脚本程序如下:

```
clear all;
clc;
L=1;
ne=10;
xe=0:L/ne:L;
dt = 0.0001;
t  = 0:dt:1;
lambda = 0.25;
m=input('输入单元的 gll 网格点数:');
[xg,ME]=mesh1d_gll(xe,m);
ng=length(xg);
f =zeros(1,ng);
for k=1:ne
    h(k) = xe(k+1)- xe(k);
```

```
end
delta_x = diff(xg);
cfl = lambda*dt/(min(delta_x))^2;
if cfl>0.5
    disp('不满足稳定性条件！')
end
K  = zeros(ng,ng);
M  = zeros(ng,ng);
P = zeros(ng,1);
u    = zeros(ng,length(t));
u(:,1)= sin(pi*xg); %初始条件
%[A,B] = gen1D_Ke_Gauss_Lobatto(m); % Gauss- Lobatto 数值积分
[A,B] = gen1D_Ke_Gauss_Legendre(m); % Gauss_Legendre 数值积分
for k=1:ne
    K_loc = lambda*2.0*A/h(k);
    M_loc = 0.5*h(k)*B;
    for ip=1:m+1
        i1 = ME(k,ip);
        for jp=1:m+1
         i2 = ME(k,jp);
         K(i1,i2) = K(i1,i2) + K_loc(ip,jp);
         M(i1,i2) = M(i1,i2) + M_loc(ip,jp);
         P(i1)=P(i1)+M_loc(ip,jp)*f(i2);
        end
    end
end
for i=2:length(t)
    K_total = 1/dt*M;
    P_total = P+(- K+1/dt*M)*u(:,i- 1);
    %强加第一类边界条件
    K_total(1,:)=0;      K_total(1,1)=1;      P_total(1)=0;
    K_total(end,:)=0;    K_total(end,end)=1;  P_total(end)=0;
    %线性方程组求解
    u(:,i) = K_total\P_total;
    % u(1,i)=0;u(end,i)=0;
end
%精确解
[xx,tt]=meshgrid(xg,t);
u_true=exp(- (0.5*pi)^2*tt).*sin(pi*xx);
%图示计算结果
subplot(211)
```

```
mesh(xg,t,u');
xlabel('x');
ylabel('t');
zlabel('u(x,t)');
axis([0 1 0 1 0 1]);
title('显式数值解');
colorbar;
subplot(212)
mesh(xg,t,u_true);
xlabel('x');
ylabel('t');
zlabel('u(x,t)');
axis([0 1 0 1 0 1]);
title('理论精确解');
colorbar;
```

程序执行结果如图 4.1 所示，这里的单元 GLL 网格点数 $m=4$。从图上可以看出，满足稳定性条件下，谱元法显式数值解与理论精确解吻合得非常好。

**图 4.1　一维热传导方程的谱元法显式数值解和理论精确解**
(扫描目录页二维码查看彩图)

## 4.1.2 一维全隐式格式

从上面的讨论可以看到,利用谱元法显式格式求解热传导方程的定解问题,其优点是计算比较简便,但要求满足稳定性条件。

若式(4.12)取 $\theta=0$,则有

$$M\frac{\boldsymbol{u}_{k+1}-\boldsymbol{u}_k}{\Delta t}+K\boldsymbol{u}_{k+1}=P \tag{4.15}$$

上式整理后,即得一维热传导方程的谱元法全隐式格式:

$$\left(\frac{1}{\Delta t}M+K\right)\boldsymbol{u}_{k+1}=\frac{1}{\Delta t}M\boldsymbol{u}_k+P \tag{4.16}$$

结合初始条件和边界条件,求解线性方程组(4.16)即可得不同时刻各节点的温度分布。

**例 4.2** 编写程序计算一维热传导初边值问题的谱元法全隐式数值解:

$$\begin{cases} \dfrac{\partial u}{\partial t}=\dfrac{1}{4}\dfrac{\partial^2 u}{\partial x^2}, & 0<x<1,\ t>0 \\ u\big|_{x=0}=u\big|_{x=1}=0, & t\geq 0 \\ u\big|_{t=0}=\sin(\pi x), & 0\leq x\leq 1 \end{cases}$$

**解** 利用分离变量法可得该问题的精确解为

$$u(x,\ t)=\mathrm{e}^{-(0.5\pi)^2 t}\sin(\pi x)$$

采用均匀网格单元对空间变量进行剖分,且剖分单元数取为 10,再取时间步长 $\Delta t=0.01$。谱元法全隐式数值计算的 MATLAB 脚本程序如下:

```
clear all;
clc;
L=1;
ne=10;
xe=0:L/ne:L;
dt = 0.01;
t  = 0:dt:1;
lambda = 0.25;
m=input('输入单元的 gll 网格点数:');
[xg,ME]=mesh1d_gll(xe,m);
ng=length(xg);
f =zeros(1,ng);
for k=1:ne
      h(k) = xe(k+1)- xe(k);
end
K = zeros(ng,ng);
M = zeros(ng,ng);
P=zeros(ng,1);
```

```
u      = zeros(ng,length(t));
u(:,1)= sin(pi*xg); % 初始条件
[A, B] = gen1D_Ke_Gauss_Lobatto(m); % Gauss- Lobatto 数值积分
%[A, B] = gen1D_Ke_Gauss_Legendre(m); % Gauss_Legendre 数值积分
for k=1:ne
     K_loc  = lambda*2.0*A/h(k);
     M_loc  = 0.5*h(k)*B;
    for ip=1:m+1
        i1  = ME(k,ip);
        for jp=1:m+1
         i2  = ME(k,jp);
         K(i1,i2) = K(i1,i2) + K_loc(ip,jp);
         M(i1,i2) = M(i1,i2) + M_loc(ip,jp);
         P(i1)=P(i1)+M_loc(ip,jp)*f(i2);
        end
    end
end
for i=2:length(t)
     K_total  = 1/dt*M+K;
     P_total  = P+1/dt*M*u(:,i- 1);
     % 强加第一类边界条件
     K_total(1,:)=0;      K_total(1,1)=1;       P_total(1)=0;
     K_total(end,:)=0;    K_total(end,end)=1;   P_total(end)  =0;
     % 线性方程组求解
     u(:,i) = K_total\P_total;
end
% 精确解
[xx,tt]=meshgrid(xg,t);
u_true=exp(- (0.5*pi)^2*tt).*sin(pi*xx);
%图示计算结果
subplot(211)
mesh(xg,t,u');
xlabel('x');
ylabel('t');
zlabel('u(x,t)');
axis([0 1 0 1 0 1]);
title('全隐式数值解');
colorbar;
subplot(212)
```

mesh(xg,t,u_true);

xlabel('x');

ylabel('t');

zlabel('u(x,t)');

axis([ 0 1 0 1 0 1 ]);

title('理论精确解');

colorbar;

程序执行结果如图4.2所示，这里的单元 GLL 网格点数 $m=4$。从图上可以看出，谱元法全隐式数值解与理论精确解吻合得非常好。

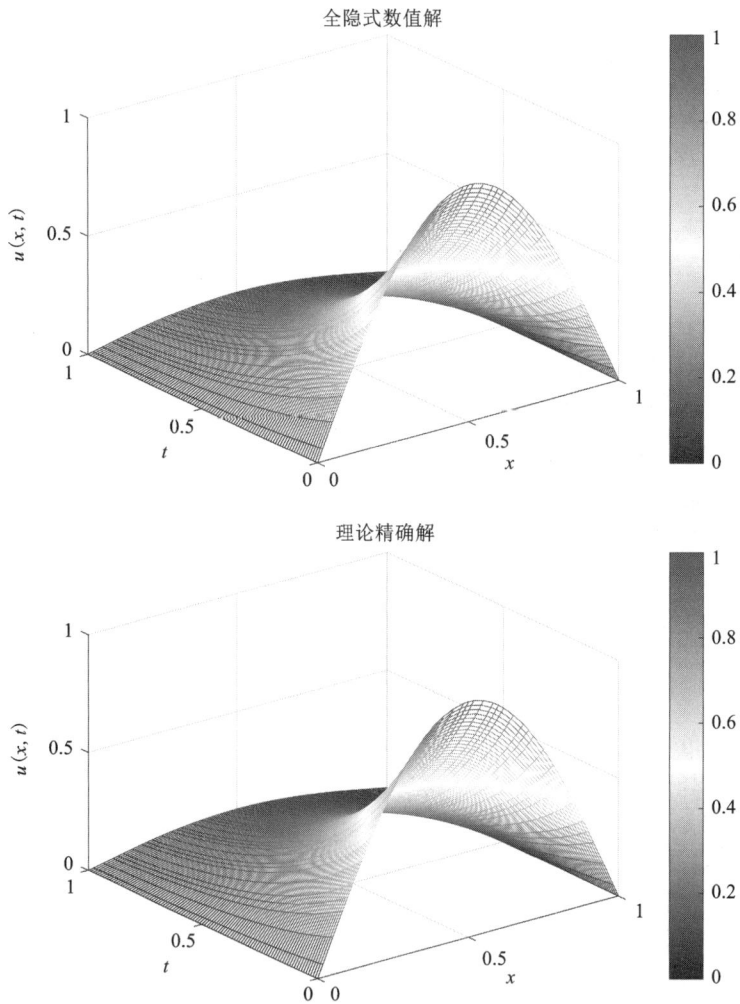

图 4.2　一维热传导方程的谱元法全隐式数值解与理论精确解
(扫描目录页二维码查看彩图)

### 4.1.3　一维 Crank-Nicolson 隐式格式

若式(4.12)取 $\theta=\frac{1}{2}$，则有

$$M\frac{u^{k+1}-u^k}{\Delta t}+\frac{1}{2}K(u^{k+1}+u^k)=P \tag{4.17}$$

上式整理后，即得一维热传导方程的谱元法 Crank-Nicolson 隐式格式：

$$\left(\frac{1}{\Delta t}M+\frac{1}{2}K\right)u^{k+1}=\left(-\frac{1}{2}K+\frac{1}{\Delta t}M\right)u^k+P \tag{4.18}$$

结合初始条件和边界条件，求解线性方程组(4.18)即可得不同时刻各节点的温度分布。

**例 4.3**　编写程序计算一维热传导初边值问题的谱元法 Crank-Nicolson 隐式数值解：

$$\begin{cases}\dfrac{\partial u}{\partial t}=\dfrac{1}{4}\dfrac{\partial^2 u}{\partial x^2}, & 0<x<1,\ t>0 \\ u\big|_{x=0}=u\big|_{x=1}=0, & t\geqslant 0 \\ u\big|_{t=0}=\sin(\pi x), & 0\leqslant x\leqslant 1\end{cases}$$

**解**　利用分离变量法可得该问题的精确解为

$$u(x,\ t)=\mathrm{e}^{-(0.5\pi)^2 t}\sin(\pi x)$$

采用均匀网格单元对空间变量进行剖分，且剖分单元数取为 10，再取时间步长 $\Delta t=0.01$。谱元法 Crank-Nicolson 隐式数值计算的 MATLAB 脚本程序如下：

```
clear all;
clc;
L=1;
ne=10;
xe=0:L/ne:L;
dt = 0.01;
t  = 0:dt:1;
lambda = 0.25;
m=input('输入单元的 gll 网格点数：');
[xg,ME]=mesh1d_gll(xe,m);
ng=length(xg);
f =zeros(1,ng);
for k=1:ne
    h(k) = xe(k+1)- xe(k);
end
K = zeros(ng,ng);
M = zeros(ng,ng);
P=zeros(ng,1);
u   = zeros(ng,length(t));
u(:,1)= sin(pi*xg); % 初始条件
```

```
[A, B] = gen1D_Ke_Gauss_Lobatto(m);        % Gauss- Lobatto 数值积分
%[A, B] = gen1D_Ke_Gauss_Legendre(m);     % Gauss_Legendre 数值积分
for k=1:ne
    K_loc = lambda*2.0*A/h(k);
    M_loc = 0.5*h(k)*B;
    for ip=1:m+1
        i1 = ME(k,ip);
        for jp=1:m+1
            i2 = ME(k,jp);
            K(i1,i2) = K(i1,i2) + K_loc(ip,jp);
            M(i1,i2) = M(i1,i2) + M_loc(ip,jp);
            P(i1)=P(i1)+M_loc(ip,jp)*f(i2);
        end
    end
end
for i=2:length(t)
    K_total = 1/dt*M+K/2;
    P_total = P+(- K/2+1/dt*M)*u(:,i- 1);
    % 强加第一类边界条件
    K_total(1,:)=0;      K_total(1,1)=1;       P_total(1) - 0;
    K_total(end,:)=0;   K_total(end,end)=1;   P_total(end) =0;
    % 线性方程组求解
    u(:,i) = K_total\P_total;
end
% 精确解
[xx,tt]=meshgrid(xg,t);
u_true=exp(- (0.5*pi)^2*tt).*sin(pi*xx);
% 图示计算结果
subplot(211)
mesh(xg,t,u');
xlabel('x');
ylabel('t');
zlabel('u(x,t)');
axis([0 1 0 1 0 1]);
title('Crank- Nicolson 隐式数值解');
colorbar;
subplot(212)
mesh(xg,t,u_true);
xlabel('x');
```

ylabel('t');

zlabel('u(x,t)');

axis([ 0 1 0 1 0 1 ]);

title('理论精确解');

colorbar;

程序执行结果如图 4.3 所示，这里的单元 GLL 网格点数 $m=4$。从图上可以看出，谱元法 Crank-Nicolson 隐式数值解与理论精确解吻合得非常好。

**图 4.3　一维热传导方程的谱元法 Crank-Nicolson 隐式数值解和理论精确解**
(扫描目录页二维码查看彩图)

## 4.2 二维热传导方程的谱元法求解

### 4.2.1 二维显式格式

考虑二维热传导方程的初边值问题：

$$\begin{cases} \dfrac{\partial u}{\partial t} = \lambda\left(\dfrac{\partial^2 u}{\partial x^2} + \dfrac{\partial^2 u}{\partial y^2}\right) + f(x, y, t), & 0 < x < a, 0 < y < b, t > 0 \\ u(0, y, t) = g_1(y, t), \ u(a, y, t) = g_2(y, t), & 0 \leqslant y \leqslant b, t \geqslant 0 \\ u(x, 0, t) = h_1(x, t), \ u(x, b, t) = h_2(x, t), & 0 \leqslant x \leqslant a, t \geqslant 0 \\ u(x, y, 0) = q(x, y), & 0 \leqslant x \leqslant a, 0 \leqslant y \leqslant b \end{cases}$$

$$(4.19)$$

式中：$\lambda$ 为常数。

取 $0 \leqslant t \leqslant T$，首先对空间变量与时间变量进行网格离散，如图4.4所示。

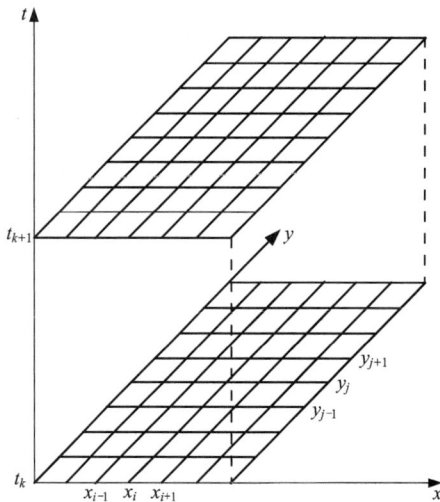

**图4.4 二维热传导方程谱元法的网格离散化图**

对式（4.19）中偏微分方程的每一项乘以 $\delta u$，并积分，有

$$\int_\Omega \lambda\left(\dfrac{\partial^2 u}{\partial x^2} + \dfrac{\partial^2 u}{\partial y^2}\right)\delta u \mathrm{d}\Omega - \int_\Omega \dfrac{\partial u}{\partial t}\delta u \mathrm{d}\Omega + \int_\Omega f(x, y, t)\delta u \mathrm{d}\Omega = 0 \quad (4.20)$$

对上式第一项进行积分变换可得

$$\begin{aligned} \int_\Omega \lambda\left(\dfrac{\partial^2 u}{\partial x^2} + \dfrac{\partial^2 u}{\partial y^2}\right)\delta u \mathrm{d}\Omega &= \int_\Omega \lambda \nabla \cdot (\nabla u \delta u)\,\mathrm{d}\Omega - \int_\Omega \lambda \nabla u \cdot \nabla \delta u \mathrm{d}\Omega \\ &= \int_\Gamma \lambda \dfrac{\partial u}{\partial n}\delta u \mathrm{d}\Gamma - \int_\Omega \lambda \nabla u \cdot \nabla \delta u \mathrm{d}\Omega \end{aligned}$$

$$(4.21)$$

将式（4.19）的边界条件代入上式右侧第一项，则式（4.20）变为

$$\int_{\Omega} \lambda \nabla u \cdot \nabla \delta u \mathrm{d}\Omega + \int_{\Omega} \frac{\partial u}{\partial t} \delta u \mathrm{d}\Omega - \int_{\Omega} f(x, y, t) \delta u \mathrm{d}\Omega = 0 \tag{4.22}$$

将空间区域 $\Omega$ 剖分为有限个矩形小单元 $e$，在单元 $e$ 上对式(4.22)进行积分，然后对各单元求和。

采用拉格朗日插值公式：

$$L_i(\xi) = \frac{(\xi-\xi_1)\cdots(\xi-\xi_{i-1})(\xi-\xi_{i+1})\cdots(\xi-\xi_{m+1})}{(\xi_i-\xi_1)\cdots(\xi_i-\xi_{i-1})(\xi_i-\xi_{i+1})\cdots(\xi_i-\xi_{m+1})} \tag{4.23}$$

$$M_j(\eta) = \frac{(\eta-\eta_1)\cdots(\eta-\eta_{j-1})(\eta-\eta_{j+1})\cdots(\eta-\eta_{m+1})}{(\eta_j-\eta_1)\cdots(\eta_j-\eta_{j-1})(\eta_j-\eta_{j+1})\cdots(\eta_j-\eta_{m+1})} \tag{4.24}$$

式中：$\xi_i$ 和 $\eta_j$ 为 GLL 节点值，且 $i, j = 1, 2, \cdots, m+1$。

于是，构造的形函数可以表示为

$$N_k(\xi, \eta) = \frac{(\xi-\xi_1)\cdots(\xi-\xi_{i-1})(\xi-\xi_{i+1})\cdots(\xi-\xi_{m+1})}{(\xi_i-\xi_1)\cdots(\xi_i-\xi_{i-1})(\xi_i-\xi_{i+1})\cdots(\xi_i-\xi_{m+1})} \cdot$$
$$\frac{(\eta-\eta_1)\cdots(\eta-\eta_{j-1})(\eta-\eta_{j+1})\cdots(\eta-\eta_{m+1})}{(\eta_j-\eta_1)\cdots(\eta_j-\eta_{j-1})(\eta_j-\eta_{j+1})\cdots(\eta_j-\eta_{m+1})} \tag{4.25}$$

式中：$k = 1, 2, \cdots, (m+1)\times(m+1)$。

若计算区域采用规则矩形单元剖分，矩形单元插值母单元与子单元之间的坐标变换关系为

$$x = x_0 + \frac{A}{2}\xi, \quad y = y_0 + \frac{B}{2}\eta \tag{4.26}$$

式中：$(x_0, y_0)$ 为子单元的中点，$A$、$B$ 为子单元的两个边长。两个单元的微分关系为

$$\mathrm{d}x = \frac{A}{2}\mathrm{d}\xi, \quad \mathrm{d}y = \frac{B}{2}\mathrm{d}\eta, \quad \mathrm{d}x\mathrm{d}y = \frac{AB}{4}\mathrm{d}\xi\mathrm{d}\eta \tag{4.27}$$

单元积分 1：

$$\int_e \lambda \nabla u \cdot \nabla \delta u \mathrm{d}\Omega = \delta \boldsymbol{u}_e^{\mathrm{T}} \int_e \lambda \left[ \left(\frac{\partial \boldsymbol{N}}{\partial x}\right)\left(\frac{\partial \boldsymbol{N}}{\partial x}\right)^{\mathrm{T}} + \left(\frac{\partial \boldsymbol{N}}{\partial y}\right)\left(\frac{\partial \boldsymbol{N}}{\partial y}\right)^{\mathrm{T}} \right] \mathrm{d}x\mathrm{d}y \, \boldsymbol{u}_e \tag{4.28}$$
$$= \delta u_e^{\mathrm{T}} K_e \boldsymbol{u}_e$$

式中：$\boldsymbol{K}_e = (k_{ij})$，$i, j = 1, 2, \cdots, (m+1)\times(m+1)$，且有：

$$k_{ij} = \int_e \lambda \left[ \left(\frac{\partial u}{\partial x}\right)^2 + \left(\frac{\partial u}{\partial y}\right)^2 \right] \mathrm{d}x\mathrm{d}y$$

$$= \lambda \int_e \left[ \left(\frac{\partial N_i}{\partial \xi}\frac{\partial \xi}{\partial x}\right)\left(\frac{\partial N_j}{\partial \xi}\frac{\partial \xi}{\partial x}\right) + \left(\frac{\partial N_i}{\partial \eta}\frac{\partial \eta}{\partial y}\right)\left(\frac{\partial N_j}{\partial \eta}\frac{\partial \eta}{\partial y}\right) \right] |J| \mathrm{d}\xi\mathrm{d}\eta$$

$$= \lambda \int_{-1}^{1}\int_{-1}^{1} \left[ \left(\frac{\partial N_i}{\partial \xi}\right)\left(\frac{\partial N_j}{\partial \xi}\right)\frac{B}{A} + \left(\frac{\partial N_i}{\partial \eta}\right)\left(\frac{\partial N_j}{\partial \eta}\right)\frac{A}{B} \right] \mathrm{d}\xi\mathrm{d}\eta$$

单元积分 2：

$$\int_e \frac{\partial u}{\partial t} \delta u \mathrm{d}\Omega = \delta \boldsymbol{u}_e^{\mathrm{T}} \left( \int_e \boldsymbol{N}\boldsymbol{N}^{\mathrm{T}} \mathrm{d}x\mathrm{d}y \right) \frac{\partial \boldsymbol{u}_e}{\partial t} = \delta \boldsymbol{u}_e^{\mathrm{T}} \boldsymbol{M}_e \frac{\partial \boldsymbol{u}_e}{\partial t} \tag{4.29}$$

式中：$\boldsymbol{M}_e = (m_{ij})$，$i, j = 1, 2, \cdots, (m+1)\times(m+1)$，且有：

$$m_{ij} = \int_e N_i N_j \frac{AB}{4} \mathrm{d}\xi \mathrm{d}\eta = \frac{AB}{4} \int_{-1}^1 \int_{-1}^1 N_i N_j \mathrm{d}\xi \mathrm{d}\eta$$

单元积分 3：

$$\int_e f(x,\ y,\ t)\delta u \mathrm{d}\Omega = \delta \boldsymbol{u}_e^{\mathrm{T}} \int_e f(x,\ y,\ t)\boldsymbol{N} \mathrm{d}x \mathrm{d}y = \delta \boldsymbol{u}_e^{\mathrm{T}} \boldsymbol{P}_e \qquad (4.30)$$

式中，

$$\boldsymbol{P}_e = \left( \int_e N_i N_j \mathrm{d}x \mathrm{d}y \right) f_j = \left( \int_e N_i N_j \,|\,J\,|\,\mathrm{d}\xi \right) f_j = \frac{AB}{4}\left( \int_e N_i N_j \mathrm{d}\xi \mathrm{d}\eta \right) f_j$$

$$= \boldsymbol{M}_e \cdot f_j$$

在单元 $e$ 内，将式(4.28)、式(4.29)和式(4.30)相加，并扩展成由全体节点组成的矩阵或列阵，然后将各单元相加，得

$$\int_e \lambda \,\nabla \boldsymbol{u} \cdot \nabla \delta u \mathrm{d}x + \int_e \frac{\partial \boldsymbol{u}}{\partial t}\delta u \mathrm{d}x - \int_e f(x,\ y,\ t)\delta \boldsymbol{u} \mathrm{d}x$$

$$= \sum \left[ \delta \boldsymbol{u}_e^{\mathrm{T}} \boldsymbol{K}_e \boldsymbol{u}_e + \delta \boldsymbol{u}_e^{\mathrm{T}} \boldsymbol{M}_e \frac{\partial \boldsymbol{u}_e}{\partial t} - \delta \boldsymbol{u}_e^{\mathrm{T}} \boldsymbol{P}_e \right]$$

$$= \sum \left[ \delta \boldsymbol{u}^{\mathrm{T}} \overline{\boldsymbol{M}}_e \frac{\partial \boldsymbol{u}}{\partial t} + \delta \boldsymbol{u}^{\mathrm{T}} \overline{\boldsymbol{K}}_e \boldsymbol{u} - \delta \boldsymbol{u}^{\mathrm{T}} \overline{\boldsymbol{P}}_e \right] \qquad (4.31)$$

$$= \delta \boldsymbol{u}^{\mathrm{T}} \sum \overline{\boldsymbol{M}}_e \frac{\partial \boldsymbol{u}}{\partial t} + \delta \boldsymbol{u}^{\mathrm{T}} \sum \overline{\boldsymbol{K}}_e \boldsymbol{u} - \delta \boldsymbol{u}^{\mathrm{T}} \sum \overline{\boldsymbol{P}}_e$$

$$= \delta \boldsymbol{u}^{\mathrm{T}} \boldsymbol{M} \frac{\partial \boldsymbol{u}}{\partial t} + \delta \boldsymbol{u}^{\mathrm{T}} \boldsymbol{K}\boldsymbol{u} - \delta \boldsymbol{u}^{\mathrm{T}} \boldsymbol{P}$$

$$= 0$$

从式(4.31)中消去 $\delta \boldsymbol{u}^{\mathrm{T}}$，得

$$\boldsymbol{M} \frac{\partial}{\partial t}\boldsymbol{u} + \boldsymbol{K}\boldsymbol{u} = \boldsymbol{P} \qquad (4.32)$$

对于非稳定温度场，式(4.32)可以改写为

$$\boldsymbol{M} \frac{\boldsymbol{u}^{k+1}-\boldsymbol{u}^k}{\Delta t} + \boldsymbol{K}\left[ \theta \boldsymbol{u}^{k+1} + (1-\theta)\boldsymbol{u}^k \right] = \boldsymbol{P} \qquad (4.33)$$

式中：$0 \leqslant \theta \leqslant 1$。

若式(4.33)取 $\theta = 0$，则有

$$\boldsymbol{M} \frac{\boldsymbol{u}^{k+1}-\boldsymbol{u}^k}{\Delta t} + \boldsymbol{K}\boldsymbol{u}^k = \boldsymbol{P} \qquad (4.34)$$

上式整理后，即得二维热传导方程的谱元法显式格式：

$$\left( \frac{1}{\Delta t}\boldsymbol{M} \right)\boldsymbol{u}^{k+1} = \left( -\boldsymbol{K} + \frac{1}{\Delta t}\boldsymbol{M} \right)\boldsymbol{u}^k + \boldsymbol{P} \qquad (4.35)$$

当 $\boldsymbol{u}^k$ 已知时，求解线性方程组(4.35)即可求出 $\boldsymbol{u}^{k+1}$。因此，代入初始条件和边界条件，求解线性方程组即可得不同时刻各节点的温度分布。

**例 4.4** 编写程序计算二维热传导初边值问题的谱元法显式数值解：

$$\begin{cases} \dfrac{\partial u}{\partial t} = \dfrac{1}{\pi^2}\left( \dfrac{\partial^2 u}{\partial x^2} + \dfrac{\partial^2 u}{\partial y^2}\right), & 0<x<1,\ 0<y<1,\ t>0 \\ u(0,\ y,\ t) = u(1,\ y,\ t) = 0, & 0\leqslant y\leqslant 1,\ t\geqslant 0 \\ u(x,\ 0,\ t) = u(x,\ 1,\ t) = 0, & 0\leqslant x\leqslant 1,\ t\leqslant 0 \\ u(x,\ y,\ 0) = \sin(\pi x)\sin(\pi y), & 0\leqslant x\leqslant 1,\ 0\leqslant y\leqslant 1 \end{cases}$$

**解**　（1）利用分离变量法可得该问题的解析解为

$$u(x,\ y,\ t) = \sin(\pi x)\sin(\pi y)\,\mathrm{e}^{-2t}$$

取 $0\leqslant t\leqslant 1$，图示解析解的程序设计如下：

```
clear all;
dx=0.05;
dy=0.05;
dt=0.01;
x=0:dx:1;
y=0:dy:1;
t=0:dt:1;
[X,Y]=meshgrid(x,y);
u=zeros(size(y,2),size(x,2),size(t,2));
for k=1:size(t,2)
    u(:,:,k)=sin(pi*X).*sin(pi*Y)*exp(-2*t(k));
    % 图示解析解
    surf(x,y,u(:,:,k));
    colorbar;
    title(['解析解: t=', num2str((k-1)*dt)]);
    set(gca,'XLim',[0 1]);
    set(gca,'YLim',[0 1]);
    set(gca,'ZLim',[-1 1]);
    xlabel('x');
    ylabel('y');
    zlabel('u');
    drawnow;
    pause(0.1);
end
```

（2）谱元法显式数值解。采用均匀网格单元对空间变量进行剖分，且两个空间方向剖分单元数均取为 5，再取时间步长 $\Delta t = 0.001$。谱元法显式数值计算的 MATLAB 脚本程序如下：

```
clear all;
clc;
dt=0.001;
t=0:dt:1.0;
LX=1;
```

```
NELX = 5;
LY =1;
NELY = 5;
NEL = NELX*NELY;
Dx = LX/NELX;
Dy = LY/NELY;
xe=0:Dx:LX;
ye=0:Dy:LY;
m=input('输入单元的 gll 网格点数:');
[x,y,ME]=mesh2d_gll(xe,ye,m);
nglob = length(x);
Lambda=1/pi/pi;
f=0;
%初始条件
for i=1:nglob
    u(i,1)=sin(pi*x(i))*sin(pi*y(i));
end
K =zeros(nglob,nglob);
M =zeros(nglob,nglob);
P =zeros(nglob,1);
[A1, A2, B] = gen2D_Ke_Gauss_Lobatto(m);        % Gauss_Lobatto 数值积分
%[A1, A2, B] = gen2D_Ke_Gauss_Legendre(m);   % Gauss_Legendre 数值积分
K_loc=Lambda*(Dy/Dx)*A1+Lambda*(Dx/Dy)*A2;
M_loc=(Dx*Dy/4)*B;
%形成线性方程组
for h=1:NEL
    for j=1:(m+1)*(m+1)
        NJ=ME(j,h);
        for k=1:(m+1)*(m+1)
            NK=ME(k,h);
            K(NJ,NK)=K(NJ,NK)+K_loc(j,k);
            M(NJ,NK)=M(NJ,NK)+M_loc(j,k);
            P(NJ)=P(NJ)+M_loc(j,k)*f;
        end
    end
end
for n=2:size(t,2)
    K_total=1/dt*M;
    P_total=(-K+1/dt*M)*u(:,n-1)+P;
```

```
%加入第一类边界条件
%下边界
for i=1:NELX
    for j=1:m+1
        h=ME(j,i);
        K_total(h,h)=K_total(h,h)*10^10;
        P_total(h,1)=K_total(h,h)*0;
    end
end
%上边界
for i=NEL- NELX+1:NEL
    for j=m*(m+1)+1:(m+1)*(m+1)
        h=ME(j,i);
        K_total(h,h)=K_total(h,h)*10^10;
        P_total(h,1)=K_total(h,h)*0;
    end
end
%左边界
for i=1:NELX:NEL- NELX+1
    for j=1:m+1:m*(m+1)+1
        h=ME(j,i);
        K_total(h,h)=K_total(h,h)*10^10;
        P_total(h,1)=K_total(h,h)*0;
    end
end
%右边界
for i=NELX:NELX:NEL
    for j=m+1:m+1:(m+1)*(m+1)
        h=ME(j,i);
        K_total(h,h)=K_total(h,h)*10^10;
        P_total(h,1)=K_total(h,h)*0;
    end
end
%线性方程组求解
u(:,n)=K_total\P_total;
end
%图示计算结果
xg=mesh1d_gll(xe,m);
yg=mesh1d_gll(ye,m);
```

```
[x_new,y_new]=meshgrid(xg,yg);
for n=1:size(t,2)
    u_new(:,:,n)=griddata(x,y,u(:,n),x_new,y_new,'v4');
    surf(x_new,y_new,u_new(:,:,n));
    title(['显式数值解: t=',num2str((n-1)*dt)]);
    set(gca,'XLim',[0 1]);
    set(gca,'YLim',[0 1]);
    set(gca,'ZLim',[-1 1]);
    xlabel('x');
    ylabel('y');
    zlabel('u');
    colorbar;
    drawnow;
    pause(0.1);
end
```

利用上述程序计算并图示 $t=0.2$、$0.4$、$0.6$、$0.8$、$1.0$ 时的谱元法显式数值解和解析解，如图 4.5 所示。从图上可以看出，满足稳定性条件的谱元法显式数值解与解析解吻合得很好。

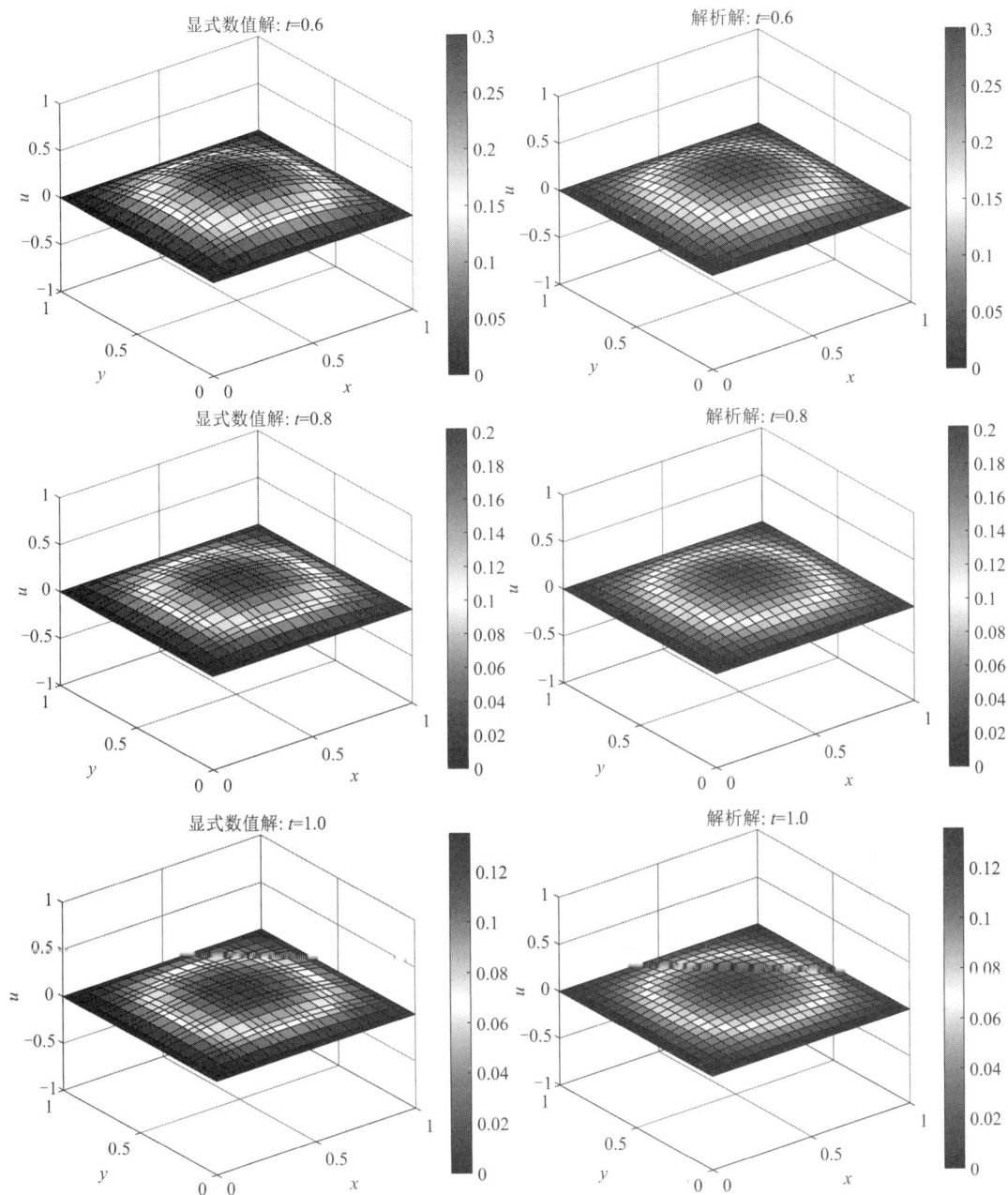

图 4.5　二维热传导方程的谱元法显式数值解与解析解
（扫描目录页二维码查看彩图）

## 4.2.2　二维全隐式格式

若式(4.33)取 $\theta = 0$，则有

$$M\frac{u_{k+1}-u_k}{\Delta t}+Ku_{k+1}=P$$

（4.36）

上式整理后,即得二维热传导方程的谱元法全隐式格式:

$$\left(\frac{1}{\Delta t}\boldsymbol{M}+\boldsymbol{K}\right)\boldsymbol{u}_{k+1}=\frac{1}{\Delta t}\boldsymbol{M}\boldsymbol{u}_k+\boldsymbol{P} \tag{4.37}$$

结合初始条件和边界条件,求解线性方程组(4.37)即可得不同时刻各节点的温度分布。

**例 4.5**　编写程序计算二维热传导初边值问题的谱元法全隐式数值解:

$$\begin{cases} \dfrac{\partial u}{\partial t}=\dfrac{1}{\pi^2}\left(\dfrac{\partial^2 u}{\partial x^2}+\dfrac{\partial^2 u}{\partial y^2}\right), & 0<x<1,\ 0<y<1,\ t>0 \\ u(0,\ y,\ t)=u(1,\ y,\ t)=0, & 0\leqslant y\leqslant1,\ t\geqslant0 \\ u(x,\ 0,\ t)=u(x,\ 1,\ t)=0, & 0\leqslant x\leqslant1,\ t\leqslant0 \\ u(x,\ y,\ 0)=\sin(\pi x)\sin(\pi y), & 0\leqslant x\leqslant1,\ 0\leqslant y\leqslant1 \end{cases}$$

**解**　利用分离变量法可得该问题的解析解为

$$u(x,\ y,\ t)=\sin(\pi x)\sin(\pi y)\,\mathrm{e}^{-2t}$$

采用均匀网格单元对空间变量进行剖分,且两个空间方向剖分单元数均取为 5,再取时间步长 $\Delta t=0.01$。谱元法全隐式数值计算的 MATLAB 脚本程序如下:

```
clear all;
clc;
dt=0.01;
t=0:dt:1.0;
LX=1;
NELX = 5;
LY=1;
NELY = 5;
NEL = NELX*NELY;
Dx = LX/NELX;
Dy = LY/NELY;
xe=0:Dx:LX;
ye=0:Dy:LY;
m=input('输入单元的 gll 网格点数:');
[x,y,ME]=mesh2d_gll(xe,ye,m);
nglob = length(x);
Lambda=1/pi/pi;
f=0;
% 初始条件
for i=1:nglob
    u(i,1)=sin(pi*x(i))*sin(pi*y(i));
end
K =zeros(nglob,nglob);
M =zeros(nglob,nglob);
P =zeros(nglob,1);
```

```
[A1, A2, B] = gen2D_Ke_Gauss_Lobatto(m);        % Gauss_Lobatto 数值积分
% [A1, A2, B] = gen2D_Ke_Gauss_Legendre(m);   % Gauss_Legendre 数值积分
K_loc=Lambda*(Dy/Dx)*A1+Lambda*(Dx/Dy)*A2;
M_loc=(Dx*Dy/4)*B;
% 形成线性方程组
for h=1:NEL
    for j=1:(m+1)*(m+1)
        NJ=ME(j,h);
        for k=1:(m+1)*(m+1)
            NK=ME(k,h);
            K(NJ,NK)=K(NJ,NK)+K_loc(j,k);
            M(NJ,NK)=M(NJ,NK)+M_loc(j,k);
            P(NJ)=P(NJ)+M_loc(j,k)*f;
        end
    end
end
for n=2:size(t,2)
    K_total=1/dt*M+K;
    P_total=1/dt*M*u(:,n-1)+P;
    % 加入第一类边界条件
    % 下边界
    for i=1:NELX
        for j=1:m+1
            h=ME(j,i);
            K_total(h,h)=K_total(h,h)*10^10;
            P_total(h,1)=K_total(h,h)*0;
        end
    end
    % 上边界
    for i=NEL-NELX+1:NEL
        for j=m*(m+1)+1:(m+1)*(m+1)
            h=ME(j,i);
            K_total(h,h)=K_total(h,h)*10^10;
            P_total(h,1)=K_total(h,h)*0;
        end
    end
    % 左边界
    for i=1:NELX:NEL-NELX+1
        for j=1:m+1:m*(m+1)+1
```

```
            h = ME(j,i);
            K_total(h,h) = K_total(h,h)*10^10;
            P_total(h,1) = K_total(h,h)*0;
        end
    end
    %右边界
    for i = NELX:NELX:NEL
        for j = m+1:m+1:(m+1)*(m+1)
            h = ME(j,i);
            K_total(h,h) = K_total(h,h)*10^10;
            P_total(h,1) = K_total(h,h)*0;
        end
    end
    %线性方程组求解
    u(:,n) = K_total\P_total;
end
%图示计算结果
xg = mesh1d_gll(xe,m);
yg = mesh1d_gll(ye,m);
[x_new,y_new] = meshgrid(xg,yg);
for n = 1:size(t,2)
    u_new(:,:,n) = griddata(x,y,u(:,n),x_new,y_new,'v4');
    surf(x_new,y_new,u_new(:,:,n));
    title(['全隐式数值解: t =',num2str((n- 1)*dt)]);
    set(gca,'XLim',[0 1]);
    set(gca,'YLim',[0 1]);
    set(gca,'ZLim',[- 1 1]);
    xlabel('x');
    ylabel('y');
    zlabel('u');
    colorbar;
    drawnow;
    pause(0.1);
end
```

利用该程序计算 $t = 0.2$、$0.4$、$0.6$、$0.8$、$1.0$ 时的谱元法全隐式数值解,同时与解析解进行对比,如图 4.6 所示。从图上可以看出,谱元法全隐式数值解与解析解吻合得非常好。

全隐式数值解: $t$=0.2

解析解: $t$=0.2

全隐式数值解: $t$=0.4

解析解: $t$=0.4

全隐式数值解: $t$=0.6

解析解: $t$=0.6

全隐式数值解: $t$=0.8

解析解: $t$=0.8

全隐式数值解: $t$=1.0

解析解: $t$=1.0

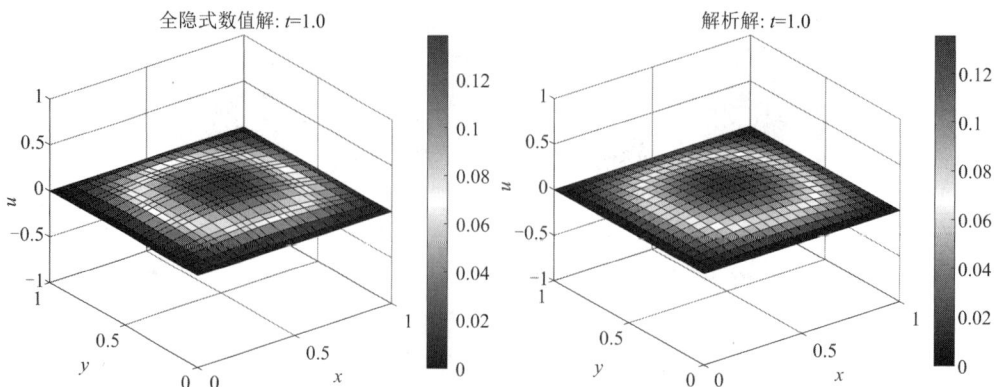

**图 4.6** 二维热传导方程的谱元法全隐式数值解与解析解

（扫描目录页二维码查看彩图）

## 4.2.3 二维 Crank-Nicolson 隐式格式

若式(4.33)取 $\theta=\dfrac{1}{2}$，则有

$$M\frac{u^{k+1}-u^k}{\Delta t}+\frac{1}{2}K(u^{k+1}+u^k)=P \qquad(4.38)$$

上式整理后，即得二维热传导方程的谱元法 Crank-Nicolson 隐式格式：

$$\left(\frac{1}{\Delta t}M+\frac{1}{2}K\right)u^{k+1}=\left(-\frac{1}{2}K+\frac{1}{\Delta t}M\right)u^k+P \qquad(4.39)$$

结合初始条件和边界条件，求解线性方程组(4.39)即可得不同时刻各节点的温度分布。

**例 4.6** 编写程序计算二维热传导初边值问题的谱元法 Crank-Nicolson 隐式数值解：

$$\begin{cases}\dfrac{\partial u}{\partial t}=\dfrac{1}{\pi^2}\left(\dfrac{\partial^2 u}{\partial x^2}+\dfrac{\partial^2 u}{\partial y^2}\right), & 0<x<1,\ 0<y<1,\ t>0\\ u(0,y,t)=u(1,y,t)=0, & 0\le y\le1,\ t\ge0\\ u(x,0,t)=u(x,1,t)=0, & 0\le x\le1,\ t\le0\\ u(x,y,0)=\sin(\pi x)\sin(\pi y), & 0\le x\le1,\ 0\le y\le1\end{cases}$$

**解** 利用分离变量法可得该问题的解析解为

$$u(x,y,t)=\sin(\pi x)\sin(\pi y)e^{-2t}$$

采用均匀网格单元对空间变量进行剖分，且两个空间方向剖分单元数均取为 5，再取时间步长 $\Delta t=0.01$。谱元法 Crank-Nicolson 隐式数值计算的 MATLAB 脚本程序如下：

```
clear all;
clc;
dt=0.01;
t=0:dt:1.0;
LX=1;
NELX = 5;
```

```
LY＝1;
NELY ＝ 5;
NEL ＝ NELX*NELY;
Dx ＝ LX/NELX;
Dy ＝ LY/NELY;
xe＝0:Dx:LX;
ye＝0:Dy:LY;
m＝input('输入单元的 gll 网格点数：');
[x,y,ME]＝mesh2d_gll(xe,ye,m);
nglob ＝ length(x);
Lambda＝1/pi/pi;
f＝0;
% 初始条件
for i＝1:nglob
    u(i,1)＝sin(pi*x(i))*sin(pi*y(i));
end
K ＝zeros(nglob,nglob);
M ＝zeros(nglob,nglob);
P ＝zeros(nglob,1);
[A1, A2, B] ＝ gen2D_Ke_Gauss_Lobatto(m);      % Gauss_Lobatto 数值积分
% [A1, A2, B] ＝ gen2D_Ke_Gauss_Legendre(m);   % Gauss_Legendre 数值积分
K_loc＝Lambda*(Dy/Dx)*A1+Lambda*(Dx/Dy)*A2;
M_loc＝(Dx*Dy/4)*B;
% 形成线性方程组
for h＝1:NEL
    for j＝1:(m+1)*(m+1)
        NJ＝ME(j,h);
        for k＝1:(m+1)*(m+1)
            NK＝ME(k,h);
            K(NJ,NK)＝K(NJ,NK)+K_loc(j,k);
            M(NJ,NK)＝M(NJ,NK)+M_loc(j,k);
            P(NJ)＝P(NJ)+M_loc(j,k)*f;
        end
    end
end
for n＝2:size(t,2)
    K_total＝1/dt*M+K/2;
    P_total＝(- K/2+1/dt*M)*u(:,n- 1)+P;
    % 加入第一类边界条件
```

```
        %下边界
        for i=1:NELX
            for j=1:m+1
                h=ME(j,i);
                K_total(h,h)=K_total(h,h)*10^10;
                P_total(h,1)=K_total(h,h)*0;
            end
        end
        %上边界
        for i=NEL- NELX+1:NEL
            for j=m*(m+1)+1:(m+1)*(m+1)
                h=ME(j,i);
                K_total(h,h)=K_total(h,h)*10^10;
                P_total(h,1)=K_total(h,h)*0;
            end
        end
        %左边界
        for i=1:NELX:NEL- NELX+1
            for j=1:m+1:m*(m+1)+1
                h=ME(j,i);
                K_total(h,h)=K_total(h,h)*10^10;
                P_total(h,1)=K_total(h,h)*0;
            end
        end
        %右边界
        for i=NELX:NELX:NEL
            for j=m+1:m+1:(m+1)*(m+1)
                h=ME(j,i);
                K_total(h,h)=K_total(h,h)*10^10;
                P_total(h,1)=K_total(h,h)*0;
            end
        end
        %线性方程组求解
        u(:,n)=K_total\P_total;
    end
    %图示计算结果
    xg=mesh1d_gll(xe,m);
    yg=mesh1d_gll(ye,m);
    [x_new,y_new]=meshgrid(xg,yg);
```

```
for n = 1:size(t,2)
    u_new(:,:,n) = griddata(x,y,u(:,n),x_new,y_new,'v4');
    surf(x_new,y_new,u_new(:,:,n));
    title(['Crank- Nicolson 隐式数值解: t=',num2str((n- 1)*dt)]);
    set(gca,'XLim',[0 1]);
    set(gca,'YLim',[0 1]);
    set(gca,'ZLim',[- 1 1]);
    xlabel('x');
    ylabel('y');
    zlabel('u');
    colorbar;
    drawnow;
    pause(0.1);
end
```

利用上述程序计算并图示 $t = 0.2$、$0.4$、$0.6$、$0.8$、$1.0$ 时的谱元法 Crank-Nicolson 隐式数值解和解析解，如图 4.7 所示。

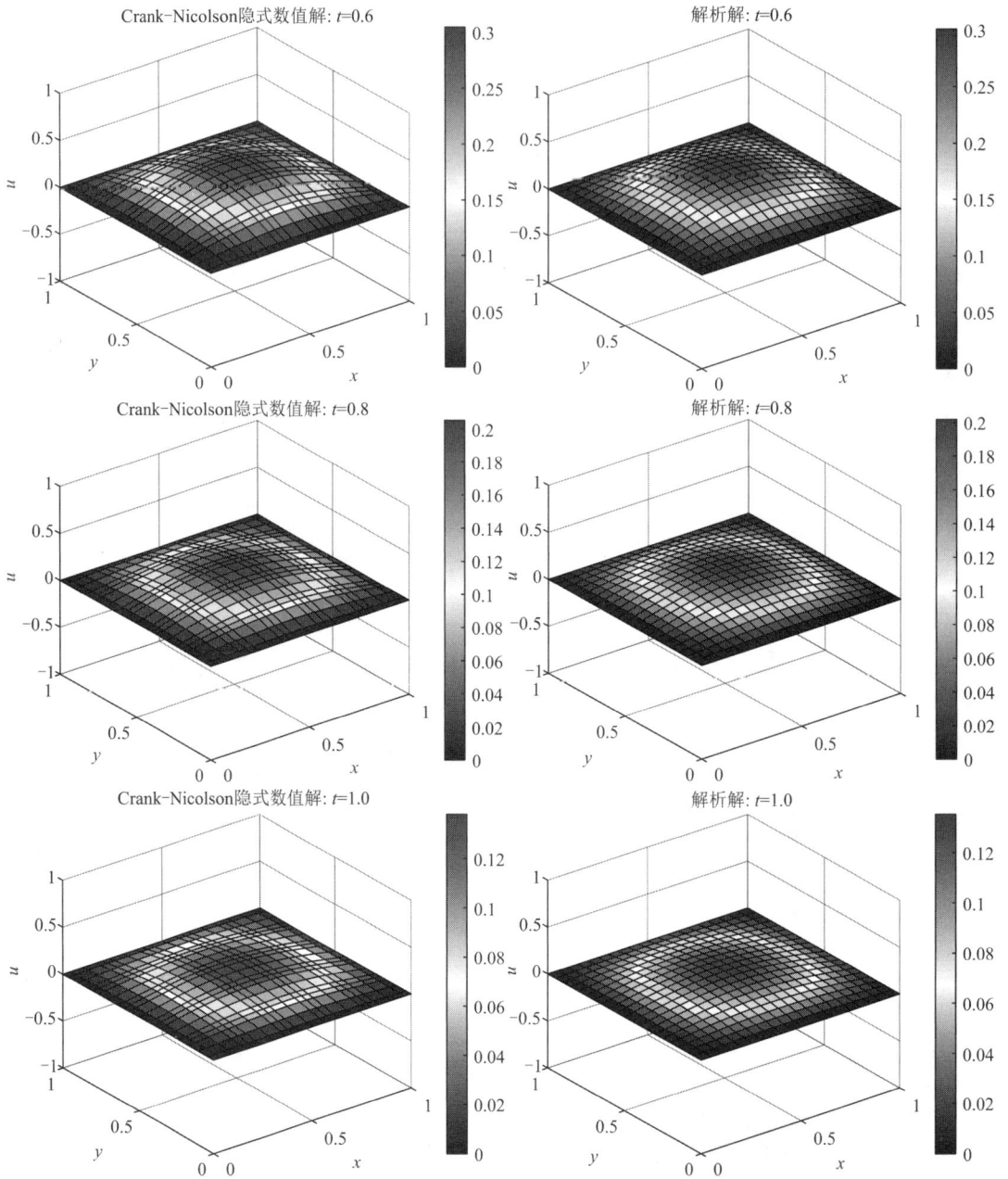

**图 4.7 二维热传导方程的谱元法 Crank-Nicolson 隐式数值解与解析解**

(扫描目录页二维码查看彩图)

## 4.3 混合边界热传导方程的谱元法求解

对于混合边界问题, 讨论如下一维热传导方程的初边值问题:

$$
\begin{cases}
\dfrac{\partial u}{\partial t} = \lambda \dfrac{\partial^2 u}{\partial x^2} + f(x,\ t), & 0 < x < L,\ t > 0 \\[2mm]
\dfrac{\partial u}{\partial x}\Big|_{x=0} = a,\ \left(\dfrac{\partial u}{\partial x} + ku\right)\Big|_{x=0} = b, & t \geqslant 0 \\[2mm]
u\big|_{t=0} = \varphi(x), & 0 \leqslant x \leqslant L
\end{cases}
\tag{4.40}
$$

式中: $\lambda$ 为常数。

将混合边界条件写成统一的形式:

$$
\frac{\partial u}{\partial n} = \alpha u + \beta \tag{4.41}
$$

对式(4.40)中偏微分方程的每一项乘以 $\delta u$, 并积分, 有

$$
\int_\Omega \lambda \frac{\partial^2 u}{\partial x^2} \delta u \mathrm{d}\Omega - \int_\Omega \frac{\partial u}{\partial t} \delta u \mathrm{d}\Omega + \int_\Omega f(x,\ t) \delta u \mathrm{d}\Omega = 0 \tag{4.42}
$$

对上式第一项进行积分变换可得

$$
\begin{aligned}
\int_\Omega \lambda \frac{\partial^2 u}{\partial x^2} \delta u \mathrm{d}\Omega &= \int_\Omega \lambda \nabla \cdot (\nabla u \delta u) \mathrm{d}\Omega - \int_\Omega \lambda \nabla u \cdot \nabla \delta u \mathrm{d}\Omega \\[2mm]
&= \int_\Gamma \lambda \frac{\partial u}{\partial n} \delta u \mathrm{d}\Gamma - \int_\Omega \lambda \nabla u \cdot \nabla \delta u \mathrm{d}\Omega \\[2mm]
&= \int_\Gamma \lambda (\alpha u + \beta) \delta u \mathrm{d}\Gamma - \int_\Omega \lambda \nabla u \cdot \nabla \delta u \mathrm{d}\Omega
\end{aligned}
\tag{4.43}
$$

于是, 式(4.42)可改写为

$$
\int_\Omega \lambda \nabla u \cdot \nabla \delta u \mathrm{d}\Omega + \int_\Omega \frac{\partial u}{\partial t} \delta u \mathrm{d}\Omega - \int_\Omega f(x,\ t) \delta u \mathrm{d}\Omega -
$$
$$
\int_\Gamma \lambda (\alpha u + \beta) \delta u \mathrm{d}\Gamma = 0 \tag{4.44}
$$

采用谱元法进行计算, 将空间变量区域剖分为有限个小单元 $e$, 在单元 $e$ 上, 对式(4.44)进行空间变量积分(其中前 3 项单元积分见 4.1.1 小节), 然后对各单元求和。

单元积分:

$$
\int_\Gamma \lambda \alpha u \delta u \mathrm{d}\Gamma = \delta \boldsymbol{u}_e^{\mathrm{T}} \int_e \lambda \alpha \boldsymbol{N} \boldsymbol{N}^{\mathrm{T}} \mathrm{d}x \boldsymbol{u}_e = \delta \boldsymbol{u}_e^{\mathrm{T}} \boldsymbol{K}_{2e} \boldsymbol{u}_e \tag{4.45}
$$

这样便有,

$$
\boldsymbol{K}_2 = \begin{pmatrix} \lambda\alpha & 0 & \cdots & 0 \\ 0 & 0 & \cdots & 0 \\ \vdots & \vdots & & \vdots \\ 0 & 0 & \cdots & 0 \end{pmatrix} \text{或} \ \boldsymbol{K}_2 = \begin{pmatrix} 0 & 0 & \cdots & 0 \\ 0 & 0 & \cdots & 0 \\ \vdots & \vdots & & \vdots \\ 0 & 0 & \cdots & \lambda\alpha \end{pmatrix} \tag{4.46}
$$

单元积分:

$$
\int_\Gamma \lambda \beta \delta u \mathrm{d}\Gamma = \delta \boldsymbol{u}_e^{\mathrm{T}} \int_e \lambda \beta \mathrm{d}x = \delta \boldsymbol{u}_e^{\mathrm{T}} \boldsymbol{P}_{2e} \tag{4.47}
$$

这时可得

$$
\boldsymbol{P}_2 = \begin{pmatrix} \lambda\beta \\ 0 \\ \vdots \\ 0 \\ 0 \end{pmatrix} \text{ 或 } \boldsymbol{P}_2 = \begin{pmatrix} 0 \\ 0 \\ \vdots \\ 0 \\ \lambda\beta \end{pmatrix} \tag{4.48}
$$

将所有单元矩阵扩展到所有节点，结合初始条件，求解线性方程组即可得不同时刻各节点的温度分布。

**例 4.7**  编写程序计算下列第二类边界条件下一维热传导方程的谱元法数值解：

$$
\begin{cases}
\dfrac{\partial u}{\partial t} = \dfrac{\partial^2 u}{\partial x^2}, & 0 < x < 3,\ t > 0 \\[2mm]
\dfrac{\partial u}{\partial x}\bigg|_{x=0} = 0,\ \dfrac{\partial u}{\partial x}\bigg|_{x=3} = 0, & t \geqslant 0 \\[2mm]
u\big|_{t=0} = x, & 0 \leqslant x \leqslant 3
\end{cases}
$$

**解**  利用分离变量法可得该定解问题的形式解为

$$
u(x,\ t) = 1.5 - \frac{12}{\pi^2}\sum_{n=1}^{\infty}\frac{1}{(2n-1)^2}\mathrm{e}^{-\frac{(2n-1)^2\pi^2}{9}t}\cos\frac{(2n-1)\pi x}{3}
$$

采用均匀网格单元对空间变量进行剖分，且剖分单元数取为 20，再取时间步长 $\Delta t = 0.01$。谱元法全隐式数值计算的 MATLAB 脚本程序如下：

```
clear all;
clc;
L=3;
ne=20;
xe=0:L/ne:L;
dt = 0.01;
t  = 0:dt:1;
lambda = 1;
m=input('输入单元的 gll 网格点数:');
[xg,ME]=mesh1d_gll(xe,m);
ng=length(xg);
f =zeros(1,ng);
for k=1:ne
    h(k) = xe(k+1)- xe(k);
end
K = zeros(ng,ng);
M = zeros(ng,ng);
P=zeros(ng,1);
u   = zeros(ng,length(t));
u(:,1)= xg; % 初始条件
```

```matlab
[A, B] = gen1D_Ke_Gauss_Lobatto(m);          % Gauss- Lobatto 数值积分
%[A, B] = gen1D_Ke_Gauss_Legendre(m);         % Gauss_Legendre 数值积分
for k=1:ne
    K_loc = lambda*2.0*A/h(k);
    M_loc = 0.5*h(k)*B;
    for ip=1:m+1
        i1 = ME(k,ip);
        for jp=1:m+1
            i2 = ME(k,jp);
            K(i1,i2) = K(i1,i2) + K_loc(ip,jp);
            M(i1,i2) = M(i1,i2) + M_loc(ip,jp);
            P(i1)=P(i1)+M_loc(ip,jp)*f(i2);
        end
    end
end
for i=2:length(t)
    K_total = 1/dt*M+K;
    P_total = P+1/dt*M*u(:,i- 1);
    % 线性方程组求解
    u(:,i) = K_total\P_total;
end
% 精确解
[xx,tt]=meshgrid(xg,t);
u_true=zeros(length(t),length(xg))+1.5;
for k=1:50
    u_true=u_true- (12/(pi^2))*exp((- (2*k- 1)^2*(pi^2)*tt)/9)...
        .*(cos(((2*k- 1)*(pi)*xx)/3))/((2*k- 1)^2);
end
% 图示计算结果
subplot(211)
mesh(xg,t,u');
xlabel('x');
ylabel('t');
zlabel('u(x,t)');
title('全隐式数值解');
colorbar;
subplot(212)
mesh(xg,t,u_true);
xlabel('x');
```

```
ylabel('t');
zlabel('u(x,t)');
colormap(fliplr(seismic))
title('理论精确解');
colorbar;
```

程序执行结果如图 4.8 所示, 这里的单元 GLL 网格点数 $m=4$。可以预料, 若时间 $t$ 足够长, 传热导体上的温度必将处处相等。

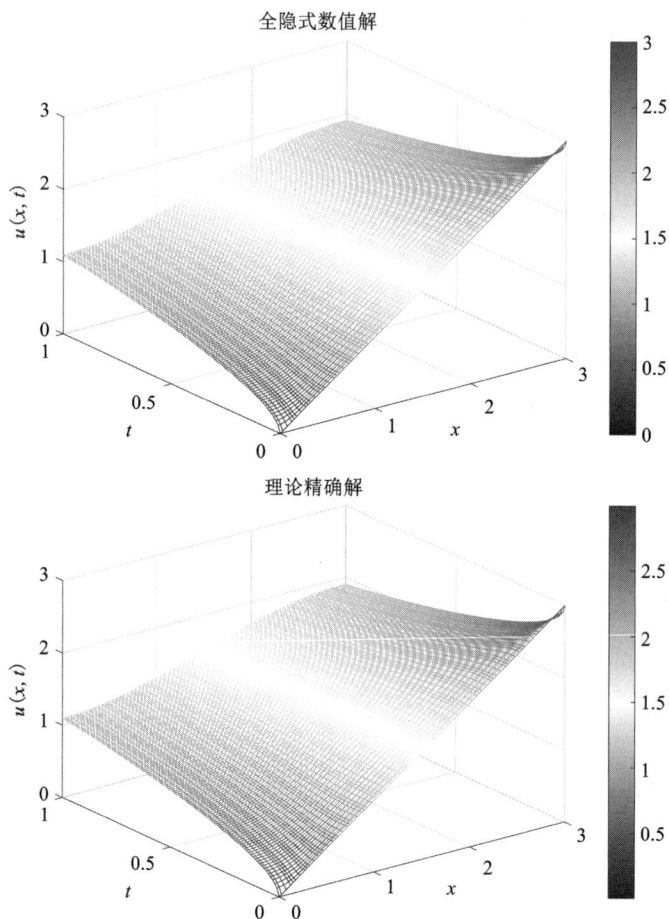

**图 4.8   第二类边界条件下一维热传导方程的谱元法全隐式数值解与理论精确解**
(扫描目录页二维码查看彩图)

# 第 5 章　波动方程的谱元法

波动方程是一类重要的偏微分方程，也是最典型的一种双曲型方程，它可以用来描述自然界以及工程技术中的波动现象。本章主要讨论谱元法求解波动方程的定解问题，包括一维和二维波动方程的谱元法显式格式与隐式格式。

## 5.1　一维波动方程的谱元法求解

### 5.1.1　一维显式计算格式

考虑下列波动方程的定解问题：

$$\begin{cases} \dfrac{\partial^2 u}{\partial t^2} = a^2 \dfrac{\partial^2 u}{\partial x^2} + f(x,\ t),\ 0<x<L,\ 0<t<T \\[2mm] u(x,\ 0) = \varphi_1(x),\ \dfrac{\partial u(x,\ 0)}{\partial t} = \varphi_2(x) \\[2mm] u(0,\ t) = g_1(t),\ u(L,\ t) = g_2(t) \end{cases} \tag{5.1}$$

式中：$a^2$ 为正常数。

对式(5.1)中偏微分方程的每一项乘以 $\delta u$，并积分，有

$$\int_\Omega a^2 \frac{\partial^2 u}{\partial x^2} \delta u \mathrm{d}\Omega - \int_\Omega \frac{\partial^2 u}{\partial t^2} \delta u \mathrm{d}\Omega + \int_\Omega f(x,\ t) \delta u \mathrm{d}\Omega = 0 \tag{5.2}$$

对式(5.2)第一项进行积分变换可得

$$\int_\Omega a^2 \frac{\partial^2 u}{\partial x^2} \delta u \mathrm{d}\Omega = \int_\Omega a^2 \nabla \cdot (\nabla u \delta u) \mathrm{d}\Omega - \int_\Omega a^2 \nabla u \cdot \nabla \delta u \mathrm{d}\Omega$$

$$= \int_\Gamma a^2 \frac{\partial u}{\partial n} \delta u \mathrm{d}\Gamma - \int_\Omega a^2 \nabla u \cdot \nabla \delta u \mathrm{d}\Omega \tag{5.3}$$

将式(5.1)中的第一类边界条件代入式(5.3)右侧第一项，则式(5.2)变为

$$\int_\Omega a^2 \nabla u \cdot \nabla \delta u \mathrm{d}\Omega + \int_\Omega \frac{\partial^2 u}{\partial t^2} \delta u \mathrm{d}\Omega - \int_\Omega f(x,\ t) \delta u \mathrm{d}\Omega = 0 \tag{5.4}$$

将区域剖分为有限个小单元 $e$，在单元 $e$ 上，对式(5.4)进行积分，然后对各单元求和。采用拉格朗日插值公式，构造的插值函数为

$$N_i(\xi) = \frac{(\xi-\xi_1)(\xi-\xi_2)\cdots(\xi-\xi_{i-1})(\xi-\xi_{i+1})\cdots(\xi-\xi_{m+1})}{(\xi_i-\xi_1)(\xi_i-\xi_2)\cdots(\xi_i-\xi_{i-1})(\xi_i-\xi_{i+1})\cdots(\xi_i-\xi_{m+1})} \tag{5.5}$$

式中：$\xi_i$ 为 GLL 节点值，且 $i=1,\ 2,\ \cdots,\ m+1$。

若单元的长度为 $\Delta x$，则有

$$dx = \frac{\Delta x}{2}d\xi$$

单元 $e$ 上的 $u$ 可用插值函数表示：

$$u = N^T u_e$$

单元积分 1：

$$\int_e a^2 \nabla u \cdot \nabla \delta u d\Omega = \delta u_e^T \int_e a^2 \left(\frac{\partial N}{\partial x}\right)\left(\frac{\partial N}{\partial x}\right)^T dx u_e = \delta u_e^T K_e u_e \tag{5.6}$$

式中，

$$K_e = a^2 \frac{2}{\Delta x}\int_{-1}^1 \left(\frac{\partial N}{\partial \xi}\right)\left(\frac{\partial N}{\partial \xi}\right)^T d\xi = a^2 \frac{2}{\Delta x}\int_{-1}^1 \left(\frac{dN_i}{d\xi}\frac{dN_j}{d\xi}\right)d\xi$$

因为 $k_{ij}=k_{ji}$，所以 $K_e$ 是对称矩阵。

单元积分 2：

$$\int_e \frac{\partial^2 u}{\partial t^2}\delta u d\Omega = \delta u_e^T \left(\int_e NN^T dx\right)\frac{\partial^2 u_e}{\partial t^2} = \delta u_e^T M_e \frac{\partial^2 u_e}{\partial t^2} \tag{5.7}$$

式中，

$$M_e = \int_e NN^T dx = \int_e N_i N_j |J| d\xi = \int_e N_i N_j \frac{\Delta x}{2}d\xi = \frac{\Delta x}{2}\int_{-1}^1 N_i N_j d\xi$$

单元积分 3：

$$\int_e f(x,t)\delta u d\Omega = \delta u_e^T \int_e f(x,t)N dx = \delta u_e^T P_e \tag{5.8}$$

式中，

$$P_e = \left(\int_e N_i N_j dx\right)f_j = \left(\int_e N_i N_j |J| d\xi\right)f_j = \frac{\Delta x}{2}\left(\int_e N_i N_j d\xi\right)f_j = M_e \cdot f_j$$

在单元 $e$ 内，将式(5.6)、式(5.7)和式(5.8)相加，并扩展成由全体节点组成的矩阵或列阵，然后将各单元相加，得

$$\int_e a^2 \nabla u \cdot \nabla \delta u dx + \int_e \frac{\partial^2 u}{\partial t^2}\delta u dx - \int_e f\delta u dx$$

$$= \sum \left[\delta u_e^T K_e u_e + \delta u_e^T M_e \frac{\partial^2 u_e}{\partial t^2} - \delta u_e^T P_e\right]$$

$$= \sum \left[\delta u^T \overline{M}_e \frac{\partial^2 u}{\partial t^2} + \delta u^T \overline{K}_e u - \delta u^T \overline{P}_e\right] \tag{5.9}$$

$$= \delta u^T \sum \overline{M}_e \frac{\partial^2 u}{\partial t^2} + \delta u^T \sum \overline{K}_e u - \delta u^T \sum \overline{P}_e$$

$$= \delta u^T M \frac{\partial^2 u}{\partial t^2} + \delta u^T Ku - \delta u^T P$$

$$= 0$$

从式(5.9)中消去 $\delta u^T$，得

$$M\frac{\partial^2 u}{\partial t^2} + Ku = P \tag{5.10}$$

对于非稳定波动问题，求解 $u$ 时，需要对 $\dfrac{\partial^2 u}{\partial t^2}$ 进行二阶差商近似处理，式(5.10)可以改写为

$$M \frac{u^{k-1}-2u^k+u^{k+1}}{(\Delta t)^2}+K[\theta u^{k+1}+(1-2\theta)u^k+\theta u^{k-1}]=P \tag{5.11}$$

式中：$0 \leqslant \theta \leqslant 1$。

若式(5.11)取 $\theta=0$，则有

$$M \frac{u^{k-1}-2u^k+u^{k+1}}{(\Delta t)^2}+Ku^k=P \tag{5.12}$$

式(5.12)整理后，即得一维波动方程的谱元法显式格式：

$$Mu^{k+1}=(P-Ku^k)(\Delta t)^2+M(2u^k-u^{k-1}) \tag{5.13}$$

当 $u^k$ 和 $u^{k-1}$ 已知时，求解线性方程组(5.13)即可求出 $u^{k+1}$。因此，结合初始条件和边界条件，求解线性方程组即可得不同时刻各节点的 $u$。

**例 5.1**　编写程序计算下列一维波动方程定解问题的谱元法显式数值解：

$$\begin{cases} \dfrac{\partial^2 u}{\partial t^2}=\dfrac{\partial^2 u}{\partial x^2},\ 0<x<1,\ t>0 \\[2mm] u(0,\ t)=0,\ u(1,\ t)=0,\ t\geqslant 0 \\[2mm] u(x,\ 0)=2\sin(\pi x),\ \dfrac{\partial u(x,\ 0)}{\partial t}=-\sin(2\pi x),\ 0\leqslant x\leqslant 1 \end{cases}$$

**解**　利用分离变量法可得该定解问题的精确解为

$$u(x,\ t)=2\sin(\pi x)\cos(\pi t)-\frac{1}{2\pi}\sin(2\pi x)\sin(2\pi t)$$

采用均匀网格单元对空间变量进行剖分，且剖分单元数取为 5，再取时间步长 $\Delta t=0.02$。谱元法显式数值计算的 MATLAB 脚本程序如下：

```
clear all;
clc;
dt = 0.02;
t  = 0:dt:2;
a = 1;
L=1;
ne=5;
xe=0:L/ne:L;
h=diff(xe);
m=input('输入单元的 gll 网格点数:');
[xg,ME]=mesh1d_gll(xe,m);
ng=length(xg);
f=zeros(1,ng);
delta_x=diff(xg);
cfl=a^2*dt^2/(min(delta_x)*min(delta_x));
if cfl>1
    disp('不满足稳定性条件！')
```

```
end
K = zeros(ng,ng);
M = zeros(ng,ng);
P = zeros(ng,1);
u = zeros(ng,length(t));
% 初始条件
u(:,1)= 2*sin(pi*xg);
u(:,2)= 2*sin(pi*xg)- dt*sin(2*pi*xg);
[A, B] = gen1D_Ke_Gauss_Lobatto(m); % Gauss- Lobatto 数值积分
%[A, B] = gen1D_Ke_Gauss_Legendre(m); % Gauss_Legendre 数值积分
for k=1:ne
    K_loc = a^2*2.0*A/h(k);
    M_loc = 0.5*h(k)*B;
    for ip=1:m+1
        i1 = ME(k,ip);
        for jp=1:m+1
            i2 = ME(k,jp);
            K(i1,i2) = K(i1,i2) + K_loc(ip,jp);
            M(i1,i2) = M(i1,i2) + M_loc(ip,jp);
            P(i1)=P(i1)+M_loc(ip,jp)*f(i2);
        end
    end
end
for i=3:length(t)
    K_total = M;
    P_total = (P- K*u(:,i- 1))*dt^2+M*(2*u(:,i- 1)- u(:,i- 2));
    % 强加第一类边界条件
    K_total(1,:)   =0;    K_total(1,1)     =1;    P_total(1)   =0;
    K_total(end,:) =0;    K_total(end,end) =1;    P_total(end) =0;
    % 线性方程组求解
    u(:,i) = K_total\P_total;
end
% 精确解
[xx,tt]=meshgrid(xg,t);
u_true=2*cos(pi*tt).*sin(pi*xx)...
    - sin(2*pi*tt).*sin(2*pi*xx)/(2*pi);
% 图示计算结果
subplot(211)
surf(xg,t,u');
xlabel('x');
```

```
ylabel('t');
zlabel('u(x,t)');
axis([0 1 0 2 -2 2]);
title('显式数值解')
colorbar;
subplot(212)
surf(xg,t,u_true);
xlabel('x');
ylabel('t');
zlabel('u(x,t)');
axis([0 1 0 2 -2 2]);
title('理论精确解')
colorbar;
```

程序执行结果如图 5.1 所示,这里的单元 GLL 网格点数 $m=4$。从图上可以看出,满足稳定性条件下,谱元法显式数值解与理论精确解吻合得非常好。

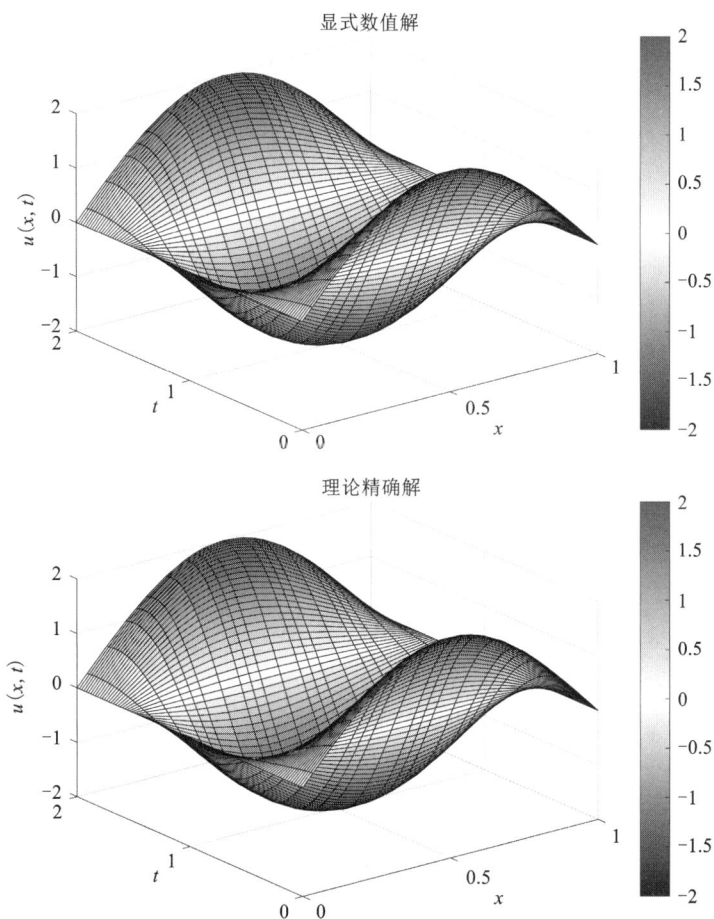

**图 5.1** 一维波动方程定解问题的谱元法显式数值解和理论精确解

(扫描目录页二维码查看彩图)

### 5.1.2 一维隐式计算格式

从上面的讨论可以看到,利用谱元法显式计算格式求解热传导方程的定解问题,其优点是计算比较简便,但是必须满足稳定性条件。

若式(5.11)取 $\theta = \dfrac{1}{2}$,则有

$$M\frac{u^{k-1}-2u^k+u^{k+1}}{(\Delta t)^2}+\frac{1}{2}K(u^{k+1}+u^{k-1})=P \tag{5.14}$$

式(5.14)整理后,即得一维波动方程的谱元法隐式计算格式:

$$\left[\frac{M}{(\Delta t)^2}+\frac{1}{2}K\right]u^{k+1}=\left(P-\frac{1}{2}Ku^{k-1}\right)+\frac{M}{(\Delta t)^2}(2u^k-u^{k-1}) \tag{5.15}$$

当 $u^k$ 和 $u^{k-1}$ 已知时,求解线性方程组(5.15)即可求出 $u^{k+1}$。因此,结合初始条件和边界条件,求解线性方程组即可得不同时刻各节点的 $u$。

**例 6.2** 编写程序计算下列一维波动方程定解问题的谱元法隐式数值解:

$$\begin{cases} \dfrac{\partial^2 u}{\partial t^2}=\dfrac{\partial^2 u}{\partial x^2}, & 0<x<1,\ t>0 \\[2mm] u(0,\ t)=0,\ u(1,\ t)=0,\ t\geqslant 0 \\[2mm] u(x,\ 0)=2\sin(\pi x),\ \dfrac{\partial u(x,\ 0)}{\partial t}=-\sin(2\pi x),\ 0\leqslant x\leqslant 1 \end{cases}$$

**解** 利用分离变量法可得该定解问题的精确解为

$$u(x,\ t)=2\sin(\pi x)\cos(\pi t)-\frac{1}{2\pi}\sin(2\pi x)\sin(2\pi t)$$

采用均匀网格单元对空间变量进行剖分,且剖分单元数取为5,再取时间步长 $\Delta t = 0.02$。谱元法隐式数值计算的 MATLAB 脚本程序如下:

```
clear all;
clc;
dt = 0.02;
t  = 0:dt:2;
a = 1;
L=1;
ne=5;
xe=0:L/ne:L;
h=diff(xe);
m=input('输入单元的 gll 网格点数:');
[xg,ME]=mesh1d_gll(xe,m);
ng=length(xg);
f=zeros(1,ng);
delta_x=diff(xg);
K = zeros(ng,ng);
```

```
M  =  zeros(ng,ng);
P  =  zeros(ng,1);
u  =  zeros(ng,length(t));
% 初始条件
u(:,1)=  2*sin(pi*xg);
u(:,2)=  2*sin(pi*xg)- dt*sin(2*pi*xg);
[A, B] = gen1D_Ke_Gauss_Lobatto(m); % Gauss- Lobatto 数值积分
%[A, B] = gen1D_Ke_Gauss_Legendre(m); % Gauss_Legendre 数值积分
for k=1:ne
    K_loc  =  a^2*2.0*A/h(k);
    M_loc  =  0.5*h(k)*B;
    for ip=1:m+1
        i1  =  ME(k,ip);
        for jp=1:m+1
            i2  =  ME(k,jp);
            K(i1,i2)  =  K(i1,i2) + K_loc(ip,jp);
            M(i1,i2)  =  M(i1,i2) + M_loc(ip,jp);
            P(i1)=P(i1)+M_loc(ip,jp)*f(i2);
        end
    end
end
for i=3:length(t)
    K_total  =  M/dt^2+K/2;
    P_total  =  (P- (K/2)*u(:,i- 2))+(M/dt^2)*(2*u(:,i- 1)- u(:,i- 2));
    % 强加第一类边界条件
    K_total(1,:)   =0;     K_total(1,1)     =1;      P_total(1)   =0;
    K_total(end,:)=0;     K_total(end,end)=1;      P_total(end)=0;
    % 线性方程组求解
    u(:,i)  =  K_total\P_total;
end
% 精确解
[xx,tt]=meshgrid(xg,t);
u_true=2*cos(pi*tt).*sin(pi*xx)...
    - sin(2*pi*tt).*sin(2*pi*xx)/(2*pi);
% 图示计算结果
subplot(211)
surf(xg,t,u');
xlabel('x');
ylabel('t');
```

```
zlabel('u(x,t)');
axis([0 1 0 2 -2 2]);
title('隐式数值解')
colorbar;
subplot(212)
surf(xg,t,u_true);
xlabel('x');
ylabel('t');
zlabel('u(x,t)');
axis([0 1 0 2 -2 2]);
title('理论精确解')
colorbar;
```

程序执行结果如图 5.2 所示, 这里的单元 GLL 网格点数 $m=4$。从图上可以看出, 谱元法隐式数值解与理论精确解吻合得非常好。

**图 5.2　一维波动方程定解问题的谱元法隐式数值解与理论精确解**
(扫描目录页二维码查看彩图)

### 5.1.3　一维紧致隐式计算格式

若式(5.11)取 $\theta=\dfrac{1}{4}$，则有

$$M\frac{u^{k-1}-2u^k+u^{k+1}}{(\Delta t)^2}+K\left(\frac{1}{4}u^{k+1}+\frac{1}{2}u^k+\frac{1}{4}u^{k-1}\right)=P \tag{5.16}$$

上式整理后，即得一维波动方程的谱元法隐式计算格式：

$$\left[\frac{M}{(\Delta t)^2}+\frac{1}{4}K\right]u^{k+1}=\left(P-\frac{1}{2}Ku^k-\frac{1}{4}Ku^{k-1}\right)+\frac{M}{(\Delta t)^2}(2u^k-u^{k-1}) \tag{5.17}$$

当 $u^k$ 和 $u^{k-1}$ 已知时，求解线性方程组(5.17)即可求出 $u^{k+1}$。因此，结合初始条件和边界条件，求解线性方程组即可得不同时刻各节点的 $u$。

**例5.3**　编写程序计算下列一维波动方程定解问题的谱元法紧致隐式数值解：

$$\begin{cases}\dfrac{\partial^2 u}{\partial t^2}=\dfrac{\partial^2 u}{\partial x^2},\ 0<x<1,\ t>0 \\[2mm] u(0,\ t)=0,\ u(1,\ t)=0,\ t\geqslant 0 \\[2mm] u(x,\ 0)=2\sin(\pi x),\ \dfrac{\partial u(x,\ 0)}{\partial t}=-\sin(2\pi x),\ 0\leqslant x\leqslant 1\end{cases}$$

**解**　利用分离变量法可得该定解问题的精确解为

$$u(x,\ t)=2\sin(\pi x)\cos(\pi t)-\frac{1}{2\pi}\sin(2\pi x)\sin(2\pi t)$$

采用均匀网格单元对空间变量进行剖分，且剖分单元数取为5，再取时间步长 $\Delta t=0.02$。谱元法紧致隐式数值计算的 MATLAB 脚本程序如下：

```
clear all;
clc;
dt = 0.02;
t  = 0:dt:2;
a = 1;
L=1;
ne=5;
xe=0:L/ne:L;
h=diff(xe);
m=input('输入单元的 gll 网格点数:');
[xg,ME]=mesh1d_gll(xe,m);
ng=length(xg);
f=zeros(1,ng);
delta_x=diff(xg);
K = zeros(ng,ng);
M = zeros(ng,ng);
P = zeros(ng,1);
```

```
u = zeros(ng,length(t));
% 初始条件
u(:,1)= 2*sin(pi*xg);
u(:,2)= 2*sin(pi*xg)- dt*sin(2*pi*xg);
[A, B] = gen1D_Ke_Gauss_Lobatto(m); % Gauss- Lobatto 数值积分
%[A, B] = gen1D_Ke_Gauss_Legendre(m); % Gauss_Legendre 数值积分
for k=1:ne
    K_loc = a^2*2.0*A/h(k);
    M_loc = 0.5*h(k)*B;
    for ip=1:m+1
        i1 = ME(k,ip);
        for jp=1:m+1
            i2 = ME(k,jp);
            K(i1,i2) = K(i1,i2) + K_loc(ip,jp);
            M(i1,i2) = M(i1,i2) + M_loc(ip,jp);
            P(i1)=P(i1)+M_loc(ip,jp)*f(i2);
        end
    end
end
for i=3:length(t)
    K_total = M/dt^2+K/4;
    P_total = (P- (K/2)*u(:,i- 1)- (K/4)*u(:,i- 2))...
                +(M/dt^2)*(2*u(:,i- 1)- u(:,i- 2));
    % 强加第一类边界条件
    K_total(1,:)    =0;    K_total(1,1)     =1;    P_total(1)   =0;
    K_total(end,:)  =0;    K_total(end,end) =1;    P_total(end) =0;
    % 线性方程组求解
    u(:,i) = K_total\P_total;
end
% 精确解
[xx,tt]=meshgrid(xg,t);
u_true=2*cos(pi*tt).*sin(pi*xx)...
    - sin(2*pi*tt).*sin(2*pi*xx)/(2*pi);
% 图示计算结果
subplot(211)
surf(xg,t,u');
xlabel('x');
ylabel('t');
zlabel('u(x,t)');
```

```
axis([0 1 0 2 -2 2]);
title('紧致隐式数值解')
colorbar;
subplot(212)
surf(xg,t,u_true);
xlabel('x');
ylabel('t');
zlabel('u(x,t)');
axis([0 1 0 2 -2 2]);
title('理论精确解')
colorbar;
```

程序执行结果如图5.3所示, 这里的单元 GLL 网格点数 $m = 4$。从图上可以看出, 谱元法紧致隐式数值解与理论精确解吻合得非常好。

**图 5.3** 一维波动方程定解问题的谱元法紧致隐式数值解和理论精确解

（扫描目录页二维码查看彩图）

## 5.2　二维波动方程的谱元法求解

### 5.2.1　二维显式计算格式

对于二维波动方程的定解问题，我们考虑如下 Dirichlet 边界条件的定解问题：

$$\begin{cases} \dfrac{\partial^2 u}{\partial t^2} = c^2\left(\dfrac{\partial^2 u}{\partial x^2} + \dfrac{\partial^2 u}{\partial y^2}\right) + q(x, y, t),\ 0 < x < a,\ 0 < y < b,\ t > 0 \\ u(0, y, t) = g_1(y, t),\ u(a, y, t) = g_2(y, t),\ 0 \leqslant y \leqslant b,\ t \geqslant 0 \\ u(x, 0, t) = h_1(x, t),\ u(x, b, t) = h_2(x, t),\ 0 \leqslant x \leqslant a,\ t \geqslant 0 \\ u(x, y, 0) = f_1(x, y),\ 0 \leqslant x \leqslant a,\ 0 \leqslant y \leqslant b \\ \dfrac{\partial}{\partial y}u(x, y, 0) = f_2(x, y),\ 0 \leqslant x \leqslant a,\ 0 \leqslant y \leqslant b \end{cases} \tag{5.18}$$

式中：$c^2$ 为正常数。

取 $0 \leqslant t \leqslant T$，首先将空间变量与时间变量进行网格离散，如图 5.4 所示。

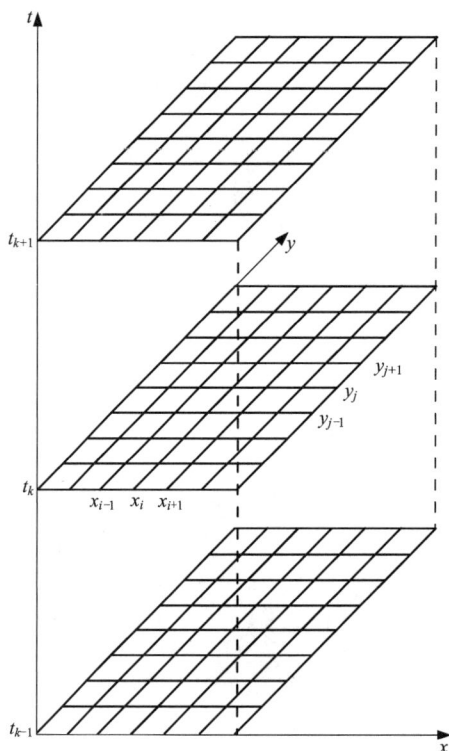

**图 5.4　二维波动方程谱元法计算的网格离散化图**

对式(5.18)中偏微分方程的每一项乘以 $\delta u$，并积分，有

$$\int_\Omega c^2 \left( \frac{\partial^2 u}{\partial x^2} + \frac{\partial^2 u}{\partial y^2} \right) \delta u \mathrm{d}\Omega - \int_\Omega \frac{\partial^2 u}{\partial t^2} \delta u \mathrm{d}\Omega + \int_\Omega q(x,\ y,\ t) \delta u \mathrm{d}\Omega = 0 \qquad (5.19)$$

对式(5.19)第一项进行积分变换可得

$$\int_\Omega c^2 \left( \frac{\partial^2 u}{\partial x^2} + \frac{\partial^2 u}{\partial y^2} \right) \delta u \mathrm{d}\Omega = \int_\Omega c^2 \nabla \cdot (\nabla u \delta u) \mathrm{d}\Omega - \int_\Omega c^2 \nabla u \cdot \nabla \delta u \mathrm{d}\Omega$$

$$= \int_\Gamma c^2 \frac{\partial u}{\partial n} \delta u \mathrm{d}\Gamma - \int_\Omega c^2 \nabla u \cdot \nabla \delta u \mathrm{d}\Omega \qquad (5.20)$$

将式(5.18)中的第一类边界条件代入式(5.20)右侧第一项,则式(5.19)变为

$$\int_\Omega c^2 \nabla u \cdot \nabla \delta u \mathrm{d}\Omega + \int_\Omega \frac{\partial^2 u}{\partial t^2} \delta u \mathrm{d}\Omega - \int_\Omega q(x,\ y,\ t) \delta u \mathrm{d}\Omega = 0 \qquad (5.21)$$

将空间区域 $\Omega$ 剖分为有限个矩形小单元 $e$,在单元 $e$ 上对式(5.21)进行积分,然后对各单元求和。

采用拉格朗日插值公式:

$$L_i(\xi) = \frac{(\xi-\xi_1)\cdots(\xi-\xi_{i-1})(\xi-\xi_{i+1})\cdots(\xi-\xi_{m+1})}{(\xi_i-\xi_1)\cdots(\xi_i-\xi_{i-1})(\xi_i-\xi_{i+1})\cdots(\xi_i-\xi_{m+1})} \qquad (5.22)$$

$$M_j(\eta) = \frac{(\eta-\eta_1)\cdots(\eta-\eta_{j-1})(\eta-\eta_{j+1})\cdots(\eta-\eta_{m+1})}{(\eta_j-\eta_1)\cdots(\eta_j-\eta_{j-1})(\eta_j-\eta_{j+1})\cdots(\eta_j-\eta_{m+1})} \qquad (5.23)$$

式中:$\xi_i$ 和 $\eta_j$ 为 GLL 节点值,且 $i,\ j = 1,\ 2,\ \cdots,\ m+1$。

于是,构造的形函数可以表示为

$$N_k(\xi,\ \eta) = \frac{(\xi-\xi_1)\cdots(\xi-\xi_{i-1})(\xi-\xi_{i+1})\cdots(\xi-\xi_{m+1})}{(\xi_i-\xi_1)\cdots(\xi_i-\xi_{i-1})(\xi_i-\xi_{i+1})\cdots(\xi_i-\xi_{m+1})} \cdot$$

$$\frac{(\eta-\eta_1)\cdots(\eta-\eta_{j-1})(\eta-\eta_{j+1})\cdots(\eta-\eta_{m+1})}{(\eta_j-\eta_1)\cdots(\eta_j-\eta_{j-1})(\eta_j-\eta_{j+1})\cdots(\eta_j-\eta_{m+1})} \qquad (5.24)$$

式中:$k = 1,\ 2,\ \cdots,\ (m+1) \times (m+1)$。

若计算区域采用规则矩形单元剖分,矩形单元插值母单元与子单元之间的坐标变换关系为

$$x = x_0 + \frac{A}{2}\xi,\quad y = y_0 + \frac{B}{2}\eta \qquad (5.25)$$

式中:$(x_0,\ y_0)$ 为子单元的中点,$A$、$B$ 为子单元的两个边长。两个单元的微分关系为

$$\mathrm{d}x = \frac{A}{2}\mathrm{d}\xi,\quad \mathrm{d}y = \frac{B}{2}\mathrm{d}\eta,\quad \mathrm{d}x\mathrm{d}y = \frac{AB}{4}\mathrm{d}\xi\mathrm{d}\eta \qquad (5.26)$$

单元积分 1:

$$\int_e c^2 \nabla u \cdot \nabla \delta u \mathrm{d}\Omega = \delta \boldsymbol{u}_e^{\mathrm{T}} \int_e c^2 \left[ \left( \frac{\partial \boldsymbol{N}}{\partial x} \right) \left( \frac{\partial \boldsymbol{N}}{\partial x} \right)^{\mathrm{T}} + \left( \frac{\partial \boldsymbol{N}}{\partial y} \right) \left( \frac{\partial \boldsymbol{N}}{\partial y} \right)^{\mathrm{T}} \right] \mathrm{d}x\mathrm{d}y \boldsymbol{u}_e$$

$$= \delta \boldsymbol{u}_e^{\mathrm{T}} \boldsymbol{K}_e \boldsymbol{u}_e \qquad (5.27)$$

式中:$\boldsymbol{K}_e = (k_{ij})$,$i,\ j = 1,\ 2,\ \cdots,\ (m+1) \times (m+1)$,且有:

$$k_{ij} = \int_e c^2 \left[ \left( \frac{\partial u}{\partial x} \right)^2 + \left( \frac{\partial u}{\partial y} \right)^2 \right] \mathrm{d}x\mathrm{d}y$$

$$= c^2 \int_e \left[ \left( \frac{\partial N_i}{\partial \xi} \frac{\partial \xi}{\partial x} \right) \left( \frac{\partial N_j}{\partial \xi} \frac{\partial \xi}{\partial x} \right) + \left( \frac{\partial N_i}{\partial \eta} \frac{\partial \eta}{\partial y} \right) \left( \frac{\partial N_j}{\partial \eta} \frac{\partial \eta}{\partial y} \right) \right] |J| \mathrm{d}\xi \mathrm{d}\eta$$

$$= c^2 \int_{-1}^{1} \int_{-1}^{1} \left[ \left( \frac{\partial N_i}{\partial \xi} \right) \left( \frac{\partial N_j}{\partial \xi} \right) \frac{B}{A} + \left( \frac{\partial N_i}{\partial \eta} \right) \left( \frac{\partial N_j}{\partial \eta} \right) \frac{A}{B} \right] \mathrm{d}\xi \mathrm{d}\eta$$

单元积分 2：

$$\int_e \frac{\partial^2 u}{\partial t^2} \delta u \mathrm{d}\Omega = \delta \boldsymbol{u}_e^{\mathrm{T}} \left( \int_e \boldsymbol{N} \boldsymbol{N}^{\mathrm{T}} \mathrm{d}x\mathrm{d}y \right) \frac{\partial^2 \boldsymbol{u}_e}{\partial t^2} = \delta \boldsymbol{u}_e^{\mathrm{T}} \boldsymbol{M}_e \frac{\partial^2 \boldsymbol{u}_e}{\partial t^2} \tag{5.28}$$

式中：$\boldsymbol{M}_e = (m_{ij})$，$i$，$j = 1$，2，$\cdots$，$(m+1) \times (m+1)$，且有：

$$m_{ij} = \int_e N_i N_j \frac{AB}{4} \mathrm{d}\xi \mathrm{d}\eta = \frac{AB}{4} \int_{-1}^{1} \int_{-1}^{1} N_i N_j \mathrm{d}\xi \mathrm{d}\eta$$

单元积分 3：

$$\int_e q(x, y, t) \delta u \mathrm{d}\Omega = \delta \boldsymbol{u}_e^{\mathrm{T}} \int_e q(x, y, t) \boldsymbol{N} \mathrm{d}x = \delta \boldsymbol{u}_e^{\mathrm{T}} \boldsymbol{P}_e \tag{5.29}$$

式中：

$$\boldsymbol{P}_e = \left( \int_e N_i N_j \mathrm{d}x\mathrm{d}y \right) q_j = \left( \int_e N_i N_j |J| \mathrm{d}\xi \right) q_j = \frac{AB}{4} \left( \int_e N_i N_j \mathrm{d}\xi \mathrm{d}\eta \right) q_j$$

$$= \boldsymbol{M}_e \cdot q_j$$

在单元 $e$ 内，将式(5.27)、式(5.28)和式(5.29)相加，并扩展成由全体节点组成的矩阵或列阵，然后将各单元相加，得

$$\int_e c^2 \nabla u \cdot \nabla \delta u \mathrm{d}x\mathrm{d}y + \int_e \frac{\partial^2 u}{\partial t^2} \delta u \mathrm{d}x\mathrm{d}y - \int_e q(x, y, t) \delta u \mathrm{d}x\mathrm{d}y$$

$$= \sum \left[ \delta \boldsymbol{u}_e^{\mathrm{T}} \boldsymbol{K}_e \boldsymbol{u}_e + \delta \boldsymbol{u}_e^{\mathrm{T}} \boldsymbol{M}_e \frac{\partial^2 \boldsymbol{u}_e}{\partial t^2} - \delta \boldsymbol{u}_e^{\mathrm{T}} \boldsymbol{P}_e \right]$$

$$= \sum \left[ \delta \boldsymbol{u}^{\mathrm{T}} \overline{\boldsymbol{M}}_e \frac{\partial^2 \boldsymbol{u}}{\partial t^2} + \delta \boldsymbol{u}^{\mathrm{T}} \overline{\boldsymbol{K}}_e \boldsymbol{u} - \delta \boldsymbol{u}^{\mathrm{T}} \overline{\boldsymbol{P}}_e \right] \tag{5.30}$$

$$= \delta \boldsymbol{u}^{\mathrm{T}} \sum \overline{\boldsymbol{M}}_e \frac{\partial^2 \boldsymbol{u}}{\partial t^2} + \delta \boldsymbol{u}^{\mathrm{T}} \sum \overline{\boldsymbol{K}}_e \boldsymbol{u} - \delta \boldsymbol{u}^{\mathrm{T}} \sum \overline{\boldsymbol{P}}_e$$

$$= \delta \boldsymbol{u}^{\mathrm{T}} \boldsymbol{M} \frac{\partial^2 \boldsymbol{u}}{\partial t^2} + \delta \boldsymbol{u}^{\mathrm{T}} \boldsymbol{K} \boldsymbol{u} - \delta \boldsymbol{u}^{\mathrm{T}} \boldsymbol{P}$$

$$= 0$$

从式(5.30)中消去 $\delta \boldsymbol{u}^{\mathrm{T}}$，得

$$\boldsymbol{M} \frac{\partial^2 \boldsymbol{u}}{\partial t^2} + \boldsymbol{K} \boldsymbol{u} = \boldsymbol{P} \tag{5.31}$$

对于非稳定波动问题，求解 $\boldsymbol{u}$ 时，需要对 $\frac{\partial^2 \boldsymbol{u}}{\partial t^2}$ 进行二阶差商近似处理，式(5.31)可以改写为

$$\boldsymbol{M} \frac{\boldsymbol{u}^{k-1} - 2\boldsymbol{u}^k + \boldsymbol{u}^{k+1}}{(\Delta t)^2} + \boldsymbol{K} [\theta \boldsymbol{u}^{k+1} + (1-2\theta) \boldsymbol{u}^k + \theta \boldsymbol{u}^{k-1}] = \boldsymbol{P} \tag{5.32}$$

式中：$0 \leqslant \theta \leqslant 1$。

若式（5.32）取 $\theta = 0$，则有

$$M \frac{u^{k-1} - 2u^k + u^{k+1}}{(\Delta t)^2} + Ku^k = P \tag{5.33}$$

上式整理后，即得二维波动方程的谱元法显式格式：

$$\frac{M}{(\Delta t)^2} u^{k+1} = (P - Ku^k) + \frac{M}{(\Delta t)^2}(2u^k - u^{k-1}) \tag{5.34}$$

当 $u^k$ 和 $u^{k-1}$ 已知时，求解线性方程组（4.34）即可求出 $u^{k+1}$。因此，结合初始条件和边界条件，求解线性方程组即可得不同时刻各节点的 $u$。

**例 5.4**　编写程序计算下列二维波动方程定解问题的谱元法显式数值解：

$$\begin{cases} \dfrac{\partial^2 u}{\partial t^2} = \dfrac{1}{2}\left(\dfrac{\partial^2 u}{\partial x^2} + \dfrac{\partial^2 u}{\partial y^2}\right), & 0 < x < 1, 0 < y < 1, t > 0 \\ u(0, y, t) = u(1, y, t) = 0 \\ u(x, 0, t) = u(x, 1, t) = 0 \\ u(x, y, 0) = \sin(\pi x)\sin(\pi y) \\ \dfrac{\partial}{\partial t}u(x, y, 0) = 0 \end{cases}$$

**解**　（1）利用分离变量法可得该定解问题的解析解为

$$u(x, y, t) = \sin(\pi x)\sin(\pi y)\cos(\pi t)$$

取 $0 \leqslant t \leqslant 2$，图示解析解的 MATLAB 程序代码如下：

```
clear all;
dx=0.05;
dy=0.05;
dt=0.01;
x=0:dx:1;
y=0:dy:1;
t=0:dt:2;
[X,Y]=meshgrid(x,y);
u=zeros(size(y,2),size(x,2),size(t,2));
for k=1:size(t,2)
    u(:,:,k)=sin(pi*X).*sin(pi*Y)*cos(pi*t(k));
    % 图示解析解
    surf(x,y,u(:,:,k));
    colorbar;
    title(['解析解: t=', num2str((k-1)*dt)]);
    set(gca,'XLim',[0 1]);
    set(gca,'YLim',[0 1]);
    set(gca,'ZLim',[-1 1]);
    xlabel('x');
```

```
    ylabel('y');
    zlabel('u(x,y,t)');
    drawnow;
    pause(0.1);
end
```

（2）谱元法显式数值解。采用均匀网格单元对空间变量进行剖分，且两个空间方向剖分单元数均取为 5，再取时间步长 $\Delta t = 0.01$。谱元法显式数值计算的 MATLAB 脚本程序如下：

```
clear all;
clc;
dt=0.01;
t=0:dt:2;
LX=1;
NELX = 5;
LY=1;
NELY = 5;
NEL = NELX*NELY;
Dx = LX/NELX;
Dy = LY/NELY;
xe=0:Dx:LX;
ye=0:Dy:LY;
m=input('输入单元的 gll 网格点数:');
[x,y,ME]=mesh2d_gll(xe,ye,m);
nglob = length(x);
c=1/sqrt(2);
q=0;
xg=mesh1d_gll(xe,m);
yg=mesh1d_gll(ye,m);
% 稳定性条件(cfl=<1)
cfl=c^2*dt^2*(1/(min(diff(xg)))^2+1/(min(diff(yg)))^2);
if cfl>1
    disp('不满足稳定性条件！')
end
% 初始条件
for i=1:nglob
    u(i,1)=sin(pi*x(i))*sin(pi*y(i));
    u(i,2)=sin(pi*x(i))*sin(pi*y(i))+dt*0;
end
K = zeros(nglob,nglob);
M = zeros(nglob,nglob);
```

```
P  =zeros(nglob,1);
[A1, A2, B] = gen2D_Ke_Gauss_Lobatto(m);        % Gauss_Lobatto 数值积分
%[A1, A2, B] = gen2D_Ke_Gauss_Legendre(m);      % Gauss_Legendre 数值积分
K_loc=c^2*(Dy/Dx)*A1+c^2*(Dx/Dy)*A2;
M_loc=(Dx*Dy/4)*B;
%形成线性方程组
for h=1:NEL
    for j=1:(m+1)*(m+1)
        NJ=ME(j,h);
        for k=1:(m+1)*(m+1)
            NK=ME(k,h);
            K(NJ,NK)=K(NJ,NK)+K_loc(j,k);
            M(NJ,NK)=M(NJ,NK)+M_loc(j,k);
            P(NJ)=P(NJ)+M_loc(j,k)*q;
        end
    end
end
for n=3:size(t,2)
    K_total=M/dt^2;
    P_total=(P-K*u(:,n-1))+(M/dt^2)*(2*u(:,n-1)-u(:,n-2));
    %加入第一类边界条件
    %下边界
    for i=1:NELX
        for j=1:m+1
            h=ME(j,i);
            K_total(h,h)=K_total(h,h)*10^10;
            P_total(h,1)=K_total(h,h)*0;
        end
    end
    %上边界
    for i=NEL-NELX+1:NEL
        for j=m*(m+1)+1:(m+1)*(m+1)
            h=ME(j,i);
            K_total(h,h)=K_total(h,h)*10^10;
            P_total(h,1)=K_total(h,h)*0;
        end
    end
    %左边界
    for i=1:NELX:NEL-NELX+1
```

```
        for j=1:m+1:m*(m+1)+1
            h=ME(j,i);
            K_total(h,h)=K_total(h,h)*10^10;
            P_total(h,1)=K_total(h,h)*0;
        end
    end
    %右边界
    for i=NELX:NELX:NEL
        for j=m+1:m+1:(m+1)*(m+1)
            h=ME(j,i);
            K_total(h,h)=K(h,h)*10^10;
            P_total(h,1)=P(h,1)*K(h,h)*0;
        end
    end
    %线性方程组求解
    u(:,n)=K_total\P_total;
end
load seismic.map;
%图示计算结果
[x_new,y_new]=meshgrid(xg,yg);
for n=1:size(t,2)
    u_new(:,:,n)=griddata(x,y,u(:,n),x_new,y_new,'v4');
    surf(x_new,y_new,u_new(:,:,n));
    title(['显式数值解: t=',num2str((n-1)*dt)]);
    set(gca,'XLim',[0 1]);
    set(gca,'YLim',[0 1]);
    set(gca,'ZLim',[-1 1]);
    xlabel('x');
    ylabel('y');
    zlabel('u(x,y,t)');
    colorbar;
    drawnow;
    pause(0.1);
end
```

利用上述程序计算并图示 $t=0.2$、$0.4$、$0.6$、$0.8$、$1.0$、$1.2$、$1.4$、$1.6$、$1.8$ 和 $2.0$ 时的显式数值解和理论解析解，如图 5.5 所示，这里的单元 GLL 网格点数 $m=4$。从图 5.5 可以看出，满足稳定性条件的显式数值解与理论解析解吻合得很好。

显式数值解：$t=0.2$　　　　理论解析解：$t=0.2$

显式数值解：$t=0.4$　　　　理论解析解：$t=0.4$

显式数值解：$t=0.6$　　　　理论解析解：$t=0.6$

显式数值解：$t=0.8$　　　　理论解析解：$t=0.8$

显式数值解：$t=1.0$

理论解析解：$t=1.0$

显式数值解：$t=1.2$

理论解析解：$t=1.2$

显式数值解：$t=1.4$

理论解析解：$t=1.4$

显式数值解：$t=1.6$

理论解析解：$t=1.6$

图 5.5　二维波动方程定解问题的谱元法显式数值解和理论解析解

(扫描目录页二维码查看彩图)

## 5.2.2　二维隐式计算格式

若式(5.32)取 $\theta = \dfrac{1}{2}$，则有

$$M \frac{u^{k-1} - 2u^k + u^{k+1}}{(\Delta t)^2} + \frac{1}{2} K(u^{k+1} + u^{k-1}) = P \tag{5.35}$$

上式整理后，即得二维波动方程的谱元法隐式格式：

$$\left[ \frac{M}{(\Delta t)^2} + \frac{1}{2} K \right] u^{k+1} = \left( P - \frac{1}{2} K u^{k-1} \right) + \frac{M}{(\Delta t)^2} (2u^k - u^{k-1}) \tag{5.36}$$

结合初始条件和边界条件，求解线性方程组(5.36)即可得不同时刻各节点的 $u$ 值。

**例 5.5**　编写程序计算下列二维波动方程定解问题的谱元法隐式数值解：

$$\begin{cases} \dfrac{\partial^2 u}{\partial t^2} = \dfrac{1}{2}\left(\dfrac{\partial^2 u}{\partial x^2} + \dfrac{\partial^2 u}{\partial y^2}\right), \ 0<x<1, \ 0<y<1, \ t>0 \\ u(0, \ y, \ t) = u(1, \ y, \ t) = 0 \\ u(x, \ 0, \ t) = u(x, \ 1, \ t) = 0 \\ u(x, \ y, \ 0) = \sin(\pi x)\sin(\pi y) \\ \dfrac{\partial}{\partial t}u(x, \ y, \ 0) = 0 \end{cases}$$

**解** 利用分离变量法可得该定解问题的解析解为

$$u(x, \ y, \ t) = \sin(\pi x)\sin(\pi y)\cos(\pi t)$$

采用均匀网格单元对空间变量进行剖分，且两个空间方向剖分单元数均取为 5，再取时间步长 $\Delta t = 0.01$。谱元法隐式数值计算的 MATLAB 脚本程序如下：

```
clear all;
clc;
dt=0.01;
t=0:dt:2.0;
LX=1;
NELX = 5;
LY=1;
NELY = 5;
NEL = NELX*NELY;
Dx = LX/NELX;
Dy = LY/NELY;
xe=0:Dx:LX;
ye=0:Dy:LY;
m=input('输入单元的 gll 网格点数:');
[x,y,ME]=mesh2d_gll(xe,ye,m);
nglob = length(x);
c=1/sqrt(2);
q=0;
% 初始条件
for i=1:nglob
    u(i,1)=sin(pi*x(i))*sin(pi*y(i));
    u(i,2)=sin(pi*x(i))*sin(pi*y(i))+dt*0;
end
K =zeros(nglob,nglob);
M =zeros(nglob,nglob);
P =zeros(nglob,1);
[A1, A2, B] = gen2D_Ke_Gauss_Lobatto(m);        % Gauss_Lobatto 数值积分
```

```
%〔A1, A2, B〕= gen2D_Ke_Gauss_Legendre(m);　% Gauss_Legendre 数值积分
K_loc＝c^2*(Dy/Dx)*A1+c^2*(Dx/Dy)*A2;
M_loc＝(Dx*Dy/4)*B;
%形成线性方程组
for h＝1:NEL
    for j＝1:(m+1)*(m+1)
        NJ＝ME(j,h);
        for k＝1:(m+1)*(m+1)
            NK＝ME(k,h);
            K(NJ,NK)＝K(NJ,NK)+K_loc(j,k);
            M(NJ,NK)＝M(NJ,NK)+M_loc(j,k);
            P(NJ)＝P(NJ)+M_loc(j,k)*q;
        end
    end
end
for n＝3:size(t,2)
    K_total＝M/dt^2+K/2;
    P_total＝(P- (K/2)*u(:,n- 2))+(M/dt^2)*(2*u(:,n- 1)- u(:,n- 2));
    %加入第一类边界条件
    %下边界
    for i＝1:NELX
        for j＝1:m+1
            h＝ME(j,i);
            K_total(h,h)＝K_total(h,h)*10^10;
            P_total(h,1)＝K_total(h,h)*0;
        end
    end
    %上边界
    for i＝NEL- NELX+1:NEL
        for j＝m*(m+1)+1:(m+1)*(m+1)
            h＝ME(j,i);
            K_total(h,h)＝K_total(h,h)*10^10;
            P_total(h,1)＝K_total(h,h)*0;
        end
    end
    %左边界
    for i＝1:NELX:NEL- NELX+1
        for j＝1:m+1:m*(m+1)+1
```

```
                    h＝ME(j,i);
                    K_total(h,h)＝K_total(h,h)*10^10;
                    P_total(h,1)＝K_total(h,h)*0;
              end
        end
        %右边界
        for i＝NELX:NELX:NEL
              for j＝m+1:m+1:(m+1)*(m+1)
                    h＝ME(j,i);
                    K_total(h,h)＝K(h,h)*10^10;
                    P_total(h,1)＝P(h,1)*K(h,h)*0;
              end
        end
        %线性方程组求解
        u(:,n)＝K_total\P_total;
  end
  %图示计算结果
  xg＝mesh1d_gll(xe,m);
  yg＝mesh1d_gll(ye,m);
  [x_new,y_new]＝meshgrid(xg,yg);
  for n＝1:size(t,2)
        u_new(:,:,n)＝griddata(x,y,u(:,n),x_new,y_new,'v4');
        surf(x_new,y_new,u_new(:,:,n));
        title(['隐式数值解: t＝',num2str((n-1)*dt)]);
        set(gca,'XLim',[0 1]);
        set(gca,'YLim',[0 1]);
        set(gca,'ZLim',[-1 1]);
        xlabel('x');
        ylabel('y');
        zlabel('u(x,y,t)');
        colorbar;
        drawnow;
        pause(0.1);
  end
```

利用上述程序计算并图示 $t=0.2$、$0.4$、$0.6$、$0.8$、$1.0$、$1.2$、$1.4$、$1.6$、$1.8$ 和 $2.0$ 时的隐式数值解和理论解析解,如图 5.6 所示,这里的单元 GLL 网格点数 $m=4$。从图 5.6 可以看出,隐式数值解与理论解析解吻合得很好。

隐式数值解：$t$=0.2

理论解析解：$t$=0.2

隐式数值解：$t$=0.4

理论解析解：$t$=0.4

隐式数值解：$t$=0.6

理论解析解：$t$=0.6

隐式数值解：$t$=0.8

理论解析解：$t$=0.8

隐式数值解：$t$=1.0

理论解析解：$t$=1.0

隐式数值解：$t$=1.2

理论解析解：$t$=1.2

隐式数值解：$t$=1.4

理论解析解：$t$=1.4

隐式数值解：$t$=1.6

理论解析解：$t$=1.6

图 5.6　二维波动方程定解问题的谱元法隐式数值解和理论解析解

(扫描目录页二维码查看彩图)

## 5.2.3　二维紧致隐式计算格式

若式(5.32)取 $\theta = \dfrac{1}{4}$，则有

$$M\frac{u^{k-1}-2u^k+u^{k+1}}{(\Delta t)^2}+K\left(\frac{1}{4}u^{k+1}+\frac{1}{2}u^k+\frac{1}{4}u^{k-1}\right)=P \tag{5.37}$$

上式整理后，即得二维波动方程的谱元法紧致隐式格式：

$$\left[\frac{M}{(\Delta t)^2}+\frac{1}{4}K\right]u^{k+1}=\left(P-\frac{1}{2}Ku^k-\frac{1}{4}Ku^{k-1}\right)+\frac{M}{(\Delta t)^2}(2u^k-u^{k-1}) \tag{5.38}$$

结合初始条件和边界条件，求解线性方程组(5.38)即可得不同时刻各节点的 $u$ 值。

例 5.6　编写程序计算下列二维波动方程定解问题的谱元法紧致隐式数值解：

$$\begin{cases} \dfrac{\partial^2 u}{\partial t^2} = \dfrac{1}{2}\left( \dfrac{\partial^2 u}{\partial x^2} + \dfrac{\partial^2 u}{\partial y^2} \right), \ 0<x<1,\ 0<y<1,\ t>0 \\ u(0,\ y,\ t) = u(1,\ y,\ t) = 0 \\ u(x,\ 0,\ t) = u(x,\ 1,\ t) = 0 \\ u(x,\ y,\ 0) = \sin(\pi x)\sin(\pi y) \\ \dfrac{\partial}{\partial t}u(x,\ y,\ 0) = 0 \end{cases}$$

**解**  利用分离变量法可得该定解问题的解析解为

$$u(x,\ y,\ t) = \sin(\pi x)\sin(\pi y)\cos(\pi t)$$

采用均匀网格单元对空间变量进行剖分，且两个空间方向剖分单元数均取为 5，再取时间步长 $\Delta t = 0.01$。谱元法紧致隐式数值计算的 MATLAB 脚本程序如下：

```
clear all;
clc;
dt=0.01;
t=0:dt:2.0;
LX=1;
NELX = 5;
LY=1;
NELY = 5;
NEL = NELX*NELY;
Dx = LX/NELX;
Dy = LY/NELY;
xe=0:Dx:LX;
ye=0:Dy:LY;
m=input('输入单元的 gll 网格点数:');
[x,y,ME]=mesh2d_gll(xe,ye,m);
nglob = length(x);
c=1/sqrt(2);
q=0;
% 初始条件
for i=1:nglob
    u(i,1)=sin(pi*x(i))*sin(pi*y(i));
    u(i,2)=sin(pi*x(i))*sin(pi*y(i))+dt*0;
end
K  = zeros(nglob,nglob);
M  = zeros(nglob,nglob);
P  = zeros(nglob,1);
[A1, A2, B] = gen2D_Ke_Gauss_Lobatto(m);        % Gauss_Lobatto 数值积分
%[A1, A2, B] = gen2D_Ke_Gauss_Legendre(m);  % Gauss_Legendre 数值积分
```

```
K_loc=c^2*(Dy/Dx)*A1+c^2*(Dx/Dy)*A2;
M_loc=(Dx*Dy/4)*B;
%形成线性方程组
for h=1:NEL
    for j=1:(m+1)*(m+1)
        NJ=ME(j,h);
        for k=1:(m+1)*(m+1)
            NK=ME(k,h);
            K(NJ,NK)=K(NJ,NK)+K_loc(j,k);
            M(NJ,NK)=M(NJ,NK)+M_loc(j,k);
            P(NJ)=P(NJ)+M_loc(j,k)*q;
        end
    end
end
for n=3:size(t,2)
    K_total=M/dt^2+K/4;
    P_total=(P-(K/2)*u(:,n-1)-(K/4)*u(:,n-2))+...
        (M/dt^2)*(2*u(:,n-1)-u(:,n-2));
    %加入第一类边界条件
    %下边界
    for i=1:NELX
        for j=1:m+1
            h=ME(j,i);
            K_total(h,h)=K_total(h,h)*10^10;
            P_total(h,1)=K_total(h,h)*0;
        end
    end
    %上边界
    for i=NEL-NELX+1:NEL
        for j=m*(m+1)+1:(m+1)*(m+1)
            h=ME(j,i);
            K_total(h,h)=K_total(h,h)*10^10;
            P_total(h,1)=K_total(h,h)*0;
        end
    end
    %左边界
    for i=1:NELX:NEL-NELX+1
        for j=1:m+1:m*(m+1)+1
            h=ME(j,i);
```

```
                K_total(h,h)=K_total(h,h)*10^10;
                P_total(h,1)=K_total(h,h)*0;
            end
        end
        %右边界
        for i=NELX:NELX:NEL
            for j=m+1:m+1:(m+1)*(m+1)
                h=ME(j,i);
                K_total(h,h)=K(h,h)*10^10;
                P_total(h,1)=P(h,1)*K(h,h)*0;
            end
        end
        %线性方程组求解
        u(:,n)=K_total\P_total;
    end
    %图示计算结果
    xg=mesh1d_gll(xe,m);
    yg=mesh1d_gll(ye,m);
    [x_new,y_new]=meshgrid(xg,yg);
    for n=1:size(t,2)
        u_new(:,:,n)=griddata(x,y,u(:,n),x_new,y_new,'v4');
        surf(x_new,y_new,u_new(:,:,n));
        title(['紧致隐式数值解: t=',num2str((n-1)*dt)]);
        set(gca,'XLim',[0 1]);
        set(gca,'YLim',[0 1]);
        set(gca,'ZLim',[-1 1]);
        xlabel('x');
        ylabel('y');
        zlabel('u(x,y,t)');
        colorbar;
        drawnow;
        pause(0.1);
    end
```

利用上述程序计算并图示 $t=0.2$、$0.4$、$0.6$、$0.8$、$1.0$、$1.2$、$1.4$、$1.6$、$1.8$ 和 $2.0$ 时的紧致隐式数值解和理论解析解, 如图 5.7 所示, 这里的单元 GLL 网格点数 $m=4$。

紧致隐式数值解：$t=1.0$

理论解析解：$t=1.0$

紧致隐式数值解：$t=1.2$

理论解析解：$t=1.2$

紧致隐式数值解：$t=1.4$

理论解析解：$t=1.4$

紧致隐式数值解：$t=1.6$

解析解：$t=1.6$

**图 5.7　二维波动方程定解问题的谱元法紧致隐式数值解和理论解析解**

（扫描目录页二维码查看彩图）

# 第 6 章　大地电磁的谱元法正演计算

大地电磁测深(magnetotelluric, 简称 MT)是以天然电磁场为场源来研究地球内部电性结构的一种重要的地球物理手段, 其正演问题归结为稳定场方程的求解。大地电磁正演模拟的数值方法主要有 3 种: 有限单元法、有限差分法和积分方程法, 前两者经常用于二维数值模拟, 后者主要用于三维数值模拟。

本章利用谱元法计算一维地电模型和二维地电模型的大地电磁响应, 详细推导正演算法, 并编写 MATLAB 计算程序。

## 6.1　大地电磁正演基本理论

### 6.1.1　谐变场的 Maxwell 方程组

Maxwell 方程组是电磁场必须遵从的微分方程组, 含有以下四个方程, 分别反映了四条基本的物理定律:

$$\nabla \times \boldsymbol{E} = -\frac{\partial \boldsymbol{B}}{\partial t} \quad \text{(法拉第定律)} \tag{6.1}$$

$$\nabla \times \boldsymbol{H} = \boldsymbol{j} + \frac{\partial \boldsymbol{D}}{\partial t} \quad \text{(安培定律)} \tag{6.2}$$

$$\nabla \cdot \boldsymbol{B} = 0 \quad \text{(磁通量连续性原理)} \tag{6.3}$$

$$\nabla \cdot \boldsymbol{D} = \rho_0 \quad \text{(库仑定律)} \tag{6.4}$$

式中: $\boldsymbol{E}$ 为电场强度, V/m; $\boldsymbol{B}$ 为磁感应强度或磁通密度, Wb/m$^2$; $\boldsymbol{D}$ 为电感应强度或电位移, C/m$^2$; $\boldsymbol{H}$ 为磁场强度, A/m; $\boldsymbol{j}$ 为电流密度, A/m$^2$; $\rho_0$ 为自由电荷密度, C/m$^3$。

假设地球模型为各向同性介质, 则电磁场的基本量可通过物性参数 $\varepsilon$ 和 $\mu$ 联系起来, 它们的关系是:

$$\boldsymbol{D} = \varepsilon \boldsymbol{E} \tag{6.5}$$

$$\boldsymbol{B} = \mu \boldsymbol{H} \tag{6.6}$$

$$\boldsymbol{j} = \sigma \boldsymbol{E} \tag{6.7}$$

式中: $\sigma$ 为介质的电导率(电阻率的倒数), S/m; $\varepsilon$ 和 $\mu$ 分别为介质的介电常数和磁导率, 取 $\varepsilon = 8.85 \times 10^{-12}$ F/m 和 $\mu = 4\pi \times 10^{-7}$ H/m。

在实用单位制下, 如令初始状态时介质内不带电荷, 采用式(6.1)~式(6.4)所示的介质方程组后, 各向同性介质的 Maxwell 方程组可变为

$$\nabla \times E = -\mu \frac{\partial H}{\partial t} \tag{6.8}$$

$$\nabla \times H = \sigma E + \varepsilon \frac{\partial E}{\partial t} \tag{6.9}$$

$$\nabla \cdot H = 0 \tag{6.10}$$

$$\nabla \cdot E = 0 \tag{6.11}$$

利用傅里叶变换可将任意随时间变化的电磁场分解为一系列谐变场的组合，取时域中的谐变因子为 $e^{-i\omega t}$，电场强度和磁场强度可表示为

$$E = E_0 e^{-i\omega t} \tag{6.12}$$

$$H = H_0 e^{-i\omega t} \tag{6.13}$$

在大地电磁勘探中，考虑到应用的观测频率范围一般为 $10^{-4} \sim 10^3$ Hz，构成地壳浅部介质的电导率一般为 0.001~1 S/m，估算位移电流与传导电流的最大比值 $\frac{\omega\varepsilon}{\sigma} \approx 5 \times 10^{-3}$。故在大地介质中可忽略位移电流对场分布的影响，即大地电磁正演研究的是似稳电磁场问题。

于是，谐变场的 Maxwell 方程组表示为

$$\nabla \times E = i\mu\omega H \tag{6.14}$$

$$\nabla \times H = \sigma E \tag{6.15}$$

$$\nabla \cdot E = 0 \tag{6.16}$$

$$\nabla \cdot H = 0 \tag{6.17}$$

式(6.14)~式(6.17)是大地电磁正演问题研究的出发点。

## 6.1.2 一维模型的大地电磁场

在笛卡尔坐标系中，令 $z$ 轴垂直向下，$x$ 轴、$y$ 轴在地表水平面内，我们把谐变场 Maxwell 方程组的式(6.14)和式(6.15)展开成分量形式：

$$\nabla \times E = i\mu\omega H$$

$$\frac{\partial E_z}{\partial y} - \frac{\partial E_y}{\partial z} = i\omega\mu H_x \tag{6.18}$$

$$\frac{\partial E_x}{\partial z} - \frac{\partial E_z}{\partial x} = i\omega\mu H_y \tag{6.19}$$

$$\frac{\partial E_y}{\partial x} - \frac{\partial E_x}{\partial y} = i\omega\mu H_z \tag{6.20}$$

$$\nabla \times H = \sigma E$$

$$\frac{\partial H_z}{\partial y} - \frac{\partial H_y}{\partial z} = \sigma E_x \tag{6.21}$$

$$\frac{\partial H_x}{\partial z} - \frac{\partial H_z}{\partial x} = \sigma E_y \tag{6.22}$$

$$\frac{\partial H_y}{\partial x} - \frac{\partial H_x}{\partial y} = \sigma E_z \tag{6.23}$$

当平面电磁波垂直入射于均匀各向同性大地介质中时，其电磁场沿水平方向上是均匀的，即

$$\frac{\partial \boldsymbol{E}}{\partial x} = \frac{\partial \boldsymbol{E}}{\partial y} = 0, \quad \frac{\partial \boldsymbol{H}}{\partial x} = \frac{\partial \boldsymbol{H}}{\partial y} = 0$$

将其代入式(6.18)~式(6.23)中，有

$$-\frac{\partial E_y}{\partial z} = \mathrm{i}\omega\mu H_x \tag{6.24}$$

$$\frac{\partial E_x}{\partial z} = \mathrm{i}\omega\mu H_y \tag{6.25}$$

$$H_z = 0 \tag{6.26}$$

$$-\frac{\partial H_y}{\partial z} = \sigma E_x \tag{6.27}$$

$$\frac{\partial H_x}{\partial z} = \sigma E_y \tag{6.28}$$

$$E_z = 0 \tag{6.29}$$

由式(6.24)~式(6.29)可以看出：电场分量 $E_x$ 只和 $H_y$ 有关，$H_x$ 只和 $E_y$ 有关，它们都沿 $z$ 轴传播。设在 $y$、$z$ 坐标平面内考虑问题，即设真空中波前与 $x$ 轴平行，这时平面电磁波可以分解成电场仅有水平分量的 E// 极化方式或 TE(横电)波型和磁场仅有水平分量的 H// 极化方式或 TM(横磁)波型。

TE 波型($E_x$–$H_y$)：

$$\begin{cases} \dfrac{\partial^2 E_x}{\partial z^2} + \mathrm{i}\omega\mu\sigma E_x = 0 \\[2mm] H_y = \dfrac{1}{\mathrm{i}\omega\mu}\dfrac{\partial E_x}{\partial z} \end{cases} \tag{6.30}$$

或

$$\begin{cases} \dfrac{\partial}{\partial z}\left(\dfrac{1}{\sigma}\dfrac{\partial H_y}{\partial z}\right) + \mathrm{i}\omega\mu H_y = 0 \\[2mm] E_x = -\dfrac{1}{\sigma}\dfrac{\partial H_y}{\partial z} \end{cases} \tag{6.31}$$

TM 波型($H_x$–$E_y$)：

$$\begin{cases} \dfrac{\partial^2 E_y}{\partial z^2} + \mathrm{i}\omega\mu\sigma E_y = 0 \\[2mm] H_x = -\dfrac{1}{\mathrm{i}\omega\mu}\dfrac{\partial E_y}{\partial z} \end{cases} \tag{6.32}$$

或

$$\begin{cases} \dfrac{\partial}{\partial z}\left(\dfrac{1}{\sigma}\dfrac{\partial H_x}{\partial z}\right)+\mathrm{i}\omega\mu H_x=0 \\[4mm] E_y=\dfrac{1}{\sigma}\dfrac{\partial H_x}{\partial z} \end{cases} \tag{6.33}$$

同时，两组极化波中均无场的垂直分量，即 $E_z=H_z=0$。

下面，我们以 TE 极化波来讨论电磁场在均匀半空间的衰减变化情况。令 $k=\sqrt{-\mathrm{i}\omega\mu\sigma}$，根据 TE 极化波方程(6.30)有

$$\frac{\partial^2 E_x}{\partial z^2}-k^2 E_x=0$$

这是一个二阶常微分方程，它的一般解为

$$E_x=A\mathrm{e}^{-kz}+B\mathrm{e}^{kz}$$

式中：$A$ 和 $B$ 为边界条件确定的积分常数。

在均匀半空间的无穷远处，即 $z\rightarrow+\infty$ 时，应有 $E_x=0$，进而要求 $B=0$，因此有

$$E_x=A\mathrm{e}^{-kz}$$

同时，考虑到电场在空气中不衰减，若取地表的电场强度值为 $E_x^0$，即 $z=0$ 时

$$A=E_x^0$$

因此，在深度 $z$ 处时，均匀半空间的电场强度可写成

$$E_x=E_x^0\mathrm{e}^{-kz} \tag{6.34}$$

取均匀半空间的电导率为 0.1 S/m，计算频率为 10 Hz 和 1 Hz 时的电场强度，MATLAB 程序代码如下：

```
% 均匀半空间电场衰减情况
mu=4e-7*pi;
S=0.1;
fre=10;
% fre=1;
Omega=2*pi*fre;
k=sqrt(-sqrt(-1)*Omega*mu*S);
z=0:10:10000;
Ex=exp(-k*z);
plot(real(Ex),-z/1000,'r');
hold on
plot(imag(Ex),-z/1000,'--');
xlabel('E_x/E^0_x');
ylabel('深度/km');
legend('实部值','虚部值');
```

图 6.1 给出了电导率为 0.1 S/m 的均匀半空间中电场随频率衰减变化的情况，即高频波衰减得快、低频波衰减得慢。

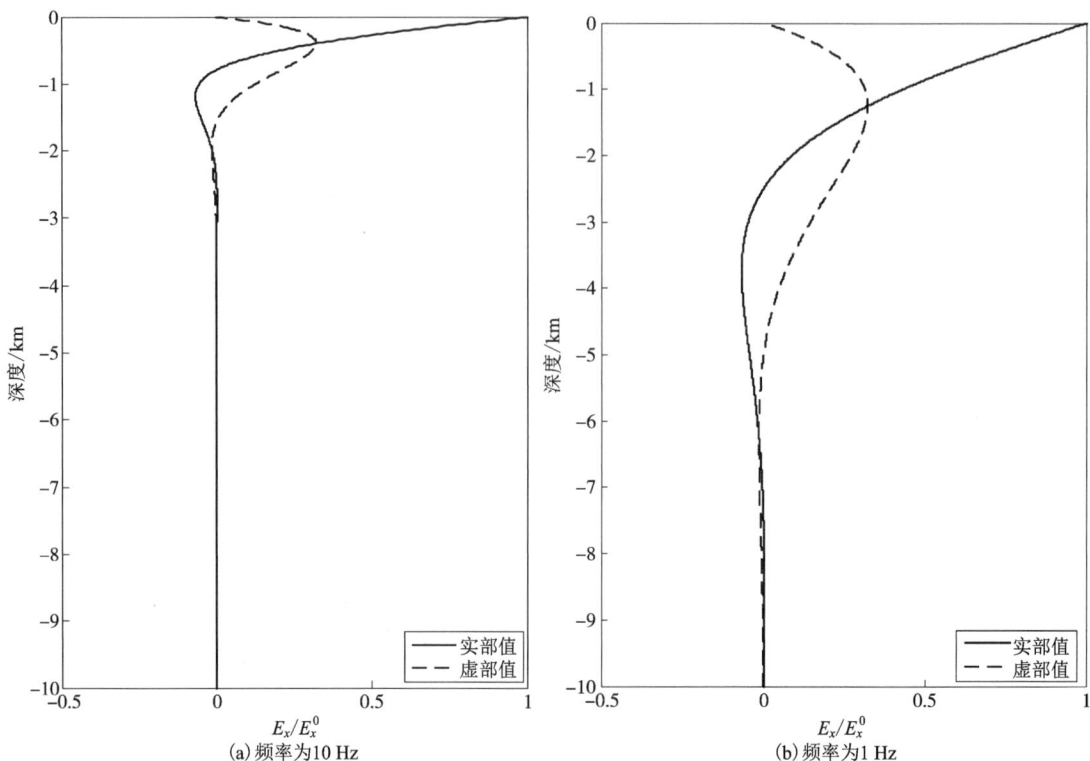

图 6.1  电导率为 0.1 S/m 的均匀半空间中电场衰减情况

## 6.1.3  二维模型的大地电磁场

对于有明显走向的倾斜岩层、背斜、向斜等地质构造,取走向为 $x$ 轴,$y$ 轴与 $x$ 轴垂直,水平向右(即倾向方向),$z$ 轴垂直向下,介质模型的电性参数随 $y$ 轴和 $z$ 轴都发生变化,而沿走向 $x$ 轴的电性参数不发生变化,即 $\partial E/\partial x = 0$ 和 $\partial H/\partial x = 0$。当平面电磁波以任意角度入射地面时,地下介质的电磁波总以平面波形式,几乎垂直地向下传播。我们把电性参数沿两个方向变化的介质模型,称为二维介质。

将谐变场 Maxwell 方程组的式(6.14)和式(6.15)展开后得到

$$i\left(\frac{\partial E_z}{\partial y}-\frac{\partial E_y}{\partial z}\right)+j\left(\frac{\partial E_x}{\partial z}-\frac{\partial E_z}{\partial x}\right)+k\left(\frac{\partial E_y}{\partial x}-\frac{\partial E_x}{\partial y}\right)$$
$$=i\mu\omega(iH_x+jH_y+kH_z) \tag{6.35}$$

及

$$i\left(\frac{\partial H_z}{\partial y}-\frac{\partial H_y}{\partial z}\right)+j\left(\frac{\partial H_x}{\partial z}-\frac{\partial H_z}{\partial x}\right)+k\left(\frac{\partial H_y}{\partial x}-\frac{\partial H_x}{\partial y}\right)$$
$$=\sigma(iE_x+jE_y+kE_z) \tag{6.36}$$

式中:$i$、$j$、$k$ 表示单位矢量。

式(6.35)与式(6.36)中对应的矢量分量应相等,同时注意到凡是对 $x$ 的偏导数皆为零,于是有

$$\frac{\partial E_z}{\partial y} - \frac{\partial E_y}{\partial z} = i\omega\mu H_x$$

$$\frac{\partial E_x}{\partial z} = i\omega\mu H_y$$

$$\frac{\partial E_x}{\partial y} = -i\omega\mu H_z$$

$$\frac{\partial H_z}{\partial y} - \frac{\partial H_y}{\partial z} = \sigma E_x$$

$$\frac{\partial H_x}{\partial z} = \sigma E_y$$

$$\frac{\partial H_x}{\partial y} = -\sigma E_z$$

从上面各式可以看出,相应电磁场分量分为两组,其中一组包括场分量 $E_x$、$H_y$、$H_z$;另一组包括 $H_x$、$E_y$、$E_z$。两组电磁场分量彼此独立,分别称为 TE 极化模式和 TM 极化模式。

TE 极化模式:

$$\begin{cases} \dfrac{\partial H_z}{\partial y} - \dfrac{\partial H_y}{\partial z} = \sigma E_x \\[2mm] H_y = \dfrac{1}{i\omega\mu} \dfrac{\partial E_x}{\partial z} \\[2mm] H_z = -\dfrac{1}{i\omega\mu} \dfrac{\partial E_x}{\partial y} \end{cases} \qquad (6.37)$$

TM 极化模式:

$$\begin{cases} \dfrac{\partial E_z}{\partial y} - \dfrac{\partial E_y}{\partial z} = i\omega\mu H_x \\[2mm] E_y = \dfrac{1}{\sigma} \dfrac{\partial H_x}{\partial z} \\[2mm] E_z = -\dfrac{1}{\sigma} \dfrac{\partial H_x}{\partial y} \end{cases} \qquad (6.38)$$

选取坐标系方向与构造主轴方向一致时,电磁场波型能分成独立的两组,这一点具有很重要的意义,因为:①在求二维模型条件下大地电磁场问题的解析解和数值解时,Maxwell 偏微分方程组的求解问题可转化成标量函数的二阶偏微分方程的求解问题,这给推导及计算带来很大方便。②类似于一维模型时的情况,任一水平坐标轴的电场分量只和与其垂直的水平磁场分量有关,而和与其平行的水平磁场分量无关。

## 6.2 大地电磁一维正演的谱元法

### 6.2.1 正演算法推导

**1. 边值问题**

在一维大地介质中,根据式(6.30)可得电场所满足的微分方程为

$$\frac{\mathrm{d}^2 E_x}{\mathrm{d}z^2} + \mathrm{i}\omega\mu\sigma(z) E_x = 0 \tag{6.39}$$

式中:$\sigma$ 为介质的电导率,S/m;$\mu$ 为介质的磁导率,其值取为 $4\pi \times 10^{-7}$ H/m。

为了求解亥姆霍兹方程(6.39),还必须给出相应的边界条件:

① 在地面处

$$E_x \big|_{z=0} = 1 \tag{6.40}$$

② 在 $z = z_N$ 以下,电磁波将按负指数衰减,即 $E_x = E_x^* \mathrm{e}^{-kz}$,这里 $E_x^*$ 是常数、$k = \sqrt{-\mathrm{i}\omega\mu\sigma_{z_N}}$。对 $E_x$ 求导,将得到第三类边界条件:

$$\left( \frac{\mathrm{d}E_x}{\mathrm{d}z} + kE_x \right) \bigg|_{z=z_N} = 0 \tag{6.41}$$

边值问题由微分方程(6.39)及边界条件(6.40)、(6.41)组成,用 $u$ 表示 $E_x$,则有

$$\begin{cases} \dfrac{\mathrm{d}^2 u}{\mathrm{d}z^2} + \mathrm{i}\omega\mu\sigma u = 0 \\ u \big|_{z=0} = 1 \\ \left( \dfrac{\mathrm{d}u}{\mathrm{d}z} + ku \right) \bigg|_{z=z_N} = 0 \end{cases} \tag{6.42}$$

当岩石的电导率分层均匀时,这个边值问题可用解析法计算。这里,我们选用谱元法求其数值解。

**2. 变分问题**

构造泛函:

$$I(u) = \int_0^{z_N} \left[ \left( \frac{\mathrm{d}u}{\mathrm{d}z} \right)^2 - \mathrm{i}\omega\mu\sigma u^2 \right] \mathrm{d}z \tag{6.43}$$

其变分为

$$\begin{aligned} \delta I(u) &= \int_0^{z_N} \left( 2\frac{\mathrm{d}u}{\mathrm{d}z}\frac{\mathrm{d}\delta u}{\mathrm{d}z} - 2\mathrm{i}\omega\mu\sigma u\delta u \right) \mathrm{d}z \\ &= 2\int_0^{z_N} \left[ \frac{\mathrm{d}}{\mathrm{d}z}\left( \frac{\mathrm{d}u}{\mathrm{d}z}\delta u \right) - \left( \frac{\mathrm{d}^2 u}{\mathrm{d}z^2} + \mathrm{i}\omega\mu\sigma u \right) \delta u \right] \mathrm{d}z \end{aligned} \tag{6.44}$$

将微分方程(6.39)代入式(6.44),得

$$\delta I(u) = 2\int_0^{z_N} \frac{\mathrm{d}}{\mathrm{d}z}\left( \frac{\mathrm{d}u}{\mathrm{d}z}\delta u \right) \mathrm{d}z = 2\frac{\mathrm{d}u}{\mathrm{d}z}\delta u \bigg|_0^{z_N} \tag{6.45}$$

将边界条件(6.40)、(6.41)代入式(6.44)，得

$$\delta I(u) = 2ku\delta u\big|_{z_N} = -\delta(ku^2)\big|_{z_N} \tag{6.46}$$

所以

$$\delta\big[I(u) + ku^2\big|_{z_N}\big] = 0$$

可见，边值问题(6.42)对应的变分问题为

$$\begin{cases} F(u) = \int_0^{z_N}\left[\left(\dfrac{\mathrm{d}u}{\mathrm{d}z}\right)^2 - i\omega\mu\sigma u^2\right]\mathrm{d}z + ku^2_{z_N} = \min \\ u\big|_{z=0} = 1 \end{cases} \tag{6.47}$$

### 3. 谱元法分析

采用谱元法进行计算，首先应将区域剖分为若干单元。在单元内电导率(或电阻率)必须是连续的，也就是说，电导率的间断点不能在单元内。

采用拉格朗日插值公式，构造的形函数为

$$N_i(\xi) = \frac{(\xi-\xi_1)(\xi-\xi_2)\cdots(\xi-\xi_{i-1})(\xi-\xi_{i+1})\cdots(\xi-\xi_{m+1})}{(\xi_i-\xi_1)(\xi_i-\xi_2)\cdots(\xi_i-\xi_{i-1})(\xi_i-\xi_{i+1})\cdots(\xi_i-\xi_{m+1})} \tag{6.48}$$

式中：$\xi_i$ 为 GLL 节点值，且 $i=1, 2, \cdots, m+1$。

若单元的长度为 $h_e$，则有

$$\mathrm{d}z = \frac{h_e}{2}\mathrm{d}\xi$$

单元积分 1：

$$\int_e\left(\frac{\mathrm{d}u}{\mathrm{d}z}\right)^2\mathrm{d}z = \boldsymbol{u}_e^{\mathrm{T}}\int_e\left(\frac{\mathrm{d}\boldsymbol{N}}{\mathrm{d}z}\right)\left(\frac{\mathrm{d}\boldsymbol{N}}{\mathrm{d}z}\right)^{\mathrm{T}}\mathrm{d}z\boldsymbol{u}_e \approx \boldsymbol{u}_e^{\mathrm{T}}(k_{ij})\boldsymbol{u}_e = \boldsymbol{u}_e^{\mathrm{T}}K_{1e}\boldsymbol{u}_e \tag{6.49}$$

式中，

$$\begin{aligned} K_{1e} &= \int_e\frac{\mathrm{d}N_i}{\mathrm{d}x}\frac{\mathrm{d}N_j}{\mathrm{d}x}\mathrm{d}x = \int_e\left(\frac{\mathrm{d}N_i}{\mathrm{d}\xi}\frac{\mathrm{d}\xi}{\mathrm{d}x}\right)\left(\frac{\mathrm{d}N_j}{\mathrm{d}\xi}\frac{\mathrm{d}\xi}{\mathrm{d}x}\right)|J|\mathrm{d}\xi \\ &= \int_e\left(\frac{\mathrm{d}N_i}{\mathrm{d}\xi}\frac{\mathrm{d}N_j}{\mathrm{d}\xi}\right)\frac{2}{h_e}\mathrm{d}\xi \\ &= \frac{2}{h_e}\int_{-1}^1\left(\frac{\mathrm{d}N_i}{\mathrm{d}\xi}\frac{\mathrm{d}N_j}{\mathrm{d}\xi}\right)\mathrm{d}\xi \end{aligned}$$

式中：$i, j = 1, 2, \cdots, m+1$。

单元积分 2：

$$-i\omega\mu\sigma_e\int_e u^2\mathrm{d}z = \boldsymbol{u}_e^{\mathrm{T}}\left(-i\omega\mu\sigma_e\int_e\boldsymbol{N}\boldsymbol{N}^{\mathrm{T}}\mathrm{d}z\right)\boldsymbol{u}_e = \boldsymbol{u}_e^{\mathrm{T}}(k_{ij})\boldsymbol{u}_e \approx \boldsymbol{u}_e^{\mathrm{T}}K_{2e}\boldsymbol{u}_e \tag{6.50}$$

式中，

$$\begin{aligned} \boldsymbol{K}_{2e} &= -i\omega\mu\sigma_e\int_e N_iN_j\mathrm{d}z = -i\omega\mu\sigma_e\int_{-1}^1 N_iN_j\frac{h_e}{2}\mathrm{d}\xi \\ &= -i\omega\mu\sigma_e\frac{h_e}{2}\int_{-1}^1 N_iN_j\mathrm{d}\xi \end{aligned}$$

变分问题(6.47)的最后一项

$$ku^2\big|_{z=z_N}=ku_{z_N}^2 \tag{6.51}$$

只与 $z_N$ 点的 $u$ 有关。

$\boldsymbol{K}_{1e}$ 和 $\boldsymbol{K}_{2e}$ 都是 $(m+1)\times(m+1)$ 的矩阵, 将它们扩展成 $n\times n$ ($n$ 是全体节点总数) 的矩阵:,

$$\int_e\left(\frac{\mathrm{d}u}{\mathrm{d}z}\right)^2\mathrm{d}z=\boldsymbol{u}_e^{\mathrm{T}}K_{1e}\boldsymbol{u}_e=\boldsymbol{u}^{\mathrm{T}}\overline{\boldsymbol{K}}_{1e}\boldsymbol{u},$$

$$-\mathrm{i}\omega\mu\sigma_e\int_e u^2\mathrm{d}z=\boldsymbol{u}_e^{\mathrm{T}}K_{2e}\boldsymbol{u}_e=\boldsymbol{u}^{\mathrm{T}}\overline{\boldsymbol{K}}_{2e}\boldsymbol{u}$$

其中 $\boldsymbol{u}$ 是由全体节点的 $u$ 组成的列向量; $\overline{\boldsymbol{K}}_{1e}$, $\overline{\boldsymbol{K}}_{2e}$ 分别是 $\boldsymbol{K}_{1e}$, $\boldsymbol{K}_{2e}$ 的扩展矩阵。因为 $z=z_N$ 是最后一个节点, 所以将式 (6.51) 扩展成

$$ku_{z_N}^2=\boldsymbol{u}^{\mathrm{T}}\boldsymbol{K}_3\boldsymbol{u}$$

其中

$$\boldsymbol{K}_3=\begin{bmatrix}0&0&\cdots&0\\0&0&\cdots&0\\\vdots&\vdots&&\vdots\\0&0&\cdots&k\end{bmatrix}$$

接下来, 将各单元的扩展矩阵相加, 得

$$F(u)=\int_0^{z_N}\left[\left(\frac{\mathrm{d}u}{\mathrm{d}z}\right)^2-\mathrm{i}\omega\mu\sigma u^2\right]\mathrm{d}z+ku_{z_N}^2$$

$$=\boldsymbol{u}^{\mathrm{T}}\left(\sum\boldsymbol{K}_{1e}+\sum\boldsymbol{K}_{2e}+\boldsymbol{K}_3\right)\boldsymbol{u}=\boldsymbol{u}^{\mathrm{T}}\boldsymbol{K}\boldsymbol{u}$$

对 $F(u)$ 求变分, 得

$$\boldsymbol{K}\boldsymbol{u}=\boldsymbol{0}$$

将电场所满足的上边界条件代入上面的方程组, 则有

$$\boldsymbol{K}\boldsymbol{u}=\boldsymbol{P} \tag{6.52}$$

求解线性方程组 (6.52) 即可得到各节点处的电场值, 进一步便可以计算一维模型的视电阻率和相位。

### 4. 大地电磁响应计算

计算出各节点的 $u$ 值后, 再利用数值方法求出场值沿垂向的偏导数 $\frac{\partial u}{\partial z}$, 即大地电磁辅助场 $\frac{\partial E_x}{\partial z}$, 代入下式便可计算视电阻率和相位:

$$\begin{cases}Z_{1D}=E_x\bigg/\left(\frac{1}{\mathrm{i}\omega\mu}\frac{\partial E_x}{\partial z}\right)\\\rho_a=\frac{1}{\omega\mu}|Z_{1D}|^2\\\text{phase}=\arctan\dfrac{\mathrm{Im}[Z_{1D}]}{\mathrm{Re}[Z_{1D}]}\end{cases} \tag{6.53}$$

为了提高视电阻率的计算精度, 通过节点微分矩阵来计算偏导数。对于拉格朗日插值函数:

$$N_i(\xi) = \frac{(\xi - \xi_1)(\xi - \xi_2)\cdots(\xi - \xi_{i-1})(\xi - \xi_{i+1})\cdots(\xi - \xi_{m+1})}{(\xi_i - \xi_1)(\xi_i - \xi_2)\cdots(\xi_i - \xi_{i-1})(\xi_i - \xi_{i+1})\cdots(\xi_i - \xi_{m+1})}$$

其节点微分矩阵可表示为

$$d_{ij} = \left[\frac{dN_i(\xi)}{d\xi}\right]\Bigg|_{\xi = \xi_j} \tag{6.54}$$

式中：$i, j = 1, 2, \cdots, m+1$。

根据复合函数求导 $\dfrac{du(z)}{dz} = \dfrac{dN(\xi)}{d\xi}\dfrac{d\xi}{dz} = \dfrac{2}{h_e}\dfrac{dN(\xi)}{d\xi}$，可以实现大地电磁辅助场计算。

下面，我们给出计算节点微分矩阵的 MATLAB 程序：

```
function [dm] = gen1D_dm(m)
% 计算节点微分矩阵
[P] = gll(m);
if(m==1)
    L1 = @(x) (x- P(2))/(P(1)- P(2));
    L2 = @(x) (x- P(1))/(P(2)- P(1));
    Lu = {L1,L2};
    L1_d = @(x) 1/(P(1)- P(2));
    L2_d = @(x) 1/(P(2)- P(1));
    Lu_d = {L1_d, L2_d};
elseif(m==2)
    L1 = @(x) (x- P(2))*(x- P(3))/((P(1)- P(2))*(P(1)- P(3)));
    L2 = @(x) (x- P(1))*(x- P(3))/((P(2)- P(1))*(P(2)- P(3)));
    L3 = @(x) (x- P(1))*(x- P(2))/((P(3)- P(1))*(P(3)- P(2)));
    Lu = {L1,L2,L3};
    L1_d = @(x) ((x- P(3))+(x- P(2)))/((P(1)- P(2))*(P(1)- P(3)));
    L2_d = @(x) ((x- P(3))+(x- P(1)))/((P(2)- P(1))*(P(2)- P(3)));
    L3_d = @(x) ((x- P(2))+(x- P(1)))/((P(3)- P(1))*(P(3)- P(2)));
    Lu_d = {L1_d, L2_d, L3_d};
elseif(m==3)
    L1 = @(x) (x- P(2))*(x- P(3))*(x- P(4))/((P(1)- P(2))*(P(1)- P(3))*(P(1)- P(4)));
    L2 = @(x) (x- P(1))*(x- P(3))*(x- P(4))/((P(2)- P(1))*(P(2)- P(3))*(P(2)- P(4)));
    L3 = @(x) (x- P(1))*(x- P(2))*(x- P(4))/((P(3)- P(1))*(P(3)- P(2))*(P(3)- P(4)));
    L4 = @(x) (x- P(1))*(x- P(3))*(x- P(2))/((P(4)- P(1))*(P(4)- P(3))*(P(4)- P(2)));
    Lu = {L1,L2,L3,L4};
    L1_d = @(x) ((x- P(2))*(x- P(3)) + (x- P(2))*(x- P(4)) +(x- P(3))*(x- P(4)))...
        /((P(1)- P(2))*(P(1)- P(3))*(P(1)- P(4)));
    L2_d = @(x) ((x- P(1))*(x- P(3)) + (x- P(1))*(x- P(4)) +(x- P(3))*(x- P(4)))...
        /((P(2)- P(1))*(P(2)- P(3))*(P(2)- P(4)));
    L3_d = @(x) ((x- P(1))*(x- P(2)) + (x- P(1))*(x- P(4)) +(x- P(2))*(x- P(4)))...
```

```
                    /((P(3)- P(1))*(P(3)- P(2))*(P(3)- P(4)));
            L4_d=@(x) ((x- P(1))*(x- P(2)) + (x- P(1))*(x- P(3)) +(x- P(2))*(x- P(3)))...
                    /((P(4)- P(1))*(P(4)- P(2))*(P(4)- P(3)));
            Lu_d={L1_d, L2_d, L3_d, L4_d};
    elseif(m==4)
            L1=@(x) (x- P(2))*(x- P(3))*(x- P(4))*(x- P(5))...
                    /((P(1)- P(2))*(P(1)- P(3))*(P(1)- P(4))*(P(1)- P(5)));
            L2=@(x) (x- P(1))*(x- P(3))*(x- P(4))*(x- P(5))...
                    /((P(2)- P(1))*(P(2)- P(3))*(P(2)- P(4))*(P(2)- P(5)));
            L3=@(x) (x- P(1))*(x- P(2))*(x- P(4))*(x- P(5))...
                    /((P(3)- P(1))*(P(3)- P(2))*(P(3)- P(4))*(P(3)- P(5)));
            L4=@(x) (x- P(1))*(x- P(2))*(x- P(3))*(x- P(5))...
                    /((P(4)- P(1))*(P(4)- P(2))*(P(4)- P(3))*(P(4)- P(5)));
            L5=@(x) (x- P(1))*(x- P(2))*(x- P(3))*(x- P(4))...
                    /((P(5)- P(1))*(P(5)- P(2))*(P(5)- P(3))*(P(5)- P(4)));
            Lu={L1,L2,L3,L4 L5};
            L1_d=@(x) ((x- P(3))*(x- P(4))*(x- P(5))+(x- P(2))*(x- P(4))*(x- P(5))+(x- P(2))...
                    *(x- P(3))*(x- P(5))+(x- P(2))*(x- P(3))*(x- P(4)))/((P(1)- P(2))*...
                    (P(1)- P(3))*(P(1)- P(4))*(P(1)- P(5)));
            L2_d=@(x) ((x- P(3))*(x- P(4))*(x- P(5))+(x- P(1))*(x- P(4))*(x- P(5))+(x- P(1))...
                    *(x- P(3))*(x- P(5))+(x- P(1))*(x- P(3))*(x- P(4)))/((P(2)- P(1))*...
                    (P(2)- P(3))*(P(2)- P(4))*(P(2)- P(5)));
            L3_d=@(x) ((x- P(1))*(x- P(4))*(x- P(5))+(x- P(2))*(x- P(4))*(x- P(5))+(x- P(2))...
                    *(x- P(1))*(x- P(5))+(x- P(2))*(x- P(1))*(x- P(4)))/((P(3)- P(1))*...
                    (P(3)- P(2))*(P(3)- P(4))*(P(3)- P(5)));
            L4_d=@(x) ((x- P(3))*(x- P(1))*(x- P(5))+(x- P(2))*(x- P(1))*(x- P(5))+(x- P(2))...
                    *(x- P(3))*(x- P(5))+(x- P(2))*(x- P(3))*(x- P(1)))/((P(4)- P(1))*...
                    (P(4)- P(2))*(P(4)- P(3))*(P(4)- P(5)));
            L5_d=@(x) ((x- P(3))*(x- P(4))*(x- P(1))+(x- P(2))*(x- P(4))*(x- P(1))+(x- P(2))...
                    *(x- P(3))*(x- P(1))+(x- P(2))*(x- P(3))*(x- P(4)))/((P(5)- P(1))*...
                    (P(5)- P(2))*(P(5)- P(3))*(P(5)- P(4)));
            Lu_d={L1_d, L2_d, L3_d, L4_d, L5_d};
    end
    dm=zeros(m+1,m+1);
    for Ix=1:(m+1)
            for Iy=1:(m+1)
                    dm(Ix,Iy)=Lu_d{Ix}(P(Iy));
            end
    end
end
```

## 6.2.2　程序设计与结果验证

根据上一节推导的算法，下面给出谱元法计算一维大地电磁响应的 MATLAB 程序代码，主程序如下：

```
function [Ex,rho_a,phase]=MT1D_SEM(xe, m, S, fre)
% 输入参数
% xe：      计算区域的单元剖分向量
% m：       每个单元的 gll 网格点数
% S：       电导率
% fre：     计算频率
% 输出参数
% Ex：      电场
% rho_a：   视电阻率
% phase：   相位
mu = 4e-7*pi;
[x,ME]=mesh1d_gll(xe,m);
ng = length(x);
ne=length(xe)-1;
for k=1:ne
    h(k) = xe(k+1)-xe(k);
end
[A, B] = gen1D_Ke_Gauss_Lobatto(m);        % Gauss-Lobatto 数值积分
%[A, B] = gen1D_Ke_Gauss_Legendre(m);     % Gauss-Legendre 数值积分
for nf=1:length(fre)
    omega = 2*pi*fre(nf);
    K    = zeros(ng,ng);
    K1   = zeros(ng,ng);
    K2   = zeros(ng,ng);
    K3   = zeros(ng,ng);
    P    = zeros(ng,1);
    for iel=1:ne
        K1e = 2.0*A/h(iel);
        K2e = 0.5*h(iel)*B;
        for i=1:m+1
            ii= ME(iel,i);
            for j=1:m+1
                jj = ME(iel,j);
                K1(ii,jj)= K1(ii,jj)+K1e(i,j);
                K2(ii,jj)= K2(ii,jj)+(-sqrt(-1)*omega*mu*S(iel))*K2e(i,j);
```

```
            end
        end
    end
    K3(end,end)=sqrt(- sqrt(- 1)*omega*mu*S(ne));
    K=K1+K2+K3;
    K(1,1)=K(1,1)*10^10;
    P(1)   =K(1,1)*1;
    Ex(:,nf)=K\P;      % 线性方程组求解- - 直接法
    % 计算视电阻率和相位
    Ex_g=Ex(1,nf);
    dE_dz=gen1D_dm(m); % 节点微分矩阵
    dE_dz=dE_dz(:,1);
    Hy_g=(2/h(1))*dE_dz(:,1)'*Ex(1:m+1,nf)/(sqrt(- 1)*mu*omega);
    rho_a(nf)=abs(Ex_g/Hy_g(1))^2/mu/omega;
    phase(nf)=- atan(imag(Ex_g/Hy_g)/real(Ex_g/Hy_g))*180/pi;
end
```

采用上述代码计算电导率为 0.1 S/m 的均匀半空间模型,将计算区域的长度设置为 10000 m。采用谱元法进行数值计算,我们将计算区域均匀剖分为 1000 个单元,并取单元 GLL 网格点数 $m=4$。图 6.2 给出了频率为 10 Hz 和 1 Hz 时电场随频率衰减变化的情况,结果与图 6.1 所示的衰减规律一致。同时,当频率为 10 Hz 时,模拟得到的视电阻率为 9.99999999264773 Ω·m;当频率为 1 Hz 时,模拟得到的视电阻率为 9.99999999993811 Ω·m。

图 6.2　电导率为 0.1 S/m 的均匀半空间中电场的谱元法数值解

## 6.2.3 一维模型试算分析

选取二层 G 型地电模型，其模型参数为 $\sigma_1 = 0.1\ S/m$，$\sigma_2 = 0.01\ S/m$ 和 $h_1 = 1000\ m$，如图 6.3 所示。采用谱元法进行正演近似计算，将计算区域的长度设置为 2000 m，利用 200 个均匀网格进行剖分，并取单元 GLL 网格点数 $m = 4$。

图 6.4 给出了谱元法计算 G 型模型所得的视电阻率和相位曲线，两曲线均与理论值曲线吻合得较好，这里的单元 GLL 网格点数 $m = 4$。

图 6.3 二层 G 型地电模型

(a) 视电阻率

(b) 相位

图 6.4 G 型地电模型一维谱元法计算结果与理论值对比

## 6.3 大地电磁二维正演的谱元法

### 6.3.1 边值问题

根据式(6.37)和式(6.38)可知,二维地电模型中 $E_x$ 和 $H_x$ 满足的偏微分方程为(柳建新等,2012)

$$\frac{\partial}{\partial y}\left(\frac{1}{\mathrm{i}\omega\mu}\frac{\partial E_x}{\partial y}\right) + \frac{\partial}{\partial z}\left(\frac{1}{\mathrm{i}\omega\mu}\frac{\partial E_x}{\partial z}\right) + \sigma E_x = 0 \tag{6.55}$$

$$\frac{\partial}{\partial y}\left(\frac{1}{\sigma}\frac{\partial H_x}{\partial y}\right) + \frac{\partial}{\partial z}\left(\frac{1}{\sigma}\frac{\partial H_x}{\partial z}\right) + \mathrm{i}\omega\mu H_x = 0 \tag{6.56}$$

式(6.55)和式(6.56)可统一表示成

$$\nabla \cdot (\tau \nabla u) + \lambda u = 0 \tag{6.57}$$

对于 TE 极化模式,有

$$u = E_x, \quad \tau = \frac{1}{\mathrm{i}\omega\mu}, \quad \lambda = \sigma \tag{6.58}$$

对于 TM 极化模式,有

$$u = H_x, \quad \tau = \frac{1}{\sigma}, \quad \lambda = \mathrm{i}\omega\mu \tag{6.59}$$

为了求解亥姆霍兹方程(6.57),我们还必须给出相应的边界条件,如图6.5所示。

图6.5 二维地电模型的边界条件示意图

#### 1. TE 极化模式的外边界条件

(1)上边界 $AB$,即 $z = z_{min}$,离地面足够远,使异常场在 $z_{min}$ 上为零,以该处的 $u$ 为1单位,则有

$$u\big|_{z=z_{min}} = 1 \tag{6.60}$$

(2)下边界 $CD$,即 $z = z_{max}$,以下为均质岩石,局部不均匀体的异常场在 $z_{max}$ 上为零,电磁

波在 $z_{max}$ 以下的传播方程为

$$u = u_0 e^{-kz} \tag{6.61}$$

式中：$u_0$ 是常数、$k = \sqrt{-i\omega\mu\sigma}$，$\sigma$ 是 $z_{max}$ 以下岩石的电导率。

式(6.61)对 $u$ 求偏导，即得 $z_{max}$ 处的边界条件为

$$\left( \frac{\partial u}{\partial z} + ku \right)\Big|_{z=z_{max}} = 0 \tag{6.62}$$

(3)取左边界 $y = y_{min}$、右边界 $y = y_{max}$ 离局部不均匀体足够远，电磁场在 $y_{min}$、$y_{max}$ 上左右对称，其边界条件是

$$\frac{\partial u}{\partial y}\Big|_{y=y_{min}} = \frac{\partial u}{\partial y}\Big|_{y=y_{max}} = 0 \tag{6.63}$$

**2.TM 极化模式外边界条件**

(1)上边界 $AB$，即 $z = z_{min}$，直接取在地面上，并以该处的 $u$ 为 1 单位，则有

$$u\big|_{z=z_{min}} = 1 \tag{6.64}$$

(2)下边界 $CD$，即 $z = z_{max}$，其边界条件同 TE 极化模式。

(3)左、右边界 $y = y_{min}$ 和 $y = y_{max}$ 的边界条件，同 TE 极化模式。

综合以上讨论，大地电磁二维正演的边值问题归纳为

$$\begin{cases} \nabla \cdot (\tau \nabla u) + \lambda u = 0 \\ u\big|_{z=z_{min}} = 1 \\ \dfrac{\partial u}{\partial y}\Big|_{y=y_{min}} = \dfrac{\partial u}{\partial y}\Big|_{y=y_{max}} = 0 \\ \left( \dfrac{\partial u}{\partial z} + ku \right)\Big|_{z=z_{max}} = 0 \end{cases} \tag{6.65}$$

## 6.3.2 二维谱元正演算法

边值问题(6.65)对应的变分问题为

$$\begin{cases} F(u) = \int \left[ \dfrac{1}{2}\tau(\nabla u)^2 - \dfrac{1}{2}\lambda u^2 \right] d\Omega + \int_{CD} \dfrac{1}{2}\tau ku^2 d\Gamma = \min \\ u\big|_{AB} = 1 \end{cases} \tag{6.66}$$

采用矩形单元将整个区域 $\Omega$ 剖分(图 6.6)，并给每个单元的电阻率 $\rho = 1/\sigma$ 赋值。

采用拉格朗日插值公式：

$$L_i(\xi) = \frac{(\xi-\xi_1)\cdots(\xi-\xi_{i-1})(\xi-\xi_{i+1})\cdots(\xi-\xi_{m+1})}{(\xi_i-\xi_1)\cdots(\xi_i-\xi_{i-1})(\xi_i-\xi_{i+1})\cdots(\xi_i-\xi_{m+1})} \tag{6.67}$$

$$M_j(\eta) = \frac{(\eta-\eta_1)\cdots(\eta-\eta_{j-1})(\eta-\eta_{j+1})\cdots(\eta-\eta_{m+1})}{(\eta_j-\eta_1)\cdots(\eta_j-\eta_{j-1})(\eta_j-\eta_{j+1})\cdots(\eta_j-\eta_{m+1})} \tag{6.68}$$

式(6.67)和式(6.68)中：$\xi_i$ 和 $\eta_j$ 为 GLL 节点值，且 $i, j = 1, 2, \cdots, m+1$。

于是，构造的形函数可以表示为

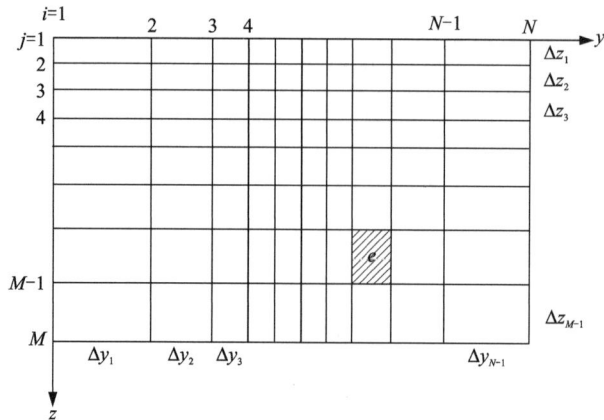

图 6.6　研究区域矩形网格剖分示意图

$$N_k(\xi,\,\eta) = \frac{(\xi-\xi_1)\cdots(\xi-\xi_{i-1})(\xi-\xi_{i+1})\cdots(\xi-\xi_{m+1})}{(\xi_i-\xi_1)\cdots(\xi_i-\xi_{i-1})(\xi_i-\xi_{i+1})\cdots(\xi_i-\xi_{m+1})}\cdot$$

$$\frac{(\eta-\eta_1)\cdots(\eta-\eta_{j-1})(\eta-\eta_{j+1})\cdots(\eta-\eta_{m+1})}{(\eta_j-\eta_1)\cdots(\eta_j-\eta_{j-1})(\eta_j-\eta_{j+1})\cdots(\eta_j-\eta_{m+1})} \tag{6.69}$$

式中：$k=1,\,2,\,\cdots,\,(m+1)\times(m+1)$。

若采用矩形网格将计算区域进行剖分，利用拉格朗日插值构造形函数后，子单元与母单元之间的坐标变换关系为

$$y=y_0+\frac{A}{2}\xi,\ z=z_0+\frac{B}{2}\eta \tag{6.70}$$

式中：$(y_0,\,z_0)$ 为子单元的中点，$A$、$B$ 为子单元的两个边长。两个单元的微分关系为

$$\mathrm{d}y=\frac{A}{2}\mathrm{d}\xi,\ \mathrm{d}z=\frac{B}{2}\mathrm{d}\eta,\ \mathrm{d}y\mathrm{d}z=\frac{AB}{4}\mathrm{d}\xi\mathrm{d}\eta \tag{6.71}$$

将式(6.66)中的区域积分分解为各单元积分之和：

$$F(u)=\int\left[\frac{1}{2}\tau(\nabla u)^2-\frac{1}{2}\lambda u^2\right]\mathrm{d}\Omega+\int_{CD}\frac{1}{2}\tau k u^2\mathrm{d}\Gamma$$

$$=\sum\int_e\frac{1}{2}\tau(\nabla u)^2\mathrm{d}\Omega-\sum\int_e\frac{1}{2}\lambda u^2\mathrm{d}\Omega+\sum\int\frac{1}{2}\tau k u^2\mathrm{d}\Gamma \tag{6.72}$$

上式右侧最后一项只对底边界上的单元进行积分。

单元积分 1：

$$\int_e\frac{1}{2}\tau(\nabla u)2\mathrm{d}\Omega=\int_e\frac{1}{2}\tau\left[\left(\frac{\partial u}{\partial y}\right)^2+\left(\frac{\partial u}{\partial z}\right)^2\right]\mathrm{d}y\mathrm{d}z$$

$$=\frac{1}{2}\boldsymbol{u}_e^{\mathrm{T}}(k_{ij})\boldsymbol{u}_e=\frac{1}{2}\boldsymbol{u}_e^{\mathrm{T}}\boldsymbol{K}_{1e}\boldsymbol{u}_e \tag{6.73}$$

式中 $\boldsymbol{K}_{1e}=(k_{ij})$，$i,\,j=1,\,2,\,\cdots,\,(m+1)\times(m+1)$，且有：

$$k_{ij} = \int_e \tau \left[ \left( \frac{\partial N_i}{\partial \xi} \frac{\partial \xi}{\mathrm{d}y} \right) \left( \frac{\partial N_j}{\partial \xi} \frac{\partial \xi}{\partial y} \right) + \left( \frac{\partial N_i}{\partial \eta} \frac{\partial \eta}{\partial z} \right) \left( \frac{\partial N_j}{\partial \eta} \frac{\partial \eta}{\partial z} \right) \right] \frac{AB}{4} \mathrm{d}\xi \mathrm{d}\eta$$

$$= \int_{-1}^1 \int_{-1}^1 \tau \frac{\partial N_i}{\partial \xi} \frac{\partial N_j}{\partial \xi} \frac{B}{A} \mathrm{d}\xi \mathrm{d}\eta + \int_{-1}^1 \int_{-1}^1 \tau \frac{\partial N_i}{\partial \eta} \frac{\partial N_j}{\partial \eta} \frac{A}{B} \mathrm{d}\xi \mathrm{d}\eta$$

单元积分 2：

$$\int_e \frac{1}{2} \lambda u^2 \mathrm{d}\Omega = \int_e \frac{1}{2} \lambda u^2 \mathrm{d}y\mathrm{d}z = \frac{1}{2} \boldsymbol{u}_e^{\mathrm{T}} (k_{ij}) \boldsymbol{u}_e = \frac{1}{2} \boldsymbol{u}_e^{\mathrm{T}} \boldsymbol{K}_{2e} \boldsymbol{u}_e \tag{6.74}$$

式中：$\boldsymbol{K}_{2e} = (k_{ij})$，$i, j = 1, 2, \cdots, (m+1) \times (m+1)$，且有：

$$k_{ij} = \int_e \lambda N_i N_j |J| \mathrm{d}\xi \mathrm{d}\eta = \lambda \frac{AB}{4} \int_{-1}^1 \int_{-1}^1 N_i N_j \mathrm{d}\xi \mathrm{d}\eta$$

单元积分 3：

式(6.72)右侧最后一项只对下边界 $CD$ 进行线积分。假设单元的 $\overline{12}$ 边落在下边界上，则有

$$\int_{\overline{12}} \frac{1}{2} \tau k u^2 \mathrm{d}\varGamma = \frac{1}{2} \boldsymbol{u}_e^{\mathrm{T}} (k_{ij}) \boldsymbol{u}_e = \frac{1}{2} \boldsymbol{u}_e^{\mathrm{T}} \boldsymbol{K}_{3e} \boldsymbol{u}_e \tag{6.75}$$

这里的线积分运算可以调用函数 gen1D_Ke_Gauss_Lobatto 或 gen1D_Ke_Gauss_Legendre。

$\boldsymbol{K}_{1e}$，$\boldsymbol{K}_{2e}$ 和 $\boldsymbol{K}_{3e}$ 都是 $(m+1) \times (m+1)$ 的矩阵，将它们扩展成全体节点的矩阵 $\overline{K}_{1e}$，$\overline{K}_{2e}$，$\overline{K}_{3e}$。然后将各单元的扩展矩阵相加，则式(6.72)变成

$$F(u) = \sum \int_e \frac{1}{2} \tau (\nabla u)^2 \mathrm{d}\Omega - \sum \int_e \frac{1}{2} \lambda u^2 \mathrm{d}\Omega + \sum \int \frac{1}{2} \tau k u^2 \mathrm{d}\varGamma$$

$$= \frac{1}{2} \boldsymbol{u}^{\mathrm{T}} \left( \sum \overline{K}_{1e} - \sum \overline{K}_{2e} + \sum \overline{K}_{3e} \right) \boldsymbol{u} \tag{6.76}$$

$$= \frac{1}{2} \boldsymbol{u}^{\mathrm{T}} \boldsymbol{K} \boldsymbol{u}$$

对式(6.76)求变分，得

$$\delta F(u) = \delta \boldsymbol{u}^{\mathrm{T}} \boldsymbol{K} \boldsymbol{u} = 0$$

由 $\delta \boldsymbol{u}$ 的任意性，得

$$\boldsymbol{K} \boldsymbol{u} = 0 \tag{6.77}$$

求解线性方程组(6.77)之前，将上边界 $AB$ 的第一类边界值代入。解线性方程组后，得各节点的 $u$，其代表各节点的电场值或磁场值。

## 6.3.3　大地电磁响应计算

计算出各节点的 $u$ 值后，再利用节点微分矩阵求出场值沿垂向的偏导数 $\frac{\partial u}{\partial z}$，它相当于大地电磁辅助场 $\frac{\partial E_x}{\partial z}$ 或 $\frac{\partial H_x}{\partial z}$，代入以下两式便可计算视电阻率和阻抗相位。

对于 TE 极化模式，有

$$\begin{cases} Z_{TE} = E_x \Big/ \left( \dfrac{1}{i\omega\mu} \dfrac{\partial E_x}{\partial z} \right) \\[3mm] \rho_a^{TE} = \dfrac{1}{\omega\mu} \mid Z_{TE} \mid^2 \\[3mm] \varphi^{TE} = \arctan \dfrac{\text{Im}\left[ Z_{TE} \right]}{\text{Re}\left[ Z_{TE} \right]} \end{cases} \tag{6.78}$$

对于 TM 极化模式，有

$$\begin{cases} Z_{TM} = -\dfrac{1}{\sigma} \dfrac{\partial H_x}{\partial z} \Big/ H_x \\[3mm] \rho_a^{TM} = \dfrac{1}{\omega\mu} \mid Z_{TM} \mid^2 \\[3mm] \varphi^{TM} = \arctan \dfrac{\text{Im}\left[ Z_{TM} \right]}{\text{Re}\left[ Z_{TM} \right]} \end{cases} \tag{6.79}$$

### 6.3.4  程序设计

利用二维谱元法计算过程中，设计的单元编号次序如图 6.7 所示。

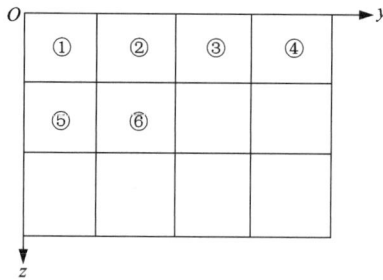

图 6.7  矩形单元插值的单元编号示意图

下面根据 6.3.3 节推导的正演算法，给出谱元法计算二维模型大地响应 MATLAB 程序代码。

### 1. TM 极化模式

```
function [Hx,rho_a,phase] = MT2DTM_SEM(ye,ze,rho,fre,m)
% 输入参数
% ye：      计算区域的横向网格剖分向量
% ze：      计算区域的纵向网格剖分向量
% rho：     电阻率(电导率的倒数)向量
% fre：     频率
% m：       每个单元的 gll 网格点数
% 输出参数
% Hx：      磁场
% rho_a：   视电阻率
```

```
% phase：阻抗相位
mu =4e- 7*pi;
[y,z,ME] =mesh2d_gll(ye,ze,m);
NP = length(y);
DY =diff(ye);
DZ =diff(ze);
NY =length(DY);
NZ =length(DZ);
NE =NY*NZ;
%网格单元的长、宽
for i=1:NZ
    DA(1+(i- 1)*NY:NY+(i- 1)*NY)=DY;
    DB(1+(i- 1)*NY:NY+(i- 1)*NY)=DZ(i);
end
[A1, A2, B] = gen2D_Ke_Gauss_Lobatto(m);        % Gauss_Lobatto 数值积分
%[A1, A2, B] = gen2D_Ke_Gauss_Legendre(m);   % Gauss_Legendre 数值积分
for nf=1:size(fre,2)
    K1 =zeros(NP,NP);K2 =zeros(NP,NP);K3 =zeros(NP,NP);P  =zeros(NP,1);
    omega =2*pi*fre(nf);
    %生成 K1、K2 矩阵
    for h=1:NE
        K1e =(DB(h)/DA(h))*A1+(DA(h)/DB(h))*A2;
        K2e =(DA(h)*DB(h)/4)*B;
        for j=1:(m+1)*(m+1)
            NJ =ME(j,h);
            for k=1:(m+1)*(m+1)
                NK =ME(k,h);
                K1(NJ,NK)=K1(NJ,NK)+K1e(j,k)*rho(h);
                K2(NJ,NK)=K2(NJ,NK)+K2e(j,k)*sqrt(- 1)*omega*mu;
            end
        end
    end
    %生成 K3 矩阵- - 下边界
    for h1 =NE- NY+1:NE
        n=1;
        for i=m*(m+1)+1:(m+1)*(m+1)
            ip(n)=ME(i,h1);
            n=n+1;
        end
```

```
kn=sqrt(- sqrt(- 1)*omega*mu*rho(h1));
[~, K1d_e] = gen1D_Ke(m);
K1d_e=(kn*DA(h1)/2)*K1d_e;
for i=1:m+1
    for j=1:m+1
        K3(ip(i),ip(j))=K3(ip(i),ip(j))+K1d_e(i,j);
    end
end
end
%生成总体系数矩阵
v=(K1- K2+K3);
%上边界条件
for i=1:NY
    for j=1:m+1
        h=ME(j,i);
        v(h,h)=v(h,h)*10^10;
        P(h)=v(h,h)*1;
    end
end
%线形方程组求解
Hx(:,nf)=v\P;
yg=mesh1d_gll(ye,m);
zg=mesh1d_gll(ze,m);
[y_new,z_new]=meshgrid(yg,zg);
Hx_new(:,:,nf)=griddata(y,z,Hx(:,nf),y_new,z_new,'v4');
for i=1:length(yg)
    Hx_g(i,nf)=Hx_new(1,i,nf);
    dH_dz=gen1D_dm(m); % 节点微分矩阵
    Ey_g(i,nf)=- rho(floor(i/(m+1)+1))*(2/DZ(1))...
        *dH_dz(:,1)'*Hx_new(1:m+1,i,nf);
    Z(i,nf)=Ey_g(i,nf)/Hx_g(i,nf);
    rho_a(i,nf)=(abs(Z(i,nf)))^2/(omega*mu);          % 视电阻率
    phase(i,nf)=- atan(imag(Z(i,nf))/real(Z(i,nf)))*180/pi;   % 阻抗相位
end
end
```

### 2. TE 极化模式

```
function [Ex,rho_a,phase]=MT2DTE_SEM(ye,ze_air,ze_ground,rho,fre,m)
% 输入参数
```

% ye：　　　　计算区域的横向网格剖分向量
% ze_air:　　　计算区域的纵向空气层网格剖分向量
% ze_ground:　计算区域的纵向地下介质网格剖分向量
% rho：　　　　电阻率(电导率的倒数)向量
% fre：　　　　频率
% m:　　　　　每个单元的 gll 网格点数
% 输出参数
% Ex：　　　　电场
% rho_a：　　　视电阻率
% phase：　　　阻抗相位
mu＝(4e-7)*pi;
DY＝diff(ye);
DZA＝diff(ze_air);
DZB＝diff(ze_ground);
DZ＝［DZA DZB］;
ze＝［ze_air ze_ground(2:end)］;
NY＝length(DY);
NZA＝length(DZA);
NZ＝length(DZ);
NE＝NY*NZ;% 单元总数
［y,z,ME］＝mesh2d_gll(ye,ze,m);
NP＝ length(y);
% 网格单元的长与宽
for i＝1:NZ
　　DA(1+(i-1)*NY:NY+(i-1)*NY)＝DY;
　　DB(1+(i-1)*NY:NY+(i-1)*NY)＝DZ(i);
end
［A1, A2, B］＝gen2D_Ke_Gauss_Lobatto(m);　　　　% Gauss_Lobatto 数值积分
%［A1, A2, B］＝gen2D_Ke_Gauss_Legendre(m);　% Gauss_Legendre 数值积分
for nf＝1:size(fre,2)
　　K1＝zeros(NP,NP);
　　K2＝zeros(NP,NP);
　　K3＝zeros(NP,NP);
　　P ＝zeros(NP,1);
　　omega＝2*pi*fre(nf);
　　% mm＝1/(sqrt(-1)*omega*mu);
　　% 生成 K1、K2 矩阵
　　for h＝1:NE
　　　　K1e＝A1*DB(h)/DA(h)+A2*DA(h)/DB(h);

```
        K2e=B*DA(h)*DB(h)/4;
        for j=1:(m+1)*(m+1)
            NJ=ME(j,h);
            for k=1:(m+1)*(m+1)
                NK=ME(k,h);
                K1(NJ,NK)=K1(NJ,NK)+K1e(j,k)/(sqrt(-1)*omega*mu);
                K2(NJ,NK)=K2(NJ,NK)+K2e(j,k)/(rho(h));
            end
        end
end
%生成 K3 矩阵--下边界
for h1=NE-NY+1:NE
    n=1;
    for i=m*(m+1)+1:(m+1)*(m+1)
        ip(n)=ME(i,h1);
        n=n+1;
    end
    kn=-sqrt(-1/(sqrt(-1)*omega*mu*rho(h1)));
    [~,K1d_e] = gen1D_Ke(m);
    K1d_e=(kn*DA(h1)/2)*K1d_e;
    for i=1:m+1
        for j=1:m+1
            K3(ip(i),ip(j))=K3(ip(i),ip(j))+K1d_e(i,j);
        end
    end
end
%生成总体系数矩阵
v=K1-K2+K3;
%上边界条件
for i=1:NY
    for j=1:m+1
        h=ME(j,i);
        v(h,h)=v(h,h)*10^10;
        P(h)=v(h,h)*1;
    end
end
%线形方程组求解
Ex(:,nf)=v\P;
yg=mesh1d_gll(ye,m);
```

```
zg＝mesh1d_gll(ze,m);
[y_new,z_new]＝meshgrid(yg,zg);
Ex_new(:,:,nf)＝griddata(y,z,Ex(:,nf),y_new,z_new,'v4');
% 计算视电阻率和阻抗相位
Ex_g(nf,:)＝Ex_new(NZA*m+1,:,nf);
dE_dz＝gen1D_dm(m);  % 节点微分矩阵
Hy_g(nf,:)＝(2/DZB(1))*dE_dz(:,1)'...
    *Ex_new(NZA*m+1:NZA*m+m+1,:,nf)/(sqrt(-1)*omega*mu);
Z(nf,:)＝Ex_g(nf,:)./Hy_g(nf,:);
rho_a(nf,:)＝(abs(Z(nf,:))).^2/(omega*mu);          % 视电阻率
phase(nf,:)＝-atan(imag(Z(nf,:))./real(Z(nf,:)))*180/pi;   % 阻抗相位
end
```

## 6.3.5　正演结果验证

### 1. 均匀半空间模型

选取一个均匀半空间模型，电导率取为 $0.1$ S/m。采用谱元法计算 TM 极化模式的大地电磁响应，取计算区域的长度为 $10$ km、宽度为 $2$ km，横向和纵向剖分单元长度均取为 $100$ m，取单元 GLL 网格点数 $m=4$。图 6.8 为 TM 极化模式下频率为 $10$ Hz 和 $1$ Hz 时模拟的磁场衰减变化情况，结果与理论衰减规律一致，从而验证了谱元法正演程序的正确性。

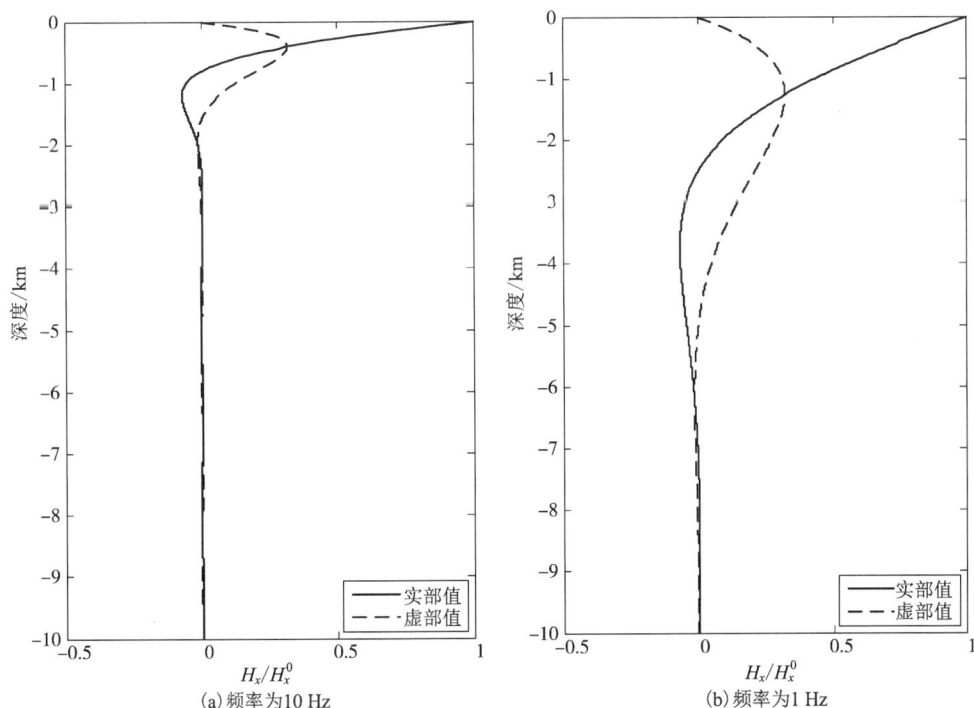

(a) 频率为10 Hz　　　(b) 频率为1 Hz

**图 6.8　均匀半空间模型中磁场的谱元法数值解**

### 2. 层状介质模型

选取二层 G 型地电模型，其模型参数为 $\sigma_1 = 0.1$ S/m、$\sigma_2 = 0.01$ S/m 和 $h_1 = 1000$ m，如图 6.3 所示。利用谱元法计算大地电磁响应，分别对 TE 极化模式和 TM 极化模式采用 $20\times 30$(其中空气层 7 个单元)和 $20\times 23$ 的非均匀剖分单元，延伸的空气层为 10000 m，并取单元 GLL 网格点数 $m=4$。图 6.9 给出了二维谱元法计算 G 型模型所得的视电阻率和相位曲线，并将计算结果分别与理论解析解作了对比。从图上可以看出：在 $10^{-3} \sim 10^4$ Hz 频率范围内，两种极化模式模拟所得的视电阻率和阻抗相位曲线与理论值曲线吻合得很好。

(a) 视电祖率

(b) 相位

图 6.9　层状介质地电模型二维谱元法计算结果与理论值对比

## 6.3.6　典型二维模型试算

利用谱元法求解大地电磁二维正演问题，首先要对研究区域进行剖分，节点与单元遍及整个研究区域，将连续函数的求解化为节点上离散函数值的求解。因此，网格的大小及疏密，对函数值的计算会产生重要的影响。对于无穷远边界条件的近似处理方式加大了边界对计算结果的影响，测量点距离边界越近，边界的影响就越大，误差也越大。这就要求边界尽可能远才能得到比较满意的结果，而这势必增加网格的数量，相应也就增加了计算机内存的需求量和计算时间。为了解决这一矛盾，我们将整个区域划分为两个区域：目标区域和网格外延区域，如图 6.10 所示，目标区域为地质体赋存区域，也是数据的采集区域，以均匀网格剖分，网格外延区域的网格步长按大于 1 的倍数递增，在保证计算精度的情况下，减少网格剖分数，节省计算时间。

图 6.10　大地电磁二维正反演网格剖分示意图

典型二维模型的大地电磁响应试算过程中，选取的简单二维异常体模型如图 6.11 所示。模型参数为：均匀半空间（电阻率为 100 Ω·m）存在一个低阻异常体（电阻率为 10 Ω·m），异常体在水平方向上的位置为 3000~5000 m、深度方向上的位置为 -1000~-3000 m。正演模拟过程中，观测点数为 17 个（点距 500 m），采用的记录频点数为 40 个。

图 6.11　简单二维异常体模型

**169**

  TM 极化模式下的大地电磁响应正演模拟过程中，采用 28×48 的网格剖分单元，并取单元 GLL 网格点数 $m=4$。图 6.12 给出了 TM 极化模式下简单异常体模型的谱元法模拟结果（包括视电阻率和阻抗相位响应），从拟断面图可以定性判别出异常体的电阻率大小和分布位置，只是低阻异常体的视电阻率垂直向下无限延伸。

(a) 视电阻率

(b) 阻抗相位

**图 6.12  TM 极化模式下简单异常体模型的大地电磁响应拟断面图**

(扫描目录页二维码查看彩图)

  TE 极化模式下的大地电磁响应正演模拟过程中，采用 28×55（其中空气层 7 个单元）网格剖分单元，且延伸的空气层为 10000 m，也取单元 GLL 网格点数 $m=4$。图 6.13 给出了 TE 极化模式下简单异常体模型的谱元法模拟结果（包括视电阻率和阻抗相位响应），从拟断面图也可以定性判别出异常体的电阻率大小和分布位置，只是低阻异常体的视电阻率横向延伸范围大。

(a) 视电阻率

(b) 阻抗相位

**图 6.13　TE 极化模式下简单异常体模型的大地电磁响应拟断面图**

（扫描目录页二维码查看彩图）

# 第7章 地温场谱元法正演计算

　　了解和掌握地壳内部温度场的分布、热流值的变化和地温梯度的变化，不仅利于对地热理论的研究，而且对地热能的开发和利用也有重要意义。地壳内部温度场的分布受诸多因素的制约，地球深部热量不断向地表传导是形成地温场的决定性因素。地壳内部各种岩石的热物理参数的差异，影响着地温场的分布形态。地壳浅部地下水分布很广，易流动，且有较大的热容量，地下水的运动形成热对流，这是影响地温场分布的另一个因素。在地壳中，岩浆侵入形成局部高温异常，其与围岩进行热交换，构成非稳定的温度分布。地层中的放射性元素是构成热源的主要因素。此外，地温场的分布还受到区域构造形态、地形起伏、沉积与侵蚀作用，以及地表温度变化等诸多因素的影响，因此，数值模拟地温场的分布是一项复杂的计算工作。

　　本章利用谱元法实现地温场的数值模拟，详细推导常系数与变系数地温场方程的谱元法计算公式，并编写 MATLAB 计算程序。

## 7.1　常系数与变系数地温场方程

　　一维地温场模型满足的偏微分方程可以表示为（Gerya，2009）：

$$\rho c_p \frac{\partial T}{\partial t} = \frac{\partial}{\partial x}\left(k\frac{\partial T}{\partial x}\right) \tag{7.1}$$

式中：$\rho$ 是介质密度，kg/m³；$c_p$ 是比热容，J/kg/K；$k$ 是热导率，W/m/K，$T$ 为温度，K。这是一维变系数地温场方程。

　　若介质的热导率为一常数，式(7.1)可写成

$$\rho c_p \frac{\partial T}{\partial t} = k\frac{\partial^2 T}{\partial x^2} \tag{7.2}$$

这是一维常系数地温场方程。

　　同样，我们可以得到二维常系数与变系数地温场方程：

$$\rho c_p \frac{\partial T}{\partial t} = k\left(\frac{\partial^2 T}{\partial x^2}+\frac{\partial^2 T}{\partial y^2}\right) \tag{7.3}$$

$$\rho c_p \frac{\partial T}{\partial t} = \frac{\partial}{\partial x}\left(k\frac{\partial T}{\partial x}\right)+\frac{\partial}{\partial y}\left(k\frac{\partial T}{\partial y}\right) \tag{7.4}$$

## 7.2　一维地温场方程的谱元法

### 7.2.1　一维变系数方程的显式数值解

对式(7.1)中的每一项乘以 $\delta T$，并积分，有

$$\int_\Omega \frac{\partial}{\partial x}\left(k\frac{\partial T}{\partial x}\right)\delta T\mathrm{d}\Omega - \int_\Omega \rho c_p \frac{\partial T}{\partial t}\delta T\mathrm{d}\Omega = 0 \tag{7.5}$$

若边界为第一类边界条件，对上式第一项进行积分变换可得

$$\int_\Omega \frac{\partial}{\partial x}\left(k\frac{\partial T}{\partial x}\right)\delta T\mathrm{d}\Omega = \int_\Omega k\nabla\cdot(\nabla T\delta T)\mathrm{d}\Omega - \int_\Omega k\nabla T\cdot\nabla\delta T\mathrm{d}\Omega$$

$$= \int_\Gamma k\frac{\partial T}{\partial n}\delta T\mathrm{d}\Gamma - \int_\Omega k\nabla T\cdot\nabla\delta T\mathrm{d}\Omega \tag{7.6}$$

$$= -\int_\Omega k\nabla T\cdot\nabla\delta T\mathrm{d}\Omega$$

于是，式(7.5)可写改为

$$\int_\Omega k\nabla T\cdot\nabla\delta T\mathrm{d}\Omega + \int_\Omega \rho c_p\frac{\partial T}{\partial t}\delta T\mathrm{d}\Omega = 0 \tag{7.7}$$

采用谱元法进行计算，将空间变量区域剖分为有限个小单元 $e$，在单元 $e$ 上，对式(7.7)进行空间变量积分，然后对各单元求和。

采用拉格朗日插值公式，构造的插值函数为

$$N_i(\xi)=\frac{(\xi-\xi_1)(\xi-\xi_2)\cdots(\xi-\xi_{i-1})(\xi-\xi_{i+1})\cdots(\xi-\xi_{m+1})}{(\xi_i-\xi_1)(\xi_i-\xi_2)\cdots(\xi_i-\xi_{i-1})(\xi_i-\xi_{i+1})\cdots(\xi_i-\xi_{m+1})} \tag{7.8}$$

式中：$\xi_i$ 为 GLL 节点值，且 $i=1,2,\cdots,m+1$。

若单元 $e$ 的长度为 $\Delta x$，则有

$$\mathrm{d}x=\frac{\Delta x}{2}\mathrm{d}\xi$$

单元 $e$ 上的温度 $T$ 可用插值函数表示

$$T=N^\mathrm{T}T_e$$

单元积分1：

$$\int_e k\nabla T\cdot\nabla\delta T\mathrm{d}\Omega = \delta T_e^\mathrm{T}\int_e k\left(\frac{\partial N}{\partial x}\right)\left(\frac{\partial N}{\partial x}\right)^\mathrm{T}\mathrm{d}x T_e = \delta T_e^\mathrm{T}K_e T_e \tag{7.9}$$

式中，

$$K_e = k\frac{2}{\Delta x}\int_{-1}^1\left(\frac{\partial N}{\partial \xi}\right)\left(\frac{\partial N}{\partial \xi}\right)^\mathrm{T}\mathrm{d}\xi = k\frac{2}{\Delta x}\int_{-1}^1\left(\frac{\mathrm{d}N_i}{\mathrm{d}\xi}\frac{\mathrm{d}N_j}{\mathrm{d}\xi}\right)\mathrm{d}\xi$$

因为 $k_{ij}=k_{ji}$，$i,j=1,2,\cdots,(m+1)\times(m+1)$，所以 $K_e$ 是对称矩阵。

单元积分2：

$$\int_e \rho c_p\frac{\partial T}{\partial t}\delta T\mathrm{d}\Omega = \delta T_e^\mathrm{T}\left(\int_e \rho c_p\cdot NN^\mathrm{T}\mathrm{d}x\right)\frac{\partial T_e}{\partial t} = \delta T_e^\mathrm{T}M_e\frac{\partial T_e}{\partial t} \tag{7.10}$$

式中，

$$M_e = \rho c_p \int_e NN^T \mathrm{d}x = \rho c_p \int_e N_i N_j |J| \mathrm{d}\xi = \rho c_p \int_e N_i N_j \frac{\Delta x}{2} \mathrm{d}\xi$$

$$= \rho c_p \frac{\Delta x}{2} \int_{-1}^{1} N_i N_j \mathrm{d}\xi$$

在单元内,将式(7.9)和式(7.10)相加,并扩展成由全体节点组成的矩阵或列阵,然后将各单元相加,得

$$\int_e k\,\nabla T \cdot \nabla \delta T \mathrm{d}x + \int_e \rho c_p \frac{\partial T}{\partial t}\delta T \mathrm{d}x = \sum\left(\delta T_e^T K_e T_e + \delta T_e^T M_e \frac{\partial T_e}{\partial t}\right)$$

$$= \sum\left(\delta T^T \overline{M}_e \frac{\partial T}{\partial t} + \delta T^T \overline{K}_e T_e\right)$$

$$= \delta T^T \sum \overline{M}_e \frac{\partial T}{\partial t} + \delta T^T \sum \overline{K}_e T \qquad (7.11)$$

$$= \delta T^T M \frac{\partial T}{\partial t} + \delta T^T K T$$

$$= 0$$

从式(7.11)中消去 $\delta T^T$,得

$$M \frac{\partial}{\partial t} T + KT = 0 \qquad (7.12)$$

对于非稳定温度场,求解 $T$ 时,需要对 $\frac{\partial T}{\partial t}$ 进行向后差分近似处理,式(7.12)可以改写为

$$M \frac{T^{n+1}-T^n}{\Delta t} + K[\theta T^{n+1}+(1-\theta)T^n] = 0 \qquad (7.13)$$

式中: $0 \leqslant \theta \leqslant 1$。

若式(7.13)取 $\theta = 0$,则有

$$M \frac{T^{n+1}-T^n}{\Delta t} + KT^n = 0 \qquad (7.14)$$

上式整理后,即得一维地温场的谱元法显式格式:

$$\left(\frac{1}{\Delta t}M\right)T^{n+1} = \left(-K + \frac{1}{\Delta t}M\right)T^n \qquad (7.15)$$

当 $T^n$ 已知时,求解线性方程组(7.15)即可求出 $T^{n+1}$。因此,代入初始条件和边界条件,求解线性方程组即可得不同时刻各节点的温度分布。

下面,我们利用谱元法显式格式计算一维模型的地温场分布。模型的介质密度 $\rho = 3000\ \mathrm{kg/m^3}$,比热容 $c_p = 1000\ \mathrm{J/kg/K}$,背景热导率 $k = 3\ \mathrm{W/m/K}$,热源位置的热导率 $k = 10\ \mathrm{W/m/K}$(400~600 km 处),左、右边界均为第一类边界条件,且边界处的温度为 1000 K,同时初始温度设置如图 7.1 所示。采用均匀网格单元对空间变量进行剖分,且剖分单元数取为 10,时间间隔 $\Delta t = 0.5$ Myr。利用谱元法显式格式计算过程中,需要选取适当的单元 GLL 网格点数,以保证满足稳定性条件。

利用谱元法显式格式计算一维变系数地温场模型的 MATLAB 脚本程序如下:

```
clear all;
clc;
```

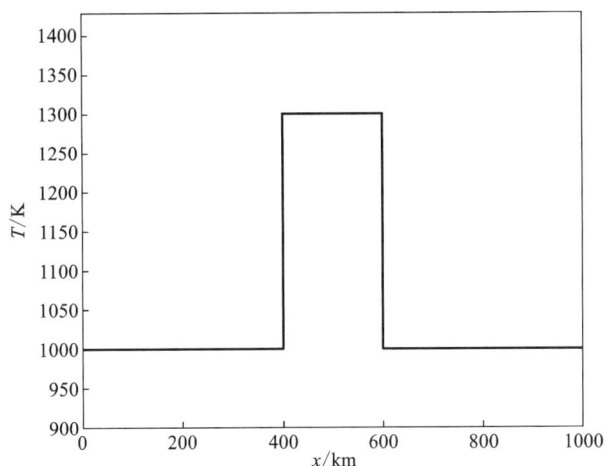

图 7.1　一维模型的初始温度分布

```
% 模型参数
xsize=1000000;
NE=10;
xe=0:xsize/NE:xsize;
h=diff(xe);
m=input('输入单元的 gll 网格点数:');
[x,ME]=mesh1d_gll(xe,m);
NP=length(x);
tnum=601;
cp=1000;
rho=3000;
rhocp=rho*cp;
% 模型热导率
k_value(1:NE)=3;
k_value(5:6)=10;
% 设置时间间隔,单位:Myr
dt=0.5*(1e+6*365.25*24*3600);
t=((1:tnum)- 1)*dt;
% 设置初始温度分布
T_back=1000;
T_wave=1300;
T=zeros(NP,tnum);
% 初始条件
for i=1:NP
```

```
        T(i,1)=T_back;
        if(x(i)>=xsize*0.4&&x(i)<=xsize*0.6)
            T(i,1)=T_wave;
        end
    end
K      = zeros(NP,NP);
M      = zeros(NP,NP);
[A, B] = gen1D_Ke_Gauss_Lobatto(m); % Gauss- Lobatto 数值积分
%[A, B] = gen1D_Ke_Gauss_Legendre(m); % Gauss_Legendre 数值积分
% 形成线性方程组
for n=1:NE
    K_loc = 2.0*A/h(n);
    M_loc = 0.5*h(n)*B;
    for ip=1:m+1
        i1 = ME(n,ip);
        for jp=1:m+1
            i2 = ME(n,jp);
            K(i1,i2) = K(i1,i2) + K_loc(ip,jp)*k_value(n);
            M(i1,i2) = M(i1,i2) + M_loc(ip,jp)*rhocp;
        end
    end
end
for i=2:length(t)
    K_total = 1/dt*M;
    P_total = (- K+1/dt*M)*T(:,i- 1);
    % 强加第一类边界条件
    K_total(1,:)   =0;    K_total(1,1)     =1;    P_total(1)   =T_back;
    K_total(end,:)=0;    K_total(end,end) =1;    P_total(end)=T_back;
    % 线性方程组求解
    T(:,i) = K_total\P_total;
    % 图示计算结果
    plot(x/1000,T(:,i),'r- o');
    axis([0 xsize/1000 0.9*T_back 1.1*T_wave]);
    title(['显式数值解: t=',num2str((i- 1)*dt/(1e+6*365.25*24*3600)),'Myr']);
    xlabel('x(km)');
    ylabel('Temperature(K)');
    drawnow
    pause(0.1);
end
```

利用上述一维谱元法显式格式程序计算并图示 $t = 50$ Myr、100 Myr、150 Myr、200 Myr、250 Myr 和 300 Myr 时一维均匀模型的地温场分布，如图 7.2 所示。这里的单元 GLL 网格点数 $m=4$，满足稳定性条件。

图 7.2 一维变系数地温场模型的谱元法显式格式计算结果

### 7.2.2　一维变系数方程的隐式数值解

若式(7.16)取 $\theta=1$, 则有

$$M\frac{T^{n+1}-T^{n}}{\Delta t}+KT^{n+1}=0 \tag{7.16}$$

上式整理后, 即得一维地温场的谱元法隐式格式:

$$\left(\frac{1}{\Delta t}M+K\right)T^{n+1}=\frac{1}{\Delta t}MT^{n} \tag{7.17}$$

当 $T^{n}$ 已知时, 求解线性方程组(7.17)即可求出 $T^{n+1}$。因此, 结合初始条件和边界条件, 求解线性方程组即可得不同时刻各节点的温度分布。

下面, 我们利用谱元法隐式格式计算一维模型的地温场。模型的介质密度 $\rho=3000\ \mathrm{kg/m^3}$, 比热容 $c_p=1000\ \mathrm{J/kg/K}$, 背景热导率 $k=3\ \mathrm{W/m/K}$, 热源位置的热导率 $k=10\ \mathrm{W/m/K}$ (400~600 km 处), 左、右边界均为第一类边界条件, 且边界处的温度为 1000 K, 同时初始温度设置如图 7.1 所示。采用均匀网格单元对空间变量进行剖分, 且剖分单元数取为 10, 时间间隔 $\Delta t=0.5\mathrm{Myr}$, 谱元法隐式格式不必满足稳定性条件。

利用谱元法隐式格式计算一维变系数地温场模型的 MATLAB 脚本程序如下:

```
clear all;
clc;
% 模型参数
xsize=1000000;
NE=10;
xe=0:xsize/NE:xsize;
h=diff(xe);
m=input('输入单元的 gll 网格点数:');
[x,ME]=mesh1d_gll(xe,m);
NP=length(x);
tnum=601;
cp=1000;
rho=3000;
rhocp=rho*cp;
% 模型热导率
k_value(1:NE)=3;
k_value(5:6)=10;
% 设置时间间隔,单位:Myr
dt=0.5*(1e+6*365.25*24*3600);
t=((1:tnum)-1)*dt;
% 设置初始温度分布
T_back=1000;
T_wave=1300;
```

```
T=zeros(NP,tnum);
% 初始条件
for i=1:NP
    T(i,1)=T_back;
    if(x(i)>=xsize*0.4&&x(i)<=xsize*0.6)
        T(i,1)=T_wave;
    end
end
K    = zeros(NP,NP);
M    = zeros(NP,NP);
[A, B] = gen1D_Ke_Gauss_Lobatto(m); % Gauss- Lobatto 数值积分
%[A, B] = gen1D_Ke_Gauss_Legendre(m); % Gauss_Legendre 数值积分
% 形成线性方程组
for n=1:NE
    K_loc = 2.0*A/h(n);
    M_loc = 0.5*h(n)*B;
    for ip=1:m+1
        i1 = ME(n,ip);
        for jp=1:m+1
            i2 = ME(n,jp);
            K(i1,i2) = K(i1,i2) + K_loc(ip,jp)*k_value(n);
            M(i1,i2) = M(i1,i2) + M_loc(ip,jp)*rhocp;
        end
    end
end
for i=2:length(t)
    K_total = 1/dt*M+K;
    P_total = 1/dt*M*T(:,i-1);
    % 强加第一类边界条件
    K_total(1,:)   =0;   K_total(1,1)     =1;   P_total(1)   =T_back;
    K_total(end,:)=0;   K_total(end,end)=1;   P_total(end)=T_back;
    % 线性方程组求解
    T(:,i) = K_total\P_total;
    % 图示计算结果
    plot(x/1000,T(:,i),'r- o');
    axis([0 xsize/1000 0.9*T_back 1.1*T_wave]);
    title(['隐式数值解: t=',num2str((i-1)*dt/(1e+6*365.25*24*3600)),'Myr']);
    xlabel('x(km)');
    ylabel('Temperature(K)');
```

```
    drawnow
    pause(0.1);
end
```

利用上述一维谱元法隐式格式程序计算并图示 $t = 50$ Myr、100 Myr、150 Myr、200 Myr、250 Myr 和 300 Myr 时一维模型的地温场分布,如图 7.3 所示。

图 7.3  一维变系数地温场模型的谱元法隐式格式计算结果

## 7.3 二维地温场方程的谱元法

### 7.3.1 二维变系数方程的显式数值解

对式(7.4)中的每一项乘以 $\delta T$，并积分，再考虑第一类边界条件，则有

$$\int_\Omega k \nabla T \cdot \nabla \delta T \mathrm{d}\Omega + \int_\Omega \rho c_p \frac{\partial T}{\partial t} \delta T \mathrm{d}\Omega = 0 \tag{7.18}$$

将空间区域 $\Omega$ 剖分为有限个矩形小单元 $e$，在单元 $e$ 上对式(7.18)进行积分，然后对各单元求和。

采用拉格朗日插值公式：

$$L_i(\xi) = \frac{(\xi-\xi_1)\cdots(\xi-\xi_{i-1})(\xi-\xi_{i+1})\cdots(\xi-\xi_{m+1})}{(\xi_i-\xi_1)\cdots(\xi_i-\xi_{i-1})(\xi_i-\xi_{i+1})\cdots(\xi_i-\xi_{m+1})} \tag{7.19}$$

$$M_j(\eta) = \frac{(\eta-\eta_1)\cdots(\eta-\eta_{j-1})(\eta-\eta_{j+1})\cdots(\eta-\eta_{m+1})}{(\eta_j-\eta_1)\cdots(\eta_j-\eta_{j-1})(\eta_j-\eta_{j+1})\cdots(\eta_j-\eta_{m+1})} \tag{7.20}$$

式(7.19)和式(7.20)中：$\xi_i$ 和 $\eta_j$ 为 GLL 节点值，且 $i, j = 1, 2, \cdots, m+1$。

于是，构造的形函数可以表示为

$$N_k(\xi, \eta) = \frac{(\xi-\xi_1)\cdots(\xi-\xi_{i-1})(\xi-\xi_{i+1})\cdots(\xi-\xi_{m+1})}{(\xi_i-\xi_1)\cdots(\xi_i-\xi_{i-1})(\xi_i-\xi_{i+1})\cdots(\xi_i-\xi_{m+1})} \cdot$$
$$\frac{(\eta-\eta_1)\cdots(\eta-\eta_{j-1})(\eta-\eta_{j+1})\cdots(\eta-\eta_{m+1})}{(\eta_j-\eta_1)\cdots(\eta_j-\eta_{j-1})(\eta_j-\eta_{j+1})\cdots(\eta_j-\eta_{m+1})} \tag{7.21}$$

式中：$k = 1, 2, \cdots, (m+1) \times (m+1)$。

若计算区域采用规则矩形单元剖分，矩形单元插值母单元与子单元之间的坐标变换关系为

$$x = x_0 + \frac{A}{2}\xi, \quad y = y_0 + \frac{B}{2}\eta \tag{7.22}$$

式中：$(x_0, y_0)$ 为子单元的中点，$A$、$B$ 为子单元的两个边长。两个单元的微分关系为

$$\mathrm{d}x = \frac{A}{2}\mathrm{d}\xi, \quad \mathrm{d}y = \frac{B}{2}\mathrm{d}\eta, \quad \mathrm{d}x\mathrm{d}y = \frac{AB}{4}\mathrm{d}\xi\mathrm{d}\eta \tag{7.23}$$

单元积分1：

$$\int_e k \nabla T \cdot \nabla \delta T \mathrm{d}\Omega = \delta \boldsymbol{T}_e^{\mathrm{T}} \int_e k \left[ \left(\frac{\partial \boldsymbol{N}}{\partial x}\right)\left(\frac{\partial \boldsymbol{N}}{\partial x}\right)^{\mathrm{T}} + \left(\frac{\partial \boldsymbol{N}}{\partial y}\right)\left(\frac{\partial \boldsymbol{N}}{\partial y}\right)^{\mathrm{T}} \right] \mathrm{d}x\mathrm{d}y \boldsymbol{T}_e \tag{7.24}$$
$$= \delta \boldsymbol{T}_e^{\mathrm{T}} \boldsymbol{K}_e \boldsymbol{T}_e$$

式中：$\boldsymbol{K}_e = (k_{ij})$，$i, j = 1, 2, \cdots, (m+1) \times (m+1)$，且有：

$$k_{ij} = \int_e k \left[ \left(\frac{\partial u}{\partial x}\right)^2 + \left(\frac{\partial u}{\partial y}\right)^2 \right] \mathrm{d}x\mathrm{d}y$$

$$= k \int_e \left[ \left(\frac{\partial N_i}{\partial \xi}\frac{\partial \xi}{\partial x}\right)\left(\frac{\partial N_j}{\partial \xi}\frac{\partial \xi}{\partial x}\right) + \left(\frac{\partial N_i}{\partial \eta}\frac{\partial \eta}{\partial y}\right)\left(\frac{\partial N_j}{\partial \eta}\frac{\partial \eta}{\partial y}\right) \right] |J| \mathrm{d}\xi\mathrm{d}\eta$$

$$= k \int_{-1}^{1} \int_{-1}^{1} \left[ \left(\frac{\partial N_i}{\partial \xi}\right)\left(\frac{\partial N_j}{\partial \xi}\right)\frac{B}{A} + \left(\frac{\partial N_i}{\partial \eta}\right)\left(\frac{\partial N_j}{\partial \eta}\right)\frac{A}{B} \right] \mathrm{d}\xi\mathrm{d}\eta$$

单元积分 2：

$$\int_e \rho c_p \frac{\partial \boldsymbol{T}}{\partial t} \delta \boldsymbol{T} \mathrm{d}\Omega = \delta \boldsymbol{T}_e^{\mathrm{T}} \left( \int_e \rho c_p \boldsymbol{N}\boldsymbol{N}^{\mathrm{T}} \mathrm{d}x\mathrm{d}y \right) \frac{\partial \boldsymbol{T}_e}{\partial t} = \delta \boldsymbol{T}_e^{\mathrm{T}} \boldsymbol{M}_e \frac{\partial \boldsymbol{T}_e}{\partial t} \tag{7.25}$$

式中：$\boldsymbol{M}_e = (m_{ij})$，$i, j = 1, 2, \cdots, (m+1) \times (m+1)$，且有：

$$m_{ij} = \rho c_p \int_e N_i N_j \frac{AB}{4} \mathrm{d}\xi\mathrm{d}\eta = \rho c_p \frac{AB}{4} \int_{-1}^{1}\int_{-1}^{1} N_i N_j \mathrm{d}\xi\mathrm{d}\eta$$

在单元 $e$ 内，将式(7.24)和式(7.25)相加，并扩展成由全体节点组成的矩阵或列阵，然后将各单元相加，再消去 $\delta \boldsymbol{T}^{\mathrm{T}}$，得

$$\boldsymbol{M} \frac{\partial}{\partial t} \boldsymbol{T} + \boldsymbol{K}\boldsymbol{T} = 0 \tag{7.26}$$

对于非稳定温度场，式(7.26)可以改写为

$$\boldsymbol{M} \frac{\boldsymbol{T}^{k+1} - \boldsymbol{T}^k}{\Delta t} + \boldsymbol{K}[\theta \boldsymbol{T}^{k+1} + (1-\theta)\boldsymbol{T}^k] = 0 \tag{7.27}$$

式中：$0 \leq \theta \leq 1$。

若式(7.27)取 $\theta = 0$，则有

$$\boldsymbol{M} \frac{\boldsymbol{T}^{k+1} - \boldsymbol{T}^k}{\Delta t} + \boldsymbol{K}\boldsymbol{T}^k = 0 \tag{7.28}$$

上式整理后，即得二维热传导方程的谱元法显式格式：

$$\left( \frac{1}{\Delta t}\boldsymbol{M} \right) \boldsymbol{T}^{k+1} = \left( -\boldsymbol{K} + \frac{1}{\Delta t}\boldsymbol{M} \right) \boldsymbol{T}^k \tag{7.29}$$

当 $\boldsymbol{T}^k$ 已知时，求解线性方程组(7.29)即可求出 $\boldsymbol{T}^{k+1}$。因此，结合初始条件和边界条件，求解线性方程组即可得不同时刻各节点的温度分布。

下面，我们利用谱元法显式格式计算二维模型的地温场。模型的介质密度 $\rho = 3000 \text{ kg/m}^3$，比热容 $c_p = 1000 \text{ J/kg/K}$，热导率 $k = 3 \text{ W/m/K}$，热源位置的热导率 $k = 10 \text{ W/m/K}$（$x$ 方向 $300\sim700$ km、$y$ 方向 $300\sim700$ km 处）。边界均为第一类边界条件，且边界处的温度为 1000 K，同时初始温度设置如图 7.4 所示。采用均匀网格单元对空间变量进行剖分，且两个空间方向剖分单元数均取为 20，时间间隔 $\Delta t = 0.01$ Myr。利用谱元法显式格式计算过程中，需要选取适当的单元 GLL 网格点数，以保证满足稳定性条件。

利用谱元法显式格式计算二维变系数地温场模型的 MATLAB 代码如下：

```
clear all;
clc;
% 模型参数设置
xsize=1000000;
ysize=1000000;
NX=20;
NY=20;
NE=NX*NY;
Dx=xsize/NX;
Dy=ysize/NY;
xe=0:Dx:xsize;
```

图 7.4　二维模型的初始温度分布

(扫描目录页二维码查看彩图)

```
ye=0:Dy:ysize;
m=input('输入单元的 gll 网格点数:');
[x,y,ME]=mesh2d_gll(xe,ye,m);
xg=mesh1d_gll(xe,m);
yg=mesh1d_gll(ye,m);
[x_new,y_new]=meshgrid(xg,yg);
NP= length(x);
k_value=zeros(NY,NX)+3;
k_value(7:14,7:14)=10;
k_value=reshape(k_value',NX*NY,1);
cp=1000;
rho=3000;
rhocp=rho*cp;
% 时间间隔设置,单位:Myr
dt=0.01*(1e+6*365.25*24*3600);
tnum=30001;
t=((1:tnum)- 1)*dt;
% 设置初始温度分布
T_back=1000;
T_wave=1300;
% 初始条件
T_init=zeros(NY+1,NX+1);
x1=0:Dx:xsize;
y1=0:Dy:ysize;
[xx,yy]=meshgrid(x1,y1);
for i=1:1:NY+1
```

```
        for j=1:1:NX+1
            if(y1(i)>=ysize*0.3&&y1(i)<=ysize*0.7&&...
                    x1(j)>=xsize*0.3&&x1(j)<=xsize*0.7)
                T_init(i,j)=T_wave;
            else
                T_init(i,j)=T_back;
            end
        end
    end
T(:,1)=interp2(xx,yy,T_init,x,y,'cubic');
K =zeros(NP,NP);
M =zeros(NP,NP);
[A1, A2, B] = gen2D_Ke_Gauss_Lobatto(m);        % Gauss_Lobatto 数值积分
%[A1, A2, B] = gen2D_Ke_Gauss_Legendre(m);      % Gauss_Legendre 数值积分
%形成线性方程组
K_loc=(Dy/Dx)*A1+(Dx/Dy)*A2;
M_loc=(Dx*Dy/4)*B;
for h=1:NE
    for j=1:(m+1)*(m+1)
        NJ=ME(j,h);
        for k=1:(m+1)*(m+1)
            NK=ME(k,h);
            K(NJ,NK)=K(NJ,NK)+k_value(h)*K_loc(j,k);
            M(NJ,NK)=M(NJ,NK)+M_loc(j,k)*rhocp;
        end
    end
end
for n=2:size(t,2)
    K_total=1/dt*M;
    P_total=(- K+1/dt*M)*T(:,n- 1);
    %加入第一类边界条件
    %上边界
    for i=1:NX
        for j=1:(m+1)
            h=ME(j,i);
            K_total(h,h)=K_total(h,h)*10^10;
            P_total(h,1)=K_total(h,h)*T_back;
        end
    end
    %下边界
```

```
        for i=NE- NX+1:NE
            for j=m*(m+1)+1:(m+1)*(m+1)
                h=ME(j,i);
                K_total(h,h)=K_total(h,h)*10^10;
                P_total(h,1)=K_total(h,h)*T_back;
            end
        end
        %左边界
        for i=1:NX:NE- NX+1
            for j=1:m+1:m*(m+1)+1
                h=ME(j,i);
                K_total(h,h)=K_total(h,h)*10^10;
                P_total(h,1)=K_total(h,h)*T_back;
            end
        end
        %右边界
        for i=NX:NX:NE
            for j=m+1:m+1:(m+1)*(m+1)
                h=ME(j,i);
                K_total(h,h)=K_total(h,h)*10^10;
                P_total(h,1)=K_total(h,h)*T_back;
            end
        end
        %线性方程组求解
        T(:,n)=K_total\P_total;
        %图示计算结果
        T_new(:,:,n)=griddata(x,y,T(:,n),x_new,y_new,'v4');
        pcolor(xg/1000,yg/1000,T_new(:,:,n));
        title(['显式数值解: t=',num2str((n- 1)*dt/(1e+6*365.25*24*3600)),'Myr']);
        xlabel('x(km)');
        ylabel('y(km)');
        colorbar;
        drawnow;
        pause(0.1);
    end
```

利用上述谱元法显式格式程序计算并图示 $t=50$ Myr、100 Myr、150 Myr、200 Myr、250 Myr 和 300 Myr 时二维变系数模型的地温场分布，如图 7.5 所示。这里的单元 GLL 网格点数 $m=4$，满足稳定性条件。

**图 7.5  二维变系数地温场模型的谱元法显式数值解**

(扫描目录页二维码查看彩图)

## 7.3.2  二维变系数方程的隐式数值解

式(7.27)若取 $\theta = 0$,则得到二维变系数地温场方程的谱元法隐式计算格式:

$$M \frac{T^{k+1} - T^k}{\Delta t} + K T^{k+1} = 0 \qquad (7.30)$$

即

$$\left(\frac{1}{\Delta t}\boldsymbol{M}+\boldsymbol{K}\right)\boldsymbol{T}^{k+1}=\left(\frac{1}{\Delta t}\boldsymbol{M}\right)\boldsymbol{T}^{k} \tag{7.31}$$

当 $\boldsymbol{T}^k$ 已知时, 求解线性方程组 (7.31) 即可求出 $\boldsymbol{T}^{k+1}$。因此, 结合初始条件和边界条件, 求解线性方程组即可得不同时刻各节点的温度分布。

下面, 我们利用谱元法隐式格式计算二维模型的地温场。模型的介质密度 $\rho = 3000 \text{ kg/m}^3$, 比热容 $c_p = 1000 \text{ J/kg/K}$, 热导率 $k = 3 \text{ W/m/K}$, 热源位置的热导率 $k = 10 \text{ W/m/K}$ ($x$ 方向 $300 \sim 700 \text{ km}$、$y$ 方向 $300 \sim 700 \text{ km}$ 处)。边界均为第一类边界条件, 且边界处的温度为 $1000 \text{ K}$, 同时初始温度设置如图 7.4 所示。

采用均匀网格单元对空间变量进行剖分, 且两个空间方向剖分单元数均取为 20, 时间间隔 $\Delta t = 0.1 \text{ Myr}$。利用谱元法隐式格式计算过程中, 不必满足稳定性条件。

利用谱元法隐式格式计算二维变系数地温场模型的 MATLAB 代码如下:

```
clear all;
clc;
% 模型参数设置
xsize = 1000000;
ysize = 1000000;
NX = 20;
NY = 20;
NE = NX*NY;
Dx = xsize/NX;
Dy = ysize/NY;
xe = 0:Dx:xsize;
ye = 0:Dy:ysize;
m = input('输入单元的 gll 网格点数:');
[x,y,ME] = mesh2d_gll(xe,ye,m);
xg = mesh1d_gll(xe,m);
yg = mesh1d_gll(ye,m);
[x_new,y_new] = meshgrid(xg,yg);
NP = length(x);
k_value = zeros(NY,NX)+3;
k_value(7:14,7:14) = 10;
k_value = reshape(k_value',NX*NY,1);
cp = 1000;
rho = 3000;
rhocp = rho*cp;
% 时间间隔设置, 单位:Myr
dt = 0.1*(1e+6*365.25*24*3600);
tnum = 1001;
t = ((1:tnum)-1)*dt;
```

```
%设置初始温度分布
T_back=1000;
T_wave=1300;
%初始条件
T_init=zeros(NY+1,NX+1);
x1=0:Dx:xsize;
y1=0:Dy:ysize;
[xx,yy]=meshgrid(x1,y1),
for i=1:1:NY+1
    for j=1:1:NX+1
        if(y1(i)>=ysize*0.3&&y1(i)<=ysize*0.7&&...
                x1(j)>=xsize*0.3&&x1(j)<=xsize*0.7)
            T_init(i,j)=T_wave;
        else
            T_init(i,j)=T_back;
        end
    end
end
T(:,1)=interp2(xx,yy,T_init,x,y,'cubic');
K =zeros(NP,NP);
M =zeros(NP,NP);
[A1, A2, B] = gen2D_Ke_Gauss_Lobatto(m);        % Gauss_Lobatto 数值积分
%[A1, A2, B] = gen2D_Ke_Gauss_Legendre(m);  % Gauss_Legendre 数值积分
%形成线性方程组
K_loc=(Dy/Dx)*A1+(Dx/Dy)*A2;
M_loc=(Dx*Dy/4)*B;
for h=1:NE
    for j=1:(m+1)*(m+1)
        NJ=ME(j,h);
        for k=1:(m+1)*(m+1)
            NK=ME(k,h);
            K(NJ,NK)=K(NJ,NK)+k_value(h)*K_loc(j,k);
            M(NJ,NK)=M(NJ,NK)+M_loc(j,k)*rhocp;
        end
    end
end
for n=2:size(t,2)
    K_total=1/dt*M+K;
    P_total=1/dt*M*T(:,n-1);
    %加入第一类边界条件
```

```
%上边界
for i=1:NX
    for j=1:(m+1)
        h=ME(j,i);
        K_total(h,h)=K_total(h,h)*10^10;
        P_total(h,1)=K_total(h,h)*T_back;
    end
end
%下边界
for i=NE- NX+1:NE
    for j=m*(m+1)+1:(m+1)*(m+1)
        h=ME(j,i);
        K_total(h,h)=K_total(h,h)*10^10;
        P_total(h,1)=K_total(h,h)*T_back;
    end
end
%左边界
for i=1:NX:NE- NX+1
    for j=1:m+1:m*(m+1)+1
        h=ME(j,i);
        K_total(h,h)=K_total(h,h)*10^10;
        P_total(h,1)=K_total(h,h)*T_back;
    end
end
%右边界
for i=NX:NX:NE
    for j=m+1:m+1:(m+1)*(m+1)
        h=ME(j,i);
        K_total(h,h)=K_total(h,h)*10^10;
        P_total(h,1)=K_total(h,h)*T_back;
    end
end
%线性方程组求解
T(:,n)=K_total\P_total;
%图示计算结果
T_new(:,:,n)=griddata(x,y,T(:,n),x_new,y_new,'v4');
pcolor(xg/1000,yg/1000,T_new(:,:,n));
title(['隐式数值解: t=',num2str((n- 1)*dt/(1e+6*365.25*24*3600)),'Myr']);
xlabel('x(km)');
ylabel('y(km)');
```

```
colorbar;
drawnow;
pause(0.1);
```
end

利用上述谱元法隐式格式程序计算并图示 $t=50$ Myr、100 Myr、150 Myr、200 Myr、250 Myr 和 300 Myr 时二维变系数模型的地温场分布，如图 7.6 所示，这里的单元 GLL 网格点数 $m=4$。

图 7.6　二维变系数地温场模型的谱元法隐式数值解
（扫描目录页二维码查看彩图）

# 第8章　地震波场的谱元法正演计算

地震波场数值模拟简单来说，就是已知地下介质构造及其参数，再利用理论计算方法来研究地震波在地下介质的传播规律，合成地震记录的一种技术方法。随着地震勘探技术的发展，数值模拟方法已经贯穿于地震数据的采集、处理和解释的全过程，而且在确定观测的合理性、检验处理和解释的正确性等方面都有了广泛的应用。

地震波场模拟的数值方法主要有伪谱法、有限差分法和有限单元法。本章利用谱元法计算地震波场响应，详细推导谱元法正演计算公式，并编写 MATLAB 计算程序。

## 8.1　地震波场正演基本理论

### 8.1.1　声波方程的建立

为了研究地震波形成的物理机制和传播规律，必须建立波的运动方程(波动方程)。为了使问题简化，首先讨论一弹性杆体积元受单向正应力所产生的波动方程。

考虑均匀细长杆介质中的一个小体积元，受力后沿 $x$ 方向作小振动。令 $\sigma_{xx}(x, t)$ 为 $t$ 时刻在 $A$ 点沿 $x$ 方向的应力，$u(x, t)$ 为该时刻沿同一方向的位移，$A$、$B$ 两质点与原点的距离分别为 $x$ 和 $x+\Delta x$，如图 8.1 所示。

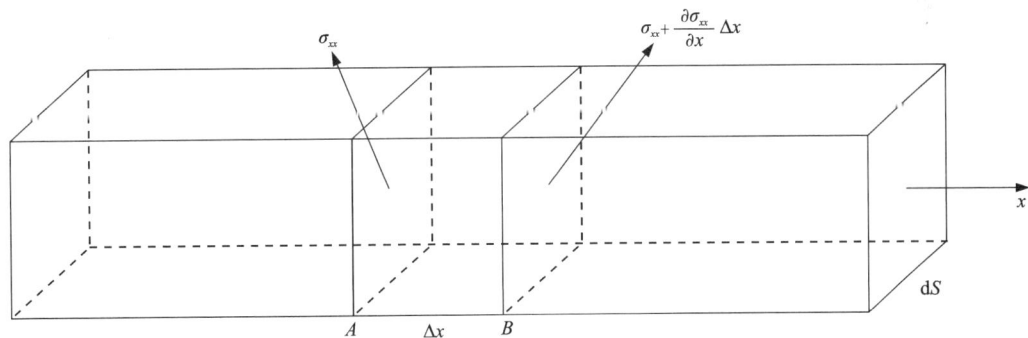

图 8.1　纵向应力引起细杆元的形变

由于应力在 $x$ 方向的分布是变化的，在 $A$、$B$ 两点所受的应力分别为 $\sigma_{xx}$ 和 $\sigma_{xx}+\dfrac{\partial \sigma_{xx}}{\partial x}\Delta x$，则应力差引起体积元内部质点发生相对位移。设体积元质心的位移为 $u(x, t)$，并认为作用在面元 $dS$ 上的力等于该面元中心的应力乘以它的面积。根据牛顿第二定律，当外力(体力)作用已结束时，由应力的变化产生的波动方程为

$$\left(\sigma_{xx}+\frac{\partial \sigma_{xx}}{\partial x}\Delta x\right)\mathrm{d}S=\rho\mathrm{d}S\Delta x\cdot\frac{\partial^2 u}{\partial t^2} \tag{8.1}$$

式中: $\rho$ 是体积元的密度; $\mathrm{d}S$ 为截面积。

将式(8.1)化简可得,

$$\frac{\partial \sigma_{xx}}{\partial x}=\rho\frac{\partial^2 u}{\partial t^2} \tag{8.2}$$

根据杨氏模量有

$$\sigma_{xx}=Ee_{xx}=E\frac{\partial u}{\partial t} \tag{8.3}$$

将式(8.3)代入式(8.2)得

$$\frac{\partial^2 u}{\partial t^2}=\frac{E}{\rho}\cdot\frac{\partial^2 u}{\partial x^2}=v^2\frac{\partial^2 u}{\partial x^2} \tag{8.4}$$

上式即为一维弹性杆正应力产生的纵波波动方程或声波波动方程, $v=\sqrt{E/\rho}$ 为地震波在介质中的传播速度。

若考虑震源函数 $S(x,t)$ 的作用,可得一维声波波动方程为(Heiner, 2016):

$$\frac{\partial^2 u}{\partial t^2}=v^2\frac{\partial^2 u}{\partial x^2}+S(x,t) \tag{8.5}$$

一般地,二维均匀介质的声波波动方程可表示为:

$$\frac{\partial^2 u}{\partial t^2}=v^2\left(\frac{\partial^2 u}{\partial x^2}+\frac{\partial^2 u}{\partial z^2}\right)+S(x,z,t) \tag{8.6}$$

式中: $S(x,z,t)$ 为震源函数。

## 8.1.2 震源函数

在地震波场数值模拟计算过程中,震源函数的选择对最终的模拟结果有着重要影响。震源函数的计算方法通常有两种:一种是先将 $\delta$ 函数(狄拉克函数)加入代数方程中,再与子波函数做褶积。

$\delta$ 函数是为了表示集中在一点起作用的物理量的分布密度而由物理学家 Dirac 在研究量子力学时首先引入的, $\delta$ 函数的表达式为:

$$\delta(x)=\begin{cases}0, & x\neq 0 \\ \infty, & x=0\end{cases} \tag{8.7}$$

且

$$\int_{-\infty}^{\infty}\delta(x-x_0)\mathrm{d}x=1 \tag{8.8}$$

$$\int_{-\infty}^{\infty}\delta(x-x_0)f(x)\mathrm{d}x=f(x_0) \tag{8.9}$$

这种方法的震源除了自由表面或内界面附近,可以在模型的其他任意处进行定义,能够准确地反映任一时刻震源项对波场值的影响,但同时这种方法增加了褶积的计算量,降低了计算速度和效率。

另一种方法是先将子波函数 $f(t)$ 进行离散,计算出各个时间间隔 $\Delta t$ 的子波函数值,然后直接在 $\Delta t$ 时刻将 $f(\Delta t)$ 的值加到初始时刻的波场值上。这种方法可以将震源定义在自由表面的附近,但震源的位置必须在网格点上。实际中的地震子波是一个很复杂的问题,因为地震子波与地层岩石性质有关,地层岩石性质本身就是一个复杂体。为了研究方便,仍需要对地震子波进行模拟,目前普遍认为雷克提出的地震子波数学模型具有广泛的代表性,即雷克子波(Ricker wavelet)。雷克子波的表达式为:

$$f(t) = \left[ 1 - 2\pi^2 f_0^2 (t-t_0)^2 \right] e^{-\pi^2 f_0^2 (t-t_0)^2} \tag{8.10}$$

式中:$f(t)$ 为雷克子波;$t_0$ 为延迟时间;$f_0$ 为主频率。下面我们给出雷克子波的 MATLAB 函数代码:

```
function f = ricker(f0,t,t0)
% f0: 主频率
% t : 采样时间
% t0: 延迟时间
f =(1- (2*((pi)^2)*(f0^2)*(t- t0)^2))*(exp(- ((pi)^2)*(f0^2)*( t- t0)^2)) ;
```

由于数值模拟方法计算地震波场过程中会出现数值频散,尤其当空间采样不足时,子波的高频成分频散就会更严重,因此要根据模型的速度及网格间距合理选择子波主频。

### 8.1.3 吸收边界条件

利用计算机进行地震波场数值模拟时,由于计算模型是大小有限的区域,因此会存在人工边界。这些人工边界是很好的反射面,当地震波传播到人工边界时,就会有波反射回来,这些反射波会干扰真实波场,造成假象。为了消除或减弱这些人为干扰,有一种想法是把模型设置得足够大,当人工反射波已经不能干扰到需要研究的区域时,得到的就是研究区域的真实波场信息,但这样会消耗大量存储空间和计算时间,所以这种思路不可取。这里,我们介绍 Clayton-Enquist 吸收边界处理方法(Clayton 和 Engquist, 1977; Gao 等, 2017)。

Clayton 和 Engquist 利用波动方程旁轴近似理论,提出了关于地震波动方程的三种吸收边界条件:

$$A1: \frac{\partial u}{\partial x} + \frac{1}{v} \frac{\partial u}{\partial t} = 0 \tag{8.11}$$

$$A2: \frac{\partial^2 u}{\partial x \partial t} + \frac{1}{v} \frac{\partial^2 u}{\partial t^2} - \frac{v}{2} \frac{\partial^2 u}{\partial z^2} = 0 \tag{8.12}$$

$$A3: \frac{\partial^3 u}{\partial x \partial t^2} - \frac{v^2}{4} \frac{\partial^3 u}{\partial x \partial z^2} + \frac{1}{v} \frac{\partial^3 u}{\partial t^3} - \frac{3v}{4} \frac{\partial^2 u}{\partial t \partial z^2} = 0 \tag{8.13}$$

式(8.11)~式(8.13)中:A1、A2 和 A3 分别为 1 阶、2 阶与 3 阶旁轴右端近似的吸收边界条件。

## 8.2 一维声波方程的谱元法

### 8.2.1 一维显式数值解

对式(8.5)中的每一项(不包括源项)乘以 $\delta u$,并积分,有

$$\int_\Omega v^2 \frac{\partial^2 u}{\partial x^2} \delta u \mathrm{d}\Omega - \int_\Omega \frac{\partial^2 u}{\partial t^2} \delta u \mathrm{d}\Omega = 0 \tag{8.14}$$

对上式第一项进行积分变换可得

$$\int_{\Omega} v^2 \frac{\partial^2 u}{\partial x^2} \delta u \mathrm{d}\Omega = \int_{\Omega} v^2 \nabla \cdot (\nabla u \delta u) \mathrm{d}\Omega - \int_{\Omega} v^2 \nabla u \cdot \nabla \delta u \mathrm{d}\Omega \tag{8.15}$$

$$= \int_{\Gamma} v^2 \frac{\partial u}{\partial n} \delta u \mathrm{d}\Gamma - \int_{\Omega} v^2 \nabla u \cdot \nabla \delta u \mathrm{d}\Omega$$

若边界为自由边界条件，将其代入上式右侧第一项，则式(8.14)变为

$$\int_{\Omega} v^2 \nabla u \cdot \nabla \delta u \mathrm{d}\Omega + \int_{\Omega} \frac{\partial^2 u}{\partial t^2} \delta u \mathrm{d}\Omega = 0 \tag{8.16}$$

将区域剖分为有限个小单元 $e$，在单元 $e$ 上，对式(8.16)进行积分，然后对各单元求和。采用拉格朗日插值公式，构造的插值函数为

$$N_i(\xi) = \frac{(\xi - \xi_1)(\xi - \xi_2) \cdots (\xi - \xi_{i-1})(\xi - \xi_{i+1}) \cdots (\xi - \xi_{m+1})}{(\xi_i - \xi_1)(\xi_i - \xi_2) \cdots (\xi_i - \xi_{i-1})(\xi_i - \xi_{i+1}) \cdots (\xi_i - \xi_{m+1})} \tag{8.17}$$

式中：$\xi_i$ 为 GLL 节点值，且 $i = 1, 2, \cdots, m+1$。

若单元的长度为 $\Delta x$，则有

$$\mathrm{d}x = \frac{\Delta x}{2} \mathrm{d}\xi$$

单元 $e$ 上的 $u$ 可用插值函数表示：

$$u = \boldsymbol{N}^{\mathrm{T}} \boldsymbol{u}_e$$

单元积分 1：

$$\int_e v^2 \nabla u \cdot \nabla \delta u \mathrm{d}\Omega = \delta \boldsymbol{u}_e^{\mathrm{T}} \int_e v^2 \left(\frac{\partial \boldsymbol{N}}{\partial x}\right) \left(\frac{\partial \boldsymbol{N}}{\partial x}\right)^{\mathrm{T}} \mathrm{d}x \boldsymbol{u}_e = \delta \boldsymbol{u}_e^{\mathrm{T}} \boldsymbol{K}_e \boldsymbol{u}_e \tag{8.18}$$

式中，

$$\boldsymbol{K}_e = v^2 \frac{2}{\Delta x} \int_{-1}^{1} \left(\frac{\partial \boldsymbol{N}}{\partial \xi}\right) \left(\frac{\partial \boldsymbol{N}}{\partial \xi}\right)^{\mathrm{T}} \mathrm{d}\xi = v^2 \frac{2}{\Delta x} \int_{-1}^{1} \left(\frac{\mathrm{d}N_i}{\mathrm{d}\xi} \frac{\mathrm{d}N_j}{\mathrm{d}\xi}\right) \mathrm{d}\xi$$

因为 $k_{ij} = k_{ji}$，所以 $\boldsymbol{K}_e$ 是对称矩阵。

单元积分 2：

$$\int_e \frac{\partial^2 u}{\partial t^2} \delta u \mathrm{d}\Omega = \delta \boldsymbol{u}_e^{\mathrm{T}} \left(\int_e \boldsymbol{N} \boldsymbol{N}^{\mathrm{T}} \mathrm{d}x\right) \frac{\partial^2 \boldsymbol{u}_e}{\partial t^2} = \delta \boldsymbol{u}_e^{\mathrm{T}} \boldsymbol{M}_e \frac{\partial^2 \boldsymbol{u}_e}{\partial t^2} \tag{8.19}$$

式中，

$$\boldsymbol{M}_e = \int_e \boldsymbol{N} \boldsymbol{N}^{\mathrm{T}} \mathrm{d}x = \int_e N_i N_j |J| \mathrm{d}\xi = \int_e N_i N_j \frac{\Delta x}{2} \mathrm{d}\xi = \frac{\Delta x}{2} \int_{-1}^{1} N_i N_j \mathrm{d}\xi$$

在单元 $e$ 内，将式(8.18)和式(8.19)相加，并扩展成由全体节点组成的矩阵或列阵，然后将各单元相加，得

$$\begin{aligned} \int_e v^2 \nabla u \cdot \nabla \delta u \mathrm{d}x + \int_e \frac{\partial^2 u}{\partial t^2} \delta u \mathrm{d}x &= \sum \left(\delta \boldsymbol{u}_e^{\mathrm{T}} \boldsymbol{K}_e \boldsymbol{u}_e + \delta \boldsymbol{u}_e^{\mathrm{T}} \boldsymbol{M}_e \frac{\partial^2 \boldsymbol{u}_e}{\partial t^2}\right) \\ &= \sum \left(\delta \boldsymbol{u}^{\mathrm{T}} \overline{\boldsymbol{M}}_e \frac{\partial^2 \boldsymbol{u}}{\partial t^2} + \delta \boldsymbol{u}^{\mathrm{T}} \overline{\boldsymbol{K}}_e \boldsymbol{u}_e\right) \\ &= \delta \boldsymbol{u}^{\mathrm{T}} \sum \overline{\boldsymbol{M}}_e \frac{\partial^2 \boldsymbol{u}}{\partial t^2} + \delta \boldsymbol{u}^{\mathrm{T}} \sum \overline{\boldsymbol{K}}_e \boldsymbol{u} \\ &= \delta \boldsymbol{u}^{\mathrm{T}} \boldsymbol{M} \frac{\partial^2 \boldsymbol{u}}{\partial t^2} + \delta \boldsymbol{u}^{\mathrm{T}} \boldsymbol{K} \boldsymbol{u} = 0 \end{aligned} \tag{8.20}$$

从式(8.20)中消去 $\delta u^{\mathrm{T}}$，得

$$M\frac{\partial^2 u}{\partial t^2}+Ku=0 \tag{8.21}$$

对$\frac{\partial^2 u}{\partial t^2}$进行二阶差商近似处理，则式(8.21)可以进一步改写为

$$M\frac{u^{k-1}-2u^k+u^{k+1}}{(\Delta t)^2}+K\left[\theta u^{k+1}+(1-2\theta)u^k+\theta u^{k-1}\right]=0 \tag{8.22}$$

式中：$0\leqslant\theta\leqslant 1$。

若式(8.22)中取 $\theta=0$，则有

$$M\frac{u^{k-1}-2u^k+u^{k+1}}{(\Delta t)^2}+Ku^k=0 \tag{8.23}$$

上式整理后，即得一维声波波动方程的谱元法显式格式：

$$\frac{M}{(\Delta t)^2}u^{k+1}=\left[2\frac{M}{(\Delta t)^2}-K\right]u^k-\frac{M}{(\Delta t)^2}u^{k-1} \tag{8.24}$$

结合自由边界条件、初始条件和震源函数源项，利用谱元法显式格式解相应的线性方程组，即得不同时刻各节点的 $u$ 值。

下面，我们利用谱元法显式格式计算一维均匀模型的地震波场。模型的速度为 2500 m/s，密度为常数，计算区域为 $x\in[0, 2000\ \mathrm{m}]$；采用均匀网格单元对空间变量进行剖分，且剖分单元数取为 50，采样时间间隔为 $\Delta t=1$ ms。同时，震源坐标设置在 $x=1000$ m 处，子波频率为 10 Hz。

利用谱元法显式格式计算一维地震波场的 MATLAB 脚本程序如下：

```
clear all;
clc;
% 网格剖分信息
xsize=2000;
NE=50;
xe=0:xsize/NE:xsize;
m=input('输入单元的 gll 网格点数：');
[x,ME]=mesh1d_gll(xe,m);
h=xsize/NE;
NP=length(x);
% 震源信息
T=0.5;
dt=0.001;
t=0:dt:T;
f=10;
t0=0.1;
srcx=round(NP/2);
% 介质信息
```

```
v=zeros(NE,1)+2500;
u=zeros(NP,length(t)+2);
K    = zeros(NP,NP);
M    = zeros(NP,NP);
[A,B] = gen1D_Ke_Gauss_Lobatto(m);       % Gauss- Lobatto 数值积分
%[A,B] = gen1D_Ke_Gauss_Legendre(m);   % Gauss_Legendre 数值积分
K_loc = 2.0*A/h;
M_loc = 0.5*h*B;
for iel=1:NE
    for ip=1:m+1
        i1 = ME(iel,ip);
        for jp=1:m+1
            i2 = ME(iel,jp);
            K(i1,i2) = K(i1,i2) + v(iel)^2*K_loc(ip,jp);
            M(i1,i2) = M(i1,i2) + M_loc(ip,jp);
        end
    end
end
for k=2:length(t)+1
    disp(sprintf('Time step : % i',k-2));
    t=(k-2)*dt;
    u(srcx,k)=ricker(f,t,t0);
    K_total = M/dt^2;
    P_total = (2*M/dt^2-K)*u(:,k)-(M/dt^2)*u(:,k-1);
    K_total(1,:)  =0;    K_total(1,1)  =1;   P_total(1)  =0;
    K_total(end,:)=0;    K_total(end,end)=1;   P_total(end)=0;
    u(:,k+1) = K_total\P_total;
    plot(x,u(:,k+1));
    xlabel('Distance(m)');
    ylabel('Displacement(m)');
    title(['t=',num2str(1000*t),'ms']);
    set(gca,'YLim',[-1 1]);
    pause(0.01);
end
```

利用上述谱元法元显式程序计算并图示 $t=100$ ms、200 ms、300 ms、400 ms、500 ms、600 ms、700 ms 和 800 ms 时的一维波场响应,如图 8.2 所示。从图上可以看出,当波传播至边界时,在边界处产生了很强的反射,这是我们在进行数值模拟计算时所不期望出现的。

**图 8.2　一维声波方程的谱元法显式数值解( 无吸收边界处理)**

为了消除或减弱这种边界反射效应，可以选用 Clayton-Enquist 吸收边界，其计算表达式为

$$\frac{\partial u}{\partial t} - v \frac{\partial u}{\partial x} = 0 \quad （左边界）\tag{8.25}$$

$$\frac{\partial u}{\partial t} + v \frac{\partial u}{\partial x} = 0 \quad （右边界）\tag{8.26}$$

由于吸收边界条件包含了导数，我们可以采用差分法近似处理。在点$(x_1, t_{k+1})$处利用向前差商逼近$\frac{\partial u}{\partial x}$、向后差商逼近$\frac{\partial u}{\partial t}$，而在点$(x_{N+1}, t_{k+1})$处利用向后差商逼近$\frac{\partial u}{\partial x}$、向后差商逼近$\frac{\partial u}{\partial t}$，这样得出式(8.25)和式(8.26)的边界条件处理表达式：

$$\begin{cases} \dfrac{u_1^{k+1} - u_1^k}{\Delta t} - v_1 \dfrac{u_2^{k+1} - u_1^{k+1}}{\Delta x_1} = 0 \\[3mm] \dfrac{u_{N+1}^{k+1} - u_{N+1}^k}{\Delta t} + v_N \dfrac{u_{N+1}^{k+1} - u_N^{k+1}}{\Delta x_N} = 0 \end{cases}\tag{8.27}$$

容易看出，这样的边界条件处理具有一阶精度。

对于上述一维均匀模型，利用加入 Clayton-Enquist 吸收边界的谱元法显式格式计算的 MATLAB 脚本程序如下：

```
clear all;
clc;
% 网格剖分信息
xsize=2000;
NE=50;
xe=0:xsize/NE:xsize;
m=input('输入单元的 gll 网格点数:');
[x,ME]=mesh1d_gll(xe,m);
delta_x=diff(x);
h=xsize/NE;
NP=length(x);
% 震源信息
T=1.0;
dt=0.001;
t=0:dt:T;
f=10;
t0=0.1;
srcx=round(NP/2);
% 介质信息
v=zeros(NE,1)+2500;
u=zeros(NP,length(t)+2);
K    = zeros(NP,NP);
M    = zeros(NP,NP);
```

```
[A, B] = gen1D_Ke_Gauss_Lobatto(m);        % Gauss- Lobatto 数值积分
%[A, B] = gen1D_Ke_Gauss_Legendre(m);    % Gauss_Legendre 数值积分
K_loc = 2.0*A/h;
M_loc = 0.5*h*B;
for iel=1:NE
    for ip=1:m+1
        i1 = ME(iel,ip);
        for jp=1:m+1
            i2 = ME(iel,jp);
            K(i1,i2) = K(i1,i2) + v(iel)^2*K_loc(ip,jp);
            M(i1,i2) = M(i1,i2) + M_loc(ip,jp);
        end
    end
end
for k=2:length(t)+1
    disp(sprintf('Time step : % i',k- 2));
    t=(k- 2)*dt;
    u(srcx,k)=ricker(f,t,t0);
    K_total = M/dt^2;
    P_total = (2*M/dt^2- K)*u(:,k)- (M/dt^2)*u(:,k- 1);
    % Clayton- Enquist 吸收边界
    K_total(1,:)=0;
    K_total(1,1)=1/dt+v(1)/delta_x(1);
    K_total(1,2)=- (v(1)/delta_x(1));
    P_total(1,1)=(u(1,k))/dt;
    K_total(NP,:)=0;
    K_total(NP,NP)=1/dt+v(NE)/delta_x(end);
    K_total(NP,NP- 1)=- (v(NE)/delta_x(end));
    P_total(NP,1)=(u(NP,k))/dt;
    u(:,k+1) = K_total\P_total;
    plot(x,u(:,k+1));
    xlabel('Distance(m)');
    ylabel('Displacement(m)');
    title(['t=',num2str(1000*t),'ms']);
    set(gca,'YLim',[- 1 1]);
    pause(0.01);
end
```

利用上述谱元法显式格式程序计算并图示 $t$ = 100 ms、200 ms、300 ms、400 ms、500 ms、600 ms、700 ms 和 800 ms 时的一维波场响应,如图 8.3 所示。当波传播至左、右边界处时,反射已经减弱,说明吸收边界很好地吸收了边界处地的反射。

图 8.3　一维声波方程的谱元法显式数值解（Clayton-Enquist 吸收边界处理）

## 8.2.2　一维隐式数值解

若式(8.22)中取 $\theta=\dfrac{1}{2}$，则有

$$M\frac{u^{k-1}-2u^k+u^{k+1}}{(\Delta t)^2}+\frac{1}{2}K(u^{k+1}+u^{k-1})=0 \tag{8.28}$$

上式整理后，即得一维声波波动方程的谱元法隐式格式：

$$\left[\frac{M}{(\Delta t)^2}+\frac{1}{2}K\right]u^{k+1}=2\frac{M}{(\Delta t)^2}u^k-\left[\frac{1}{2}K+\frac{M}{(\Delta t)^2}\right]u^{k-1} \tag{8.29}$$

结合边界条件、初始条件和震源函数源项，利用谱元法隐式格式求解相应线性方程组，即得不同时刻各节点的 $u$ 值。

下面，我们利用谱元法隐式格式计算一维均匀模型的地震波场。模型的速度为 2500 m/s，密度为常数，计算区域为 $x\in[0,2000\text{ m}]$；采用均匀网格单元对空间变量进行剖分，且剖分单元数取为 50，采样时间间隔为 $\Delta t=1$ ms。同时，震源坐标设置在 $x=1000$ m 处，子波频率为 10 Hz。

利用谱元法隐式格式计算一维地震波场的 MATLAB 脚本程序如下：

```
clear all;
clc;
% 网格剖分信息
xsize=2000;
NE=50;
xe=0:xsize/NE:xsize;
m=input('输入单元的 gll 网格点数:');
[x,ME]=mesh1d_gll(xe,m);
delta_x=diff(x);
h=xsize/NE;
NP=length(x);
% 震源信息
T=1.0;
dt=0.001;
t=0:dt:T;
f=10;
t0=0.1;
srcx=round(NP/2);
% 介质信息
v=zeros(NE,1)+2500;
u=zeros(NP,length(t)+2);
K    = zeros(NP,NP);
M    = zeros(NP,NP);
```

```
[A, B] = gen1D_Ke_Gauss_Lobatto(m);        % Gauss- Lobatto 数值积分
%[A, B] = gen1D_Ke_Gauss_Legendre(m);      % Gauss_Legendre 数值积分
K_loc = 2.0*A/h;
M_loc = 0.5*h*B;
for iel=1:NE
    for ip=1:m+1
        i1 = ME(iel,ip);
        for jp=1:m+1
            i2 = ME(iel,jp);
            K(i1,i2) = K(i1,i2) + v(iel)^2*K_loc(ip,jp);
            M(i1,i2) = M(i1,i2) + M_loc(ip,jp);
        end
    end
end
for k=2:length(t)+1
    disp(sprintf('Time step : % i',k- 2));
    t=(k- 2)*dt;
    u(srcx,k)=ricker(f,t,t0);
    K_total = M/dt^2+K/2;
    P_total = (2*M/dt^2)*u(:,k)- (M/dt^2+K/2)*u(:,k- 1);
    %  Clayton- Enquist 吸收边界
    K_total(1,:)=0;
    K_total(1,1)=1/dt+v(1)/delta_x(1);
    K_total(1,2)=- (v(1)/delta_x(1));
    P_total(1,1)=(u(1,k))/dt;
    K_total(NP,:)=0;
    K_total(NP,NP)=1/dt+v(NE)/delta_x(end);
    K_total(NP,NP- 1)=- (v(NE)/delta_x(end));
    P_total(NP,1)=(u(NP,k))/dt;
    u(:,k+1) = K_total\P_total;
    plot(x,u(:,k+1));
    xlabel('Distance(m)');
    ylabel('Displacement(m)');
    title([ 't=',num2str(1000*t),'ms' ]);
    set(gca,'YLim',[- 1 1]);
    pause(0.01);
end
```

利用上述谱元法隐式格式程序计算并图示 $t = 100$ ms、200 ms、300 ms、400 ms、500 ms、600 ms、700 ms 和 800 ms 时的一维波场响应,如图 8.4 所示。

图 8.4　一维声波方程的谱元法隐式数值解（Clayton-Enquist 吸收边界处理）

## 8.3　二维声波方程的谱元法

### 8.3.1　二维显式数值解

对式(8.5)中的每一项(不包括源项)乘以 $\delta u$，并积分，有

$$\int_\Omega v^2\left(\frac{\partial^2 u}{\partial x^2}+\frac{\partial^2 u}{\partial z^2}\right)\delta u\mathrm{d}\Omega-\int_\Omega\frac{\partial^2 u}{\partial t^2}\delta u\mathrm{d}\Omega=0 \tag{8.30}$$

对上式第一项进行积分变换可得

$$\int_\Omega v^2\left(\frac{\partial^2 u}{\partial x^2}+\frac{\partial^2 u}{\partial z^2}\right)\delta u\mathrm{d}\Omega=\int_\Omega v^2\,\nabla\cdot(\nabla u\delta u)\mathrm{d}\Omega-\int_\Omega v^2\,\nabla u\cdot\nabla\,\delta u\mathrm{d}\Omega$$

$$=\int_\Gamma v^2\frac{\partial u}{\partial n}\delta u\mathrm{d}\Gamma-\int_\Omega v^2\,\nabla u\cdot\nabla\,\delta u\mathrm{d}\Omega \tag{8.31}$$

若边界为自由边界条件，将其代入上式右侧第一项，则式(8.30)变为

$$\int_\Omega v^2\,\nabla u\cdot\nabla\,\delta u\mathrm{d}\Omega+\int_\Omega\frac{\partial^2 u}{\partial t^2}\delta u\mathrm{d}\Omega=0 \tag{8.32}$$

将空间区域 $\Omega$ 剖分为有限个矩形小单元 $e$，在单元 $e$ 上对式(8.32)进行积分，然后对各单元求和。

采用拉格朗日插值公式：

$$L_i(\xi)=\frac{(\xi-\xi_1)\cdots(\xi-\xi_{i-1})(\xi-\xi_{i+1})\cdots(\xi-\xi_{m+1})}{(\xi_i-\xi_1)\cdots(\xi_i-\xi_{i-1})(\xi_i-\xi_{i+1})\cdots(\xi_i-\xi_{m+1})} \tag{8.33}$$

$$M_j(\eta)=\frac{(\eta-\eta_1)\cdots(\eta-\eta_{j-1})(\eta-\eta_{j+1})\cdots(\eta-\eta_{m+1})}{(\eta_j-\eta_1)\cdots(\eta_j-\eta_{j-1})(\eta_j-\eta_{j+1})\cdots(\eta_j-\eta_{m+1})} \tag{8.34}$$

式(8.33)和式(8.34)中：$\xi_i$ 和 $\eta_j$ 为 GLL 节点值，且 $i,j=1,2,\cdots,m+1$。

于是，构造的形函数可以表示为

$$N_k(\xi,\eta)=\frac{(\xi-\xi_1)\cdots(\xi-\xi_{i-1})(\xi-\xi_{i+1})\cdots(\xi-\xi_{m+1})}{(\xi_i-\xi_1)\cdots(\xi_i-\xi_{i-1})(\xi_i-\xi_{i+1})\cdots(\xi_i-\xi_{m+1})}\cdot$$

$$\frac{(\eta-\eta_1)\cdots(\eta-\eta_{j-1})(\eta-\eta_{j+1})\cdots(\eta-\eta_{m+1})}{(\eta_j-\eta_1)\cdots(\eta_j-\eta_{j-1})(\eta_j-\eta_{j+1})\cdots(\eta_j-\eta_{m+1})} \tag{8.35}$$

式中：$k=1,2,\cdots,(m+1)\times(m+1)$。

若计算区域采用规则矩形单元剖分，矩形单元插值母单元与子单元之间的坐标变换关系为

$$x=x_0+\frac{A}{2}\xi,\ z=z_0+\frac{B}{2}\eta \tag{8.36}$$

式中：$(x_0,z_0)$ 为子单元的中点，$A$、$B$ 为子单元的两个边长。两个单元的微分关系为

$$\mathrm{d}x=\frac{A}{2}\mathrm{d}\xi,\ \mathrm{d}z=\frac{B}{2}\mathrm{d}\eta,\ \mathrm{d}x\mathrm{d}z=\frac{AB}{4}\mathrm{d}\xi\mathrm{d}\eta \tag{8.37}$$

单元积分 1：

$$\int_e v^2\,\nabla u\cdot\nabla\,\delta u\mathrm{d}\Omega=\delta\boldsymbol{u}_e^{\mathrm{T}}\int_e v^2\left[\left(\frac{\partial\boldsymbol{N}}{\partial x}\right)\left(\frac{\partial\boldsymbol{N}}{\partial x}\right)^{\mathrm{T}}+\left(\frac{\partial\boldsymbol{N}}{\partial z}\right)\left(\frac{\partial\boldsymbol{N}}{\partial z}\right)^{\mathrm{T}}\right]\mathrm{d}x\mathrm{d}z\boldsymbol{u}_e=\delta\boldsymbol{u}_e^{\mathrm{T}}\boldsymbol{K}_e\boldsymbol{u}_e \tag{8.38}$$

式中：$\boldsymbol{K}_e = (k_{ij})$，$i, j = 1, 2, \cdots, (m+1) \times (m+1)$，且有：

$$k_{ij} = \int_e v^2 \left[ \left( \frac{\partial u}{\partial x} \right)^2 + \left( \frac{\partial u}{\partial z} \right)^2 \right] \mathrm{d}x\mathrm{d}z = v^2 \int_e \left[ \left( \frac{\partial N_i}{\partial \xi} \frac{\partial \xi}{\partial x} \right) \left( \frac{\partial N_j}{\partial \xi} \frac{\partial \xi}{\partial x} \right) + \left( \frac{\partial N_i}{\partial \eta} \frac{\partial \eta}{\partial z} \right) \left( \frac{\partial N_j}{\partial \eta} \frac{\partial \eta}{\partial z} \right) \right] |J| \mathrm{d}\xi \mathrm{d}\eta$$

$$= v^2 \int_{-1}^{1} \int_{-1}^{1} \left[ \left( \frac{\partial N_i}{\partial \xi} \right) \left( \frac{\partial N_j}{\partial \xi} \right) \frac{B}{A} + \left( \frac{\partial N_i}{\partial \eta} \right) \left( \frac{\partial N_j}{\partial \eta} \right) \frac{A}{B} \right] \mathrm{d}\xi \mathrm{d}\eta$$

单元积分 2：

$$\int_e \frac{\partial^2 u}{\partial t^2} \delta u \mathrm{d}\Omega = \delta \boldsymbol{u}_e^{\mathrm{T}} \left( \int_e \boldsymbol{N}\boldsymbol{N}^{\mathrm{T}} \mathrm{d}x\mathrm{d}z \right) \frac{\partial^2 \boldsymbol{u}_e}{\partial t^2} = \delta \boldsymbol{u}_e^{\mathrm{T}} \boldsymbol{M}_e \frac{\partial^2 \boldsymbol{u}_e}{\partial t^2} \tag{8.39}$$

式中：$\boldsymbol{M}_e = (m_{ij})$，$i, j = 1, 2, \cdots, (m+1) \times (m+1)$，且有：

$$m_{ij} = \int_e N_i N_j \frac{AB}{4} \mathrm{d}\xi \mathrm{d}\eta = \frac{AB}{4} \int_{-1}^{1} \int_{-1}^{1} N_i N_j \mathrm{d}\xi \mathrm{d}\eta$$

在单元 $e$ 内，将式 (8.38) 式 (8.39) 相加，并扩展成由全体节点组成的矩阵或列阵，然后将各单元相加，得

$$\begin{aligned}
\int_e v^2 \nabla u \cdot \nabla \delta u \mathrm{d}x\mathrm{d}z + \int_e \frac{\partial^2 u}{\partial t^2} \delta u \mathrm{d}x\mathrm{d}z &= \sum \left( \delta \boldsymbol{u}_e^{\mathrm{T}} \boldsymbol{K}_e \boldsymbol{u}_e + \delta \boldsymbol{u}_e^{\mathrm{T}} \boldsymbol{M}_e \frac{\partial^2 \boldsymbol{u}_e}{\partial t^2} \right) \\
&= \sum \left( \delta \boldsymbol{u}^{\mathrm{T}} \overline{\boldsymbol{M}}_e \frac{\partial^2 \boldsymbol{u}}{\partial t^2} + \delta \boldsymbol{u}^{\mathrm{T}} \overline{\boldsymbol{K}}_e \boldsymbol{u}_e \right) \\
&= \delta \boldsymbol{u}^{\mathrm{T}} \sum \overline{\boldsymbol{M}}_e \frac{\partial^2 \boldsymbol{u}}{\partial t^2} + \delta \boldsymbol{u}^{\mathrm{T}} \sum \overline{\boldsymbol{K}}_e \boldsymbol{u} \\
&= \delta \boldsymbol{u}^{\mathrm{T}} \boldsymbol{M} \frac{\partial^2 \boldsymbol{u}}{\partial t^2} + \delta \boldsymbol{u}^{\mathrm{T}} \boldsymbol{K}\boldsymbol{u} = 0
\end{aligned} \tag{8.40}$$

从式 (8.40) 中消去 $\delta \boldsymbol{u}^{\mathrm{T}}$，得

$$\boldsymbol{M} \frac{\partial^2 \boldsymbol{u}}{\partial t^2} + \boldsymbol{K}\boldsymbol{u} = 0 \tag{8.41}$$

对 $\dfrac{\partial^2 \boldsymbol{u}}{\partial t^2}$ 进行二阶差商近似处理，则式 (8.41) 可以进一步改写为

$$\boldsymbol{M} \frac{\boldsymbol{u}^{k-1} - 2\boldsymbol{u}^k + \boldsymbol{u}^{k+1}}{(\Delta t)^2} + \boldsymbol{K} \left[ \theta \boldsymbol{u}^{k+1} + (1-2\theta) \boldsymbol{u}^k + \theta \boldsymbol{u}^{k-1} \right] = 0 \tag{8.42}$$

式中：$0 \le \theta \le 1$。

若式 (8.42) 中取 $\theta = 0$，则有

$$\boldsymbol{M} \frac{\boldsymbol{u}^{k-1} - 2\boldsymbol{u}^k + \boldsymbol{u}^{k+1}}{(\Delta t)^2} + \boldsymbol{K}\boldsymbol{u}^k = 0 \tag{8.43}$$

上式整理后，即得二维声波波动方程的谱元法显式格式：

$$\frac{\boldsymbol{M}}{(\Delta t)^2} \boldsymbol{u}^{k+1} = \left[ 2 \frac{\boldsymbol{M}}{(\Delta t)^2} - \boldsymbol{K} \right] \boldsymbol{u}^k - \frac{\boldsymbol{M}}{(\Delta t)^2} \boldsymbol{u}^{k-1} \tag{8.44}$$

结合自由边界条件、初始条件和震源函数源项，利用谱元法显式格式求解相应的线性方程组，即得不同时刻各节点的 $u$ 值。

下面，我们利用谱元法显式格式计算二维均匀模型的地震波场。模型的速度为 2500 m/s，密度为常数，计算区域设置为 $[0, 2000 \text{ m}] \times [0, 2000 \text{ m}]$；采用均匀网格单元对空间变量进行

剖分，且两个方向的剖分单元数均取为 20，采样时间间隔为 $\Delta t = 1$ ms。同时，震源坐标设置为 (1000 m, 1000 m)，子波频率为 10 Hz。

利用谱元法显式格式计算二维地震波场的 MATLAB 脚本程序如下：

```
clear all;
clc;
% 网格剖分信息
xsize=2000;
NX−20;
Dx=xsize/NX;
zsize=2000;
NZ=20;
Dz=zsize/NZ;
NE=NX*NZ;
xe=0:Dx:xsize;
ze=0:Dz:zsize;
m=input('输入单元的 gll 网格点数:');
[x,z,ME]=mesh2d_gll(xe,ze,m);
NP = length(x);
xg=mesh1d_gll(xe,m);
zg=mesh1d_gll(ze,m);
[x_new,z_new]=meshgrid(xg,zg);
% 震源信息
T=1.0;
dt=0.001;
Nt=round(T/dt);
f=10;
t0=0.1;
xs=round((NX+1)/2);
zs=round((NZ+1)/2);
index=find(x==1000 & z==1000);
% 介质信息
v= 2500;
K =sparse(NP,NP);
M =sparse(NP,NP);
[A1, A2, B] = gen2D_Ke_Gauss_Lobatto(m);        % Gauss_Lobatto 数值积分
%[A1, A2, B] = gen2D_Ke_Gauss_Legendre(m);    % Gauss_Legendre 数值积分
for h=1:NE
    K_loc=(Dz/Dx)*A1+(Dx/Dz)*A2;
    M_loc=(Dx*Dz/4)*B;
    for j=1:(m+1)*(m+1)
```

```
                    NJ＝ME(j,h);
                    for k＝1:(m+1)*(m+1)
                        NK＝ME(k,h);
                        K(NJ,NK)＝K(NJ,NK)+v^2*K_loc(j,k);
                        M(NJ,NK)＝M(NJ,NK)+M_loc(j,k);
                    end
                end
            end
        p2＝zeros(NP,1);
        p1＝zeros(NP,1);
        p0＝zeros(NP,1);
        for k＝1:Nt
            disp(sprintf('Time step : % i',k));
            t＝k*dt;
            p1(index)＝ricker(f,t,t0);
            K_total＝M/dt^2;
            P_total＝(2*M/dt^2- K)*p1- (M/dt^2)*p0;
            % 上边界
            for i＝1:NX
                for j＝1:m+1
                    h＝ME(j,i);
                    K_total(h,h)＝K_total(h,h)*10^10;
                    P_total(h,1)＝K_total(h,h)*0;
                end
            end
            % 下边界
            for i＝NE- NX+1:NE
                for j＝m*(m+1)+1:(m+1)*(m+1)
                    h＝ME(j,i);
                    K_total(h,h)＝K_total(h,h)*10^10;
                    P_total(h,1)＝K_total(h,h)*0;
                end
            end
            % 左边界
            for i＝1:NX:NE- NX+1
                for j＝1:m+1:m*(m+1)+1
                    h＝ME(j,i);
                    K_total(h,h)＝K_total(h,h)*10^10;
                    P_total(h,1)＝K_total(h,h)*0;
                end
```

```
    end
    % 右边界
    for i=NX:NX:NE
        for j=m+1:m+1:(m+1)*(m+1)
            h=ME(j,i);
            K_total(h,h)=K_total(h,h)*10^10;
            P_total(h,1)=K_total(h,h)*0;
        end
    end
    p2 = K_total\P_total;
    p0 = p1;
    p1 = p2;
    u_new=griddata(x,z,p2,x_new,z_new,'v4');
    if rem(k,10)==0
        imagesc(xg,zg,u_new);
        caxis([-0.07 0.07])
        load seismic.map;
        colormap(flip(seismic))
        colorbar;
        xlabel('Distance(m)');
        ylabel('Depth(m)');
        title(['t=',num2str(1000*k*dt),'ms']);
        drawnow;
        pause(0.01);
    end
end
```

利用上述谱元法显式格式程序计算并图示 $t=100$ ms、200 ms、300 ms、400 ms、500 ms、600 ms、700 ms 和 800 ms 时的二维波场响应，如图 8.5 所示。从波场快照图可以看出，当波传播至边界时，在边界处产生了很强的反射，这是在进行数值模拟计算时所不期望出现的。

为了消除或减弱这种边界反射效应，得到地质地层真实的反射信息，需要对人工边界进行处理，从而得到更接近实际空间波的传播规律。这里，我们选用一阶 Clayton-Enquist 吸收边界，其计算表达式为

$$\frac{\partial u}{\partial t}-v\frac{\partial u}{\partial x}=0 \quad （左边界） \tag{8.45}$$

$$\frac{\partial u}{\partial t}+v\frac{\partial u}{\partial x}=0 \quad （右边界） \tag{8.46}$$

$$\frac{\partial u}{\partial t}-v\frac{\partial u}{\partial z}=0 \quad （上边界） \tag{8.47}$$

$$\frac{\partial u}{\partial t}+v\frac{\partial u}{\partial z}=0 \quad （下边界） \tag{8.48}$$

**图8.5　二维声波方程的谱元法显式数值解(无吸收边界处理)**

(扫描目录页二维码查看彩图)

对于上述二维均匀模型，利用加入 Clayton - Enquist 吸收边界的谱元法显式格式计算的 MATLAB 脚本程序如下：

```
clear all;
clc;
% 网格剖分信息
xsize=2000;
NX=20;
Dx－xsize/NX;
zsize=2000;
NZ=20;
Dz=zsize/NZ;
NE=NX*NZ;
xe=0:Dx:xsize;
ze=0:Dz:zsize;
m=input('输入单元的 gll 网格点数：');
[x,z,ME]=mesh2d_gll(xe,ze,m);
NP = length(x);
xg=mesh1d_gll(xe,m);
zg=mesh1d_gll(ze,m);
[x_new,z_new]=meshgrid(xg,zg);
dx_g=diff(xg);
dz_g=diff(zg);
% 震源信息
T=1.0;
dt=0.001;
Nt=round(T/dt);
f=10;
t0=0.1;
xs=round((NX+1)/2);
zs=round((NZ+1)/2);
index=find(x= =1000 & z= =1000);
% 介质信息
v= 2500;
K =sparse(NP,NP);
M =sparse(NP,NP);
[A1, A2, B] = gen2D_Ke_Gauss_Lobatto(m);        % Gauss_Lobatto 数值积分
%[A1, A2, B] = gen2D_Ke_Gauss_Legendre(m);   % Gauss_Legendre 数值积分
for h=1:NE
    K_loc=(Dz/Dx)*A1+(Dx/Dz)*A2;
    M_loc=(Dx*Dz/4)*B;
```

```
        for j=1:(m+1)*(m+1)
            NJ=ME(j,h);
            for k=1:(m+1)*(m+1)
                NK=ME(k,h);
                K(NJ,NK)=K(NJ,NK)+v^2*K_loc(j,k);
                M(NJ,NK)=M(NJ,NK)+M_loc(j,k);
            end
        end
end
p2=zeros(NP,1);
p1=zeros(NP,1);
p0=zeros(NP,1);
for k=1:Nt
    disp(sprintf('Time step : %i',k));
    t=k*dt;
    p1(index)=ricker(f,t,t0);
    K_total=M/dt^2;
    P_total=(2*M/dt^2-K)*p1-(M/dt^2)*p0;
    %上边界
    for h=1:NX
        I1=1:m+1;
        for s=1:m+1
            i=ME(I1(s),h); j=ME(I1(s)+m+1,h);
            K_total(i,:)=0;
            K_total(i,i)=1/dt+v/dz_g(1);
            K_total(i,j)=-v/dz_g(1);
            P_total(i)=p1(i)/dt;
        end
    end
    %下边界
    for h=NE-NX+1:NE
        I1=m*(m+1)+1:(m+1)*(m+1);
        for s=1:m+1
            i=ME(I1(s),h); j=ME(I1(s)-(m+1),h);
            K_total(i,:)=0;
            K_total(i,i)=1/dt+v/dz_g(end);
            K_total(i,j)=-v/dz_g(end);
            P_total(i)=p1(i)/dt;
        end
    end
```

```
% 左边界
for h=1:NX:NE- NX+1
    I1 =1:m+1:m*(m+1)+1;
    for s=1:m+1
        i=ME(I1(s),h); j=ME(I1(s)+1,h);
        K_total(i,:)=0;
        K_total(i,i)=1/dt+v/dx_g(1);
        K_total(i,j)=- v/dx_g(1);
        P_total(i)=p1(i)/dt;
    end
end
% 右边界
for h=NX:NX:NE
    I1 =m+1:m+1:(m+1)*(m+1);
    for s=1:m+1
        i=ME(I1(s),h); j=ME(I1(s)- 1,h);
        K_total(i,:)=0;
        K_total(i,i)=1/dt+v/dx_g(end);
        K_total(i,j)=- v/dx_g(end);
        P_total(i)=p1(i)/dt;
    end
end
p2 = K_total\P_total;
p0 = p1;
p1 = p2;
u_new=griddata(x,z,p2,x_new,z_new,'v4');
if rem(k,10)==0
    imagesc(xg,zg,u_new);
    caxis([- 0.07 0.07])
    load seismic.map;
    colormap(flip(seismic))
    colorbar;
    xlabel('Distance(m)');
    ylabel('Depth(m)');
    title(['t=',num2str(1000*k*dt),'ms']);
    drawnow;
    pause(0.01);
end
end
```

利用上述谱元法显式格式程序计算并图示 $t=100$ ms、200 ms、300 ms、400 ms、500 ms、

600 ms、700 ms 和 800 ms 时的二维波场响应,如图 8.6 所示。从波场快照图可以看出,当波传播至边界处时,反射已经减弱,说明吸收边界很好地吸收了边界处的反射。

图 8.6 二维声波方程的谱元法显式数值解(Clayton-Enquist 吸收边界处理)
(扫描目录页二维码查看彩图)

## 8.3.2 二维隐式数值解

若式(8.42)中取 $\theta=\dfrac{1}{2}$, 则有

$$M\frac{u^{k-1}-2u^k+u^{k+1}}{(\Delta t)^2}+\frac{1}{2}K(u^{k+1}+u^{k-1})=0 \tag{8.49}$$

上式整理后, 即得二维声波波动方程的谱元法隐式格式:

$$\left[\frac{M}{(\Delta t)^2}+\frac{1}{2}K\right]u^{k+1}=2\frac{M}{(\Delta t)^2}u^k-\left[\frac{1}{2}K+\frac{M}{(\Delta t)^2}\right]u^{k-1} \tag{8.50}$$

结合初始条件、吸收边界条件和源项, 求解相应的线性方程组, 即可求得不同时刻各节点的 $u$ 值。

下面, 我们利用谱元法隐式格式计算二维均匀模型的地震波场。模型的速度为 2500 m/s, 密度为常数, 计算区域设置为 $[0, 2000\ \text{m}]\times[0, 2000\ \text{m}]$; 采用均匀网格单元对空间变量进行剖分, 且两个方向的剖分单元数均取为 20, 采样时间间隔为 $\Delta t=1$ ms。同时, 震源坐标设置为 $(1000\ \text{m}, 1000\ \text{m})$, 子波频率为 10 Hz。

利用谱元法隐式格式计算二维地震波场的 MATLAB 脚本程序如下:

```
clear all;
clc;
% 网格剖分信息
xsize=2000;
NX=20;
Dx=xsize/NX;
zsize=2000;
NZ=20;
Dz=zsize/NZ;
NE=NX*NZ;
xe=0:Dx:xsize;
ze=0:Dz:zsize;
m=input('输入单元的 gll 网格点数:');
[x,z,ME]=mesh2d_gll(xe,ze,m);
NP = length(x);
xg=mesh1d_gll(xe,m);
zg=mesh1d_gll(ze,m);
[x_new,z_new]=meshgrid(xg,zg);
dx_g=diff(xg);
dz_g=diff(zg);
% 震源信息
T=1.0;
dt=0.001;
```

```
Nt=round(T/dt);
f=10;
t0=0.1;
xs=round((NX+1)/2);
zs=round((NZ+1)/2);
index=find(x==1000 & z==1000);
% 介质信息
v= 2500;
K =sparse(NP,NP);
M =sparse(NP,NP);
[A1, A2, B] = gen2D_Ke_Gauss_Lobatto(m);      % Gauss_Lobatto 数值积分
%[A1, A2, B] = gen2D_Ke_Gauss_Legendre(m);    % Gauss_Legendre 数值积分
for h=1:NE
    K_loc=(Dz/Dx)*A1+(Dx/Dz)*A2;
    M_loc=(Dx*Dz/4)*B;
    for j=1:(m+1)*(m+1)
        NJ=ME(j,h);
        for k=1:(m+1)*(m+1)
            NK=ME(k,h);
            K(NJ,NK)=K(NJ,NK)+v^2*K_loc(j,k);
            M(NJ,NK)=M(NJ,NK)+M_loc(j,k);
        end
    end
end
p2=zeros(NP,1);
p1=zeros(NP,1);
p0=zeros(NP,1);
for k=1:Nt
    disp(sprintf('Time step : % i',k));
    t=k*dt;
    p1(index)=ricker(f,t,t0);
    K_total = M/dt^2+K/2;
    P_total = (2*M/dt^2)*p1- (M/dt^2+K/2)*p0;
    % 上边界
    for h=1:NX
        I1=1:m+1;
        for s=1:m+1
            i=ME(I1(s),h); j=ME(I1(s)+m+1,h);
            K_total(i,:)=0;
```

```
                K_total(i,i)=1/dt+v/dz_g(1);
                K_total(i,j)=- v/dz_g(1);
                P_total(i)=p1(i)/dt;
            end
        end
        % 下边界
        for h=NE- NX+1:NE
            I1 =m*(m+1)+1:(m+1)*(m+1);
            for s=1:m+1
                i=ME(I1(s),h); j=ME(I1(s)- (m+1),h);
                K_total(i,:)=0;
                K_total(i,i)=1/dt+v/dz_g(end);
                K_total(i,j)=- v/dz_g(end);
                P_total(i)=p1(i)/dt;
            end
        end
        % 左边界
        for h=1:NX:NE- NX+1
            I1 =1:m+1:m*(m+1)+1;
            for s=1:m+1
                i=ME(I1(s),h); j=ME(I1(s)+1,h);
                K_total(i,:)=0;
                K_total(i,i)=1/dt+v/dx_g(1);
                K_total(i,j)=- v/dx_g(1);
                P_total(i)=p1(i)/dt;
            end
        end
        % 右边界
        for h=NX:NX:NE
            I1 =m+1:m+1:(m+1)*(m+1);
            for s=1:m+1
                i=ME(I1(s),h); j=ME(I1(s)- 1,h);
                K_total(i,:)=0;
                K_total(i,i)=1/dt+v/dx_g(end);
                K_total(i,j)=- v/dx_g(end);
                P_total(i)=p1(i)/dt;
            end
        end
        p2 = K_total\P_total;
```

```
    p0 = p1;
    p1 = p2;
    u_new = griddata(x,z,p2,x_new,z_new,'v4');
    if rem(k,10) = =0
        imagesc(xg,zg,u_new);
        caxis([-0.07 0.07])
        load seismic.map;
        colormap(flip(seismic))
        colorbar;
        xlabel('Distance(m)');
        ylabel('Depth(m)');
        title(['t=',num2str(1000*k*dt),'ms']);
        drawnow;
        pause(0.01);
    end
end
```

利用上述谱元法隐式格式程序计算并图示 $t = 100$ ms、$200$ ms、$300$ ms、$400$ ms、$500$ ms、$600$ ms、$700$ ms 和 $800$ ms 时的二维波场响应，如图 8.7 所示。

**图 8.7   二维声波方程的谱元法隐式数值解（Clayton-Enquist 吸收边界处理）**

（扫描目录页二维码查看彩图）

# 参考文献

[1] 徐世浙. 地球物理中的有限单元法[M]. 北京：科学出版社, 1994.

[2] 童孝忠, 郭振威, 高大维, 等. 偏微分方程的有限单元法及其应用[M]. 长沙：中南大学出版社, 2023.

[3] 曾华霖. 重力场与重力勘探[M]. 北京：地质出版社, 2005.

[4] 柳建新, 童孝忠, 郭荣文, 等. 大地电磁测深法勘探[M]. 北京：科学出版社, 2012.

[5] 王元明. 数学物理方程与特殊函数[M]. 北京：高等教育出版社, 2012.

[6] 何继善. 海洋电磁法原理[M]. 北京：高等教育出版社, 2012.

[7] 吴崇试. 数学物理方法[M]. 北京：高等教育出版社, 2015.

[8] 李狄, 戚志鹏, 孙怀凤, 等. 电磁法中的数值模拟方法[M]. 北京：科学出版社, 2022.

[9] 童孝忠, 郭振威, 刘春明, 等. 偏微分方程的有限体积法及其应用[M]. 长沙：中南大学出版社, 2022.

[10] 童孝忠, 孙娅. 偏微分方程的Chebyshev谱方法及地球物理应用[M]. 北京：科学出版社, 2020.

[11] 刘海飞, 柳建新, 柳卓. 数值计算与程序设计(地球物理类)[M]. 长沙：中南大学出版社, 2021.

[12] 李庆扬, 王能超, 易大义. 数值分析[M]. 北京：清华大学出版社, 2008.

[13] ASMAR N H. Partial differential equation with fourier series and boundary value problems[M]. Upper Saddle River：Prentice Hall Press, 2004.

[14] GERYA T. Introduction to numerical geodynamic modelling[M]. Cambridge：Cambridge University Press, 2009.

[15] HEINER IGEL. Computational seismology：A practical introduction[M]. Oxford：Oxford University Press, 2016.

[16] CLAYTON R, ENGQUIST B. Absorbing boundary conditions for acoustic and elastic wave equations[J]. Bulletin of the Seismological Society of America, 1977, 67(6)：1529-1540.

[17] GAO Y J, SONG H J, ZHANG J H, et al. Comparison of artificial absorbing boundaries for acoustic wave equation modelling[J]. Exploration Geophysics, 2017, 48(1)：76-93.

[18] POZRIKIDIS C. Introduction to finite and spectral element methods using MATLAB[M]. New York：Chapman and Hall Press, 2014.

**图书在版编目(CIP)数据**

偏微分方程的谱元法及其应用 / 童孝忠等编著. —长沙：
中南大学出版社，2024.8
ISBN 978-7-5487-5850-1

Ⅰ. ①偏… Ⅱ. ①童… Ⅲ. ①偏微分方程 Ⅳ. ①O175.2

中国国家版本馆 CIP 数据核字(2024)第 098636 号

# 偏微分方程的谱元法及其应用

PIANWEIFEN FANGCHENG DE PUYUANFA JIQI YINGYONG

童孝忠　孙　娅　冯德山　田红军　编著

| | |
|---|---|
| □出　版　人 | 林绵优 |
| □责任编辑 | 刘小沛 |
| □责任印制 | 唐　曦 |
| □出版发行 | 中南大学出版社 |

　　　　　　社址：长沙市麓山南路　　　　邮编：410083
　　　　　　发行科电话：0731-88876770　　传真：0731-88710482

| | |
|---|---|
| □印　　装 | 长沙鸿和印务有限公司 |

| | | | |
|---|---|---|---|
| □开　　本 | 787 mm×1092 mm　1/16 | □印张 14.5 | □字数 354 千字 |
| □互联网+图书 | 二维码内容　字数 1 千字　图片 22 张 | | |
| □版　　次 | 2024 年 8 月第 1 版 | □印次 2024 年 8 月第 1 次印刷 | |
| □书　　号 | ISBN 978-7-5487-5850-1 | | |
| □定　　价 | 68.00 元 | | |